MEIN KLEINER GARTEN

MEIN KLEINER GARTEN

Die Gestaltung grüner Oasen
auf engem Raum
Hausgärten · Innenhöfe · Terrassen · Balkone

von
John Brookes

Unipart-Verlag • Stuttgart

INHALT

Stilrichtungen

Fallstudien

Design

Genehmigte Lizenzausgabe für
UNIPART VERLAG GMBH
Remseck bei Stuttgart, 1996

Aus dem Englischen übersetzt von
Angelika Feilhauer

ISBN 3 8122 3604 4

Gartenstruktur

Bepflanzung

Anleitungen zum Bauen und Pflanzen

Einleitung

Raum ist sehr wertvoll und in großen Städten so knapp und teuer, daß man jeden Zentimeter, den man sein eigen nennt, genießen sollte – ob es sich um ein Fenstersims, ein Dach, einen Balkon oder eine Kellertreppe handelt. Die Nutzung solcher Außenräume kann viel Freude machen und Ihren Wohnbereich auf sehr reizvolle Weise erweitern.

Für viele verbinden sich mit dem Wort »Garten« Bilder von Rasenflächen und Staudenrabatten, Gewächshäusern und Gartengerät, Mulch und Mist und auch den Freuden der Gärtnerei. Und wenn man nur eine kleine Fläche zur Verfügung hat, kommt man leicht in die Versuchung, alle traditionellen Elemente eines großen Gartens im verkleinerten Maßstab hineinzuzwängen.

Um aus einer kleinen Fläche das Beste zu machen, ist es notwendig, sich von den alten Vorstellungen über die Eigenschaften eines Gartens zu lösen, etwa wo er sich befinden und welche Elemente er enthalten sollte oder nicht. Als wichtigste Regel gilt: Gärten sind für Menschen da und nicht für Pflanzen. Will man eine wirklich gute Lösung finden, sollte man alle möglichen Gestaltungselemente und Techniken kombinieren – die Bepflanzung ist dabei nur ein Aspekt. So kann sich zum Beispiel ein bei Nacht beleuchteter Garten mit Skulpturen, einer Wasserfläche und nur einigen wenigen Pflanzen in eine verzauberte Welt verwandeln. Andererseits hat es mitunter viel Charme, einen winzigen Raum in der Stadt in einen dichten Dschungel zu verwandeln, der nicht nur die Umgebung auflockert, sondern durch die erforderliche Pflege auch therapeutisch wirksam sein kann.

Design bedeutet, sowohl in optischer als auch praktischer Hinsicht, die Möglichkeiten eines kleinen Raums zu erkennen sowie Planung und Gestaltung dieses Raums, um ihn der individuellen Lebensweise seiner Bewohner wie auch dem Charakter des jeweiligen Hauses und seiner Umgebung anzupassen.

Raumbelebung (oben) Natur und Architektur sind hier durch Formen, Strukturen und Farben miteinander verbunden.

Illusion der Größe (rechts) Ein klares Design schafft in diesem Garten den Eindruck von Geräumigkeit.

Leben im Freien

Die Bedeutung eines Raums im Freien - mag er noch so klein sein - oder auch nur einer optischen Verbindung mit der Natur, kann gar nicht hoch genug geschätzt werden. Ein kleiner Garten, sei es ein Balkon, ein Dach oder eine Terrasse, ist ein Zufluchtsort, an dem man dem Streß des Städtedaseins entfliehen kann.

Betrachten Sie den Raum als Erweiterung Ihres Heimes, als Zimmer im Freien, in dem Sie Mahlzeiten einnehmen, lesen, die Aussicht genießen oder Ihren Kindern beim Spielen zusehen können. Will man einen solchen Wohnraum im Freien optimal gestalten, muß man sich zuerst einmal fragen, wie er genutzt werden soll. Und mit diesem klaren Ziel vor Augen können Sie sich daran machen, ihn in eine Oase zu verwandeln. Gewiß ist es in einem mediterranen oder tropischen Klima einfacher, einen attraktiven Außenraum zu schaffen, doch es hat auch seinen Reiz, in nördlicheren Klimalagen jede Minute Licht und Wärme einzufangen. Allerdings macht Sonne allein noch keinen gemütlichen Außenraum, es gibt aber viele andere Möglichkeiten, einen solchen einladend zu gestalten. Wind und Zugluft können auf ein Minimum reduziert, häßliche Aussichten versteckt, eine intime Atmosphäre geschaffen und Farben eingesetzt werden, um Außenräumen auch dann Charme zu verleihen, wenn die Sonne nicht scheint.

Aussicht vom Haus

Selbst wenn es von vorrangiger Bedeutung ist, einen Außenraum für die Benutzung während des Sommers zu gestalten, sollte er auch während des übrigen Jahres seinen Reiz haben, oder auch dann, wenn man sich nicht darin aufhält. Sorgen Sie also dafür, daß er auch vom Haus oder der Wohnung aus schön aussieht. Berücksichtigen Sie, welche Wirkung er - auch wenn die Sonne nicht scheint - von einem Fenster aus, über die Küchenspüle hinweg, den Flur hindurch oder von Ihrem Lieblingssessel aus gesehen hat

Design auf kleinem Raum

Wenn Sie Ihren Garten als Wohnraum betrachten, vereinfacht das auch das Planungskonzept, denn auf kleiner Fläche gelten ganz ähnliche Regeln wie beim Innendesign. Entscheiden Sie, welche Elemente der jeweilige Raum enthalten soll, und gestalten Sie ihn klar und einfach. Wo Raum knapp ist, können Stil und Design von Garten und Haus nicht unabhängig voneinander gesehen werden. Wenn sie sich ergänzen, kommt dies einem begrenzten Innenraum durch den Blick nach draußen zugute, und umgekehrt erscheint ein kleiner Garten weniger beengt, wenn er eine harmonische Fortsetzung des angrenzenden Gebäudes bildet.

Dachgarten (rechts) Ein herrlicher neuer Wohnraum ist entstanden, nachdem dieses Dach eingezäunt und mit Bodenfliesen versehen wurde.

Sonniger Balkon (rechts außen) Üppige Topfpflanzen haben diesen schmalen Holzbalkon in einen einladenden Garten verwandelt.

Außenraum mit Laubdach (links) Sanft bricht sich das Sonnenlicht im Laub einer Kletterpflanze, die diesen Platz zu einem herrlichen Aufenthaltsraum im Freien macht.

Raumgestaltung (unten) Auffällige quadratische Gefäße säumen diesen Balkon. Die darin wachsenden Pflanzen harmonieren mit denen im darunterliegenden Terrassengarten.

Verbindung von innen und außen

Wie gelingt es, daß eine harmonische Beziehung zwischen drinnen und draußen entsteht? Zunächst einmal sollten jene Bereiche von Garten und Haus verbunden werden, die direkt aneinandergrenzen, um einen fließenden Übergang zu schaffen. Wenn Sie darüber hinaus auf ausgewogene Größenverhältnisse achten, ist schon ein großer Teil der Voraussetzung für guten Erfolg erfüllt. Der Stil, in dem der Außenraum gestaltet wird, kann dazu dienen, diese Verbindung noch zu verstärken. Fast immer erfolgt die Gestaltung des Gartens erst nach der Einrichtung der Innenräume, deshalb beginnt man am besten, indem man von drinnen nach draußen schaut.

Der Stil

Wichtig sind folgende Fragen: Ist der Raum, in dem Sie sich befinden, klassisch oder modern? Ist er modern eingerichtet, wenn ja, dann im High-Tech-Stil mit weißen Wänden und schwarzen Chrommöbeln, oder in kräftigen Farben und natürlichen Materialien?

Nachdem Sie sich über die Einrichtung klargeworden sind, überlegen Sie, wie Sie diesen Stil draußen fortsetzen können.

Verbindungen schaffen

Die nächste Überlegung gilt der Farbe. Ist eine kräftige Farbgebung vorhanden, die vor einem weniger markanten Hintergrund am besten zur Geltung käme, oder wirkt der Raum eher neutral, so daß man draußen ruhig kräftige Farben verwenden sollte?

Eignet sich der innen verwendete Bodenbelag vielleicht auch für draußen? Wenn nicht, sollten Sie überlegen, mit welchem Material sich draußen die Atmosphäre, die der Bodenbelag im Haus erzeugt, fortführen ließe. Dann treffen Sie Ihre Auswahl an Gebrauchs- und Dekorationsgegenständen, die die Stimmung einfangen. Diese Richtlinien sind als Hilfe gedacht und keine Grundregeln. Niemand wird Ihren Garten danach beurteilen, ob er stilecht ist. Vielmehr bietet er Ihnen die Möglichkeit, mit Ihrer Phantasie zu spielen und die Resultate zu genießen.

Moderne Atmospähre Die klaren Linien dieser modernen Inneneinrichtung spiegeln sich in der Terrassengestaltung wider. Durch die Verwendung ähnlicher Bodenbeläge und Pflanzen drinnen und draußen wird die Verbindung verstärkt.

Stilintegration

Der Blick durch die Glastüren unten zeigt in beiden Fällen zwei kleine Außenräume, deren Gestaltung die angrenzenden Innenräume vollkommen ergänzt. Um den vorhandenen Platz ganz zu nutzen, ist es wichtig, eine gute und harmonische Verbindung zwischen drinnen und draußen zu schaffen.

Mondrianischer* Stil
Die geometrischen Muster, einfachen Formen und leuchtenden Primärfarben des mondrianischen Teppichs dienten als Anregung für die Gestaltung dieses Gartens. Butterblumengelber Bodenbelag bildet die wesentliche Verbindung zwischen drinnen und draußen. Die Farben des Teppichs inspirierten die Wahl des roten Tisches und der roten Jalousien, der dunkelblauen Vorhänge und Stühle sowie des blaßblauen Anstrichs der Außenmauer. Durch zwei zusätzliche Rohrstücke wurde die Regenrinne kaschiert – zusammen ein originelles Gestaltungselement.

*Piet Mondrian, holländischer Maler, 1872–1944

Italienisches Ambiente
Das helle Ocker der Wände drinnen und des Zaunes draußen bildet einen weichen Hintergrund für den schwarzweiß gefliesten Boden. Ein kunstvoll drapierter Vorhang verleiht der Szene etwas klassisch Großzügiges, was durch den runden Steintisch und die Büste auf der Mauer noch verstärkt wird. Die schlichten weißen Stühle eignen sich für drinnen und für draußen. Ihre moosgrünen Polster lenken den Blick auf die anmutige Zypresse, die die Regenrinne verdeckt.

Garten? Welcher Garten?

Sie denken jetzt vielleicht, das alles ist ja für Leute schön und gut, die ordentliche, kleine, mauerumgebene Höfe besitzen, aber was sollen denn diejenigen tun, die einen zugigen Seiteneingang, einen dunklen Lichtschacht oder nur ein Fenstersims ihr eigen nennen – Räume, die man kaum einen Garten nennen oder als einen Außenraum betrachten kann? Im herkömmlichen Sinn als Garten nutzen kann man sie nicht, aber verschönern lassen sie sich allemal.

Weil solche Bereiche zunächst einmal fast immer unansehnlich sind, vernachlässigt man sie gern und läßt sie dunkel, dumpf oder feucht werden, insbesondere, wenn sie in Kellerhöhe liegen. Aber vielleicht ist eine schäbige Treppe zum Keller Ihr einziger Außenraum, und anstatt zuzulassen, daß sie die ganze Umgebung verunstaltet, sollten Sie sie so verwandeln, daß es ein Vergnügen wird, sie hinabzugehen oder von der Straße aus anzusehen. Es gibt viele Wege, reizlose Plätze zu verschönern. Pflanzen sind hier eine Möglichkeit, sollten aber nicht immer zuerst als Lösung in Betracht gezogen werden. Wie wäre es mit einem neuen Anstrich – verwenden Sie eine leuchtende Farbe, entwerfen Sie ein Muster, oder lassen Sie gar ein Trompe l'œil entstehen (s. Seite 73). Oder erneuern Sie Bodenbelag und Beleuchtung.

Oft sind solche kleinen Bereiche von übermächtigen Mauern eingeschlossen. Dann sollten Sie überlegen, wie Sie die »Decke« herunterziehen können. Pergolabalken machen den Raum vielleicht zu dunkel, gespannte Schnüre oder Drähte dagegen sind recht unauffällig, und an ihnen können Sie eine Kletterpflanze ziehen, die einen hübschen, wenn auch kleinen Raum entstehen läßt.

Eingänge und Fenstergärten

Die dekorativen Möglichkeiten, die die uns mit der Außenwelt verbindenden Türschwellen und Fenstersimse bieten, bleiben oft unerkannt. Einige Töpfe auf einem Fensterbrett oder ein farbiger Fensterrahmen können als optische Erweiterung des Raums dienen und die Barrieren zwischen drinnen und draußen beseitigen. Und falls Sie in einem höheren Stockwerk wohnen, kann Ihnen das Fenster als Rahmen für die Aussicht dienen – denn wenn Sie schon keinen Garten haben, dann leihen Sie sich doch einen. Und warum nicht Requisiten, Illusionen, Licht und Farbe einsetzen, um einen lebendigen Raum zu schaffen.

Reizvoller Durchgang (rechts) Hier wurde ein schmaler Durchgang durch das ausgeprägte Linienmuster eines Ziegelpflasters optisch verbreitert. Die Topfpflanzen können von Zeit zu Zeit ins Licht gestellt werden.

Begrünte Türschwelle Dieser begrenzte Raum ist vorbildlich genutzt. Es wurden zwei panaschierte Efeu *(Hedera helix canariensis* ›Glorie de Marengo‹*)* in schlichte Gefäße gesetzt und um den Eingang gezogen.

Treppenraum Diese in der Stadt gelegene Treppe wird durch eine im wesentlichen immergrüne Pflanzung aus panaschiertem Lorbeer und Efeu belebt. Darüber hinaus kann man Einjahresblumen dazusetzen.

Umwandlung eines Gartens

Die Fotos auf dieser und den folgenden sechs Seiten zeigen die Umwandlung eines kleinen, verwahrlosten Gartens in einen einladenden, reizvollen Gartenraum. Bei der Neugestaltung kleiner Gärten ist das Design der Schlüssel zum Erfolg. Dazu gehört die Planung einer Anlage, die entsprechend Ihren Bedürfnissen strukturiert ist und den Charakter Ihres Hauses und seiner Umgebung ergänzt.

Kriterien für die Planung

Ein Musterdesign, das auf jeden kleinen Garten paßt, gibt es nicht, denn es sind dabei zu viele individuelle Aspekte zu berücksichtigen, wie Ihre Lebensgewohnheiten, die vorgesehene Nutzung des Raums, Ihre Vorlieben und Abneigungen, der Stil benachbarter Gebäude und Pflanzungen, die Grundstücksbegrenzungen, der Charakter der Umgebung und die finanziellen Mittel, die Sie in Materialien und Pflanzen investieren können.

Bei der Planung Ihrer Anlage werden Sie diese und andere Faktoren berücksichtigen und dann einen Weg finden müssen, um sie in ein Design zu integrieren, das mit den vorhandenen Mitteln zu finanzieren ist. Die Planung ist ein wichtiger Schritt bei der Umwandlung eines Gartens - und es lohnt, hier genügend Zeit zu investieren, damit Sie eine Lösung finden, die Sie auf lange Sicht befriedigt.

Der hier gezeigte Garten liegt auf der Rückseite eines Siedlungshauses aus dem 19. Jahrhundert in einem rührigen Ort in der Nähe von London. Die Eigentümer haben zwei kleine Kinder, und sie wollten den vorhandenen Raum möglichst vielseitig nutzen; das heißt im

Der alte Garten (oben) Der Garten war in zwei von Mauern dominierte, reizlose Bereiche unterteilt.

Der verwandelte Garten (rechts) Die neue Anlage macht einen weitaus geräumigeren Eindruck und die Nutzung jedes Gartenbereichs zum Vergnügen.

Freien essen, Freunde einladen und größere Feste feiern und vor allen Dingen eine Umgebung schaffen, in der die Kinder in Sichtweite des Hauses sicher spielen können.

Der vorhandene Garten

Die existierende Gartenanlage war in jeder Hinsicht unbefriedigend. Es gab zwei völlig getrennte Bereiche, die beide wenig einladend wirkten: Zum einen eine tiefliegende feuchte, schattige Fläche, die - obwohl durch eine Glastür mit der großen Küche verbunden - nicht als Eßbereich genutzt werden konnte, und zum anderen einen verwahrlosten Rasen, der von den Grenzmauern dominiert wurde.

Optische Nutzung des Raums

Durch die Stützmauern war die Sicht vom Eßbereich der Küche aus auf den etwas trostlosen tieferliegenden Bereich beschränkt, der übrige Garten entzog sich den Blicken. Und die Aussicht vom Wohnzimmer im Parterre und den Schlafzimmern im Obergeschoß war ebenfalls wenig aufregend. (Soll die Freude an Ihrem kleinen Garten vollkommen sein, sollten Sie auch bedenken, wie er vom Haus aus gesehen wirkt, und zwar sowohl vom Parterre wie aus höher gelegenen Räumen.) Um dieses Problem zu lösen, mußte der gesamte Bereich offener gestaltet werden. Die ursprüngliche Rasenfläche wurde durch Entfernen größerer

Die Bedeutung eines guten Designs (oben, rechts, rechts außen und unten) Welch vorteilhafte Auswirkungen ein gutes Design gegenüber einer mangelhaften Gartenplanung (oben) haben kann, wird in dieser Bilderfolge offenbar. Die Stützmauern, die die ursprüngliche Pflasterfläche umgaben, sind jetzt niedriger, und durch mehrere flache, breite Stufen (rechts) ist der übrige Garten zugänglich und überschaubar geworden. Durch die Art des Bodenbelags und die Verwendung von Gartenmöbeln (großes Foto rechts) sind auf verschiedenen Ebenen vier Räume entstanden. Die Skizze des Architekten (unten) verdeutlicht seine Absicht, durch Pflanzen die rechtwinkligen Bauelemente aufzulockern.

Der Plan (unten) Das geometrische Muster der neuen Bauelemente ist hier in Relation zu den bepflanzten Flächen gezeigt.

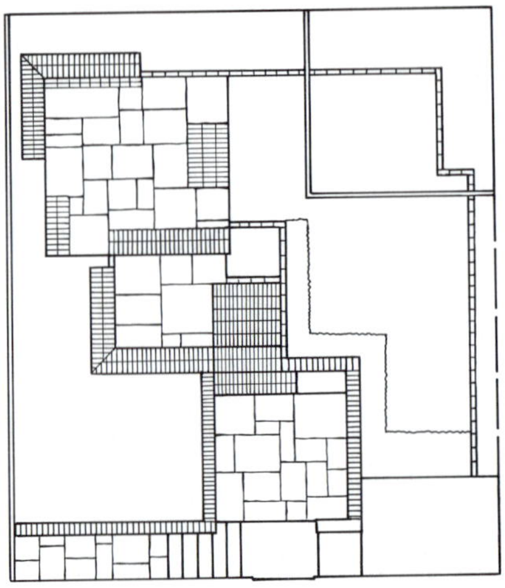

Ausschnitt eins – vorher Betrachtet man den Garten aus diesem Winkel, wird der Blick unweigerlich auf die feuchte Pflasterfläche gelenkt.

Ausschnitt eins – nachher Die Planung beginnt mit dem Öffnen des tieferliegenden Bereichs, durch das der gesamte Garten ins Blickfeld kommt.

Ausschnitt zwei – vorher Aus diesem Winkel wird das Auge von Grenzmauer und Zaun über eine undefinierbare Rasenfläche auf eine reizlose Ecke gelenkt.

Ausschnitt zwei – nachher Durch die sanft ansteigenden Stufen wird die Trennung aufgehoben, und die einzelnen Bereiche bilden eine Einheit.

Ausschnitt drei – vorher Von hinten betrachtet, besteht der Garten aus kaum mehr als einem Stück langweiligen Rasen. Bei Nacht ist der Hof fast nicht zu sehen.

Ausschnitt drei – nachher Nachdem diese breiten flachen Stufen die Stelle des tiefgelegenen Hofbereichs einnehmen, ist der Garten optisch länger geworden.

Ausschnitt eins – nach sechs Monaten (links) Mit der Zeit werden die (kurz zuvor) im Vordergrund gepflanzten Gewächse die Fläche ausfüllen und ein harmonisches Gegengewicht zu den harten Materialien bilden.

Ausschnitt eins – Skizze des Architekten

Ausschnitt zwei – nach sechs Monaten (links) Nach dem Bepflanzen wirkt der Garten sehr viel lockerer. Der Rasen fügt sich harmonisch in das durch Bodenbelag und Pflanzen entstandene Muster ein.

Ausschnitt zwei – Skizze des Architekten

Ausschnitt drei – nach sechs Monaten (links) Auf den befestigten Flächen befindet sich ein reizvoller Eß- und Sitzbereich, der dem Außenraum ein wohnliches Ambiente vermittelt.

Ausschnitt drei – Skizze des Architekten

Erdmengen tiefergelegt und dann durch verschiedene Ebenen mit der befestigten Fläche verbunden. Auf diese Weise konnte der verfügbare Raum besser genutzt werden. Der Garten ist jetzt vom Kellergeschoß aus vollkommen einzusehen. Darüber hinaus bietet der neue Rasenbereich für spielende Kinder weit mehr Sicherheit, weil der beträchtliche Höhenunterschied zwischen den Ebenen stark verringert wurde. Die baulichen Elemente des Gartens bilden den Rahmen für die Pflanzungen. Die Pflanzungen sind auf diesem Foto sechs Monate alt und lassen den Gesamteindruck bereits viel lockerer und weicher erscheinen.

Die Umwandlung

Die terrassenförmigen Ebenen lassen einen plastischen Eindruck entstehen, und die rechtwinklige Anordnung der Stützmauern (sie können als Sitzgelegenheiten dienen) wiederholt sich in der gemauerten Bank des Eßbereichs. Letztere macht Stühle weitgehend überflüssig, die hier Unruhe ins Gesamtbild brächten. Eine Grasfläche, auf der die Kinder spielen können, ist erhalten geblieben.

Um eine Verbindung zwischen Garten und Haus herzustellen, wurden die honigfarbenen Ziegel des Hauses auch für die neuen Mauern, die Stufen und die Bank verwendet. Steinplatten, die Ton in Ton mit den weichen Farben der Hausmauern abgestimmt sind, dienen als Bodenbelag. Die Trostlosigkeit des alten Gartens hatte auch den Anblick des Hauses beeinträchtigt – so wie jetzt die neue Anlage die schlichte Fassade des schönen Backsteinhauses unterstreicht.

Das Ergebnis Ein Blick auf den neuen Garten von der rückwärtigen Mauer aus läßt kaum noch erahnen, wie unattraktiv und wenig einladend er einmal war.

STILRICHTUNGEN

Selbst der kleinste Garten sollte Stil haben. Einen Stil, der zu Ihnen und Ihrer Lebensweise paßt, wie auch zum Charakter Ihres Hauses und seiner Umgebung.

Auf den folgenden Seiten werden fünf kleine Gärten gezeigt, deren Gestaltung und vorbildliche Raumnutzung schöne Beispiele geben und jeden auf die eine oder andere Weise inspirieren.

Raum für Stil

Stil ist ein Begriff, der eine endlose Abfolge von Bildern heraufbeschwört, die von Leuten und Orten bis zu Autos und Kleidung reichen.

Ich erkenne Stil in einem Garten, in dem ein ästhetisch schönes Arrangement von Formen und Strukturen deutlich wird. Manche Stilrichtung mag nicht ganz Ihr persönlicher Geschmack sein, aber wenn eine Anlage optisch eine harmonische Einheit bildet, erkennen Sie sicher an, daß sie eben doch »Stil« hat.

Aber wie setzt man solche abstrakten Allgemeinplätze in einem kleinen Garten um, wo es so viele praktische Dinge zu berücksichtigen gibt, wie etwa Lage und Grenzen des Grundstücks, den Baustil des Hauses und vor allem die vorgesehene Nutzung des Raums?

Die Kunst besteht darin, jedes Element des Gartens - seien es Mauern, Möbel, Stufen oder Topfpflanzen - als Teil eines einzigen Designs zu behandeln. Denken Sie stets daran, wie eines mit dem anderen in Farbe, Form, Struktur und in seiner Funktion harmoniert. Ein Flickwerk - ein Hochbeet hier, ein Strauch dort - und ein unüberlegtes Zusammenwürfeln verschiedenster Elemente resultiert, wie ich meine, in einem stillosen Mischmasch und läßt den Raum kleiner erscheinen, als er ist. Ein kleiner Garten ist - ob er sich zu ebener Erde, auf einem Balkon oder einem Dach befindet - dann ein gelungener Garten, wenn sich sämtliche Elemente, vom kleinsten bis zum größten, in harmonischem Einklang befinden.

Also keine falsche Bescheidenheit wegen der Größe Ihres Gartens. Zeigen Sie Mut, und geben Sie ihm Stil.

Gotischer Garten (oben) Diese Anlage entspricht vielleicht nicht jedem Geschmack, hat aber zweifellos Stil.

Kontraste (rechts) Eine Kombination aus städtischer Architektur und strukturreichen Pflanzungen.

Was ist Stil?

Das Geheimnis, wie man einem Garten Stil verleiht, liegt darin, das Elementare eines Erscheinungsbildes zu erkennen. Wie die Bilder auf diesen Seiten zeigen, kann ein ländlicher Stil (um ein beliebtes Beispiel zu wählen) auf sehr unterschiedliche Weise interpretiert werden. Es gibt weder feste Regeln noch kluge Rezepte, die verraten, wie das gemacht wird. Vielmehr besteht die Kunst darin, ein Gespür für den Gesamteindruck zu entwickeln und dafür, wie sich Details darin einfügen.

Merkmale eines Stils

Ein Garten im typisch ländlichen Stil hat eine freundliche, lockere Atmosphäre, und es finden sich in ihm Kletterrosen, die sich um Türen ranken, und natürliche Pflanzungen. Viele Gärtner versuchen diesen Stil nachzuahmen, aber allzuoft verfehlen sie ihr Ziel und finden sich inmitten eines Durcheinanders von Pflanzen wieder. Das liegt daran, daß dem scheinbar Urwüchsigen eines ländlichen Gartens tatsächlich eine Ordnung zugrunde liegt.

In echten ländlichen Gärten spielen die Farbe von Wänden, Anstrichen und Dächern, die Struktur von Ziegeln, Lehm oder Stein eine wichtige Rolle. Diese prägenden strukturellen Elemente werden durch üppige, weiche Pflanzungen ergänzt. Die Wirkung eines solchen Gartens entsteht - ob er im Norden oder im Süden des Landes liegt - durch das Zusammenspiel von Formen, Strukturen und Farben harter Materialien mit denen weicher Pflanzen. Baustoffe der Gegend, Gebrauchsgegenstände und heimische Pflanzen geben jedem Garten einen bestimmten Charakter, doch die Merkmale des Stils sind immer die gleichen.

Einen Stil interpretieren

Fühlen Sie sich frei, das Elementare aus einem Stil zu holen und in ihrem kleinen Garten zu interpretieren. So bekommt ein vertrautes Erscheinungsbild leicht eine amüsante Note, wenn man beispielsweise Gemüse dekorativ verwendet oder eine heitere Skulptur einbezieht.

Wenn die zur Verfügung stehende Fläche sehr klein ist, lassen sich einzelne Stilmerkmale wirkungsvoll kombinieren. So können Sie beispielsweise einige leuchtende, zylindrische Gefäße mit Palmlilien zusammenstellen, um einen hochmodernen Eindruck entstehen zu lassen, oder mit einer bemoosten Steinskulptur ein klassisches Flair schaffen.

Ein schöpferischer Einfall (links) Eine zwanglose Gruppe von Gefäßen und Pflanzen in der stillen Ecke eines Landgartens.

Städtische Version (oben) Goldregen und üppige Rosen verleihen diesem Garten eine ländliche Atmosphäre.

Phantasievolle Interpretation (rechts) Zarte Wolken aus Porzellanblümchen und Hornkraut bilden einen hübschen Kontrast zu grauem Schiefer.

Gärten international

Es gibt viele national unterschiedliche Stilrichtungen bei Gartenanlagen, so zum Beispiel italienische, französische, spanische, indische, japanische, englische oder mitteleuropäische. Und man muß nur die Entwicklung der verschiedenen Stile verfolgen, um die vielen aufregenden Möglichkeiten zur Gestaltung von Außenräumen zu entdecken.

Reflexion von Baustil und Lebensweise

Das Erscheinungsbild der Gärten rund um die Welt ist eng mit der lokalen Bauweise verbunden. Größe und Form von umgebenden Bauten bestimmen häufig den Charakter der Gärten. So lassen niedrige, flache Gebäude einen offenen Eindruck, schmale, hohe eine in sich geschlossene Atmosphäre entstehen. Auch architektonische Eigenheiten wiederholen sich häufig in Details eines Gartens sowie in seiner Anlage. Darüber hinaus sind Farbe und Struktur der verwendeten Materialien ein wesentliches Element des Gesamteindruckes.

Doch Gärten spiegeln nicht nur Baustile wider, sondern auch Lebensweisen und Traditionen. Anlagen japanischer Gärten beispielsweise umfassen viele religiöse Symbole, ebenso weisen nordafrikanische Gärten - meist Zufluchtsorte vor der dort herrschenden Hitze - geometrische, dem Islam entstammende Ornamente auf.

Der Einfluß der Natur

Meist aber ist es die heimische Vegetation, die einen Ort am stärksten prägt. Nadelbäume und Birken lassen uns sofort an kühle Klimalagen denken, Palmen und Zitrusbäume dagegen an heiße, trockene Gegenden. Dann spielen vor allem auch die Lichtverhältnisse einer Region eine große Rolle. Das intensive Licht einer hoch am Himmel stehenden Sonne erzeugt scharfumrissene, tiefe Schatten, während wir weicheres Licht als »warm« bezeichnen und empfinden. Näher bei den Polen gibt die Sonne, die hier tiefer steht, ein sehr klares Licht und wirft lange Schatten.

Ethnische Beeinflussung

Es gibt eine Reihe von Gärten, deren Charakter nicht durch bewußte Planung geprägt wird, sondern allein durch lokale Elemente wie Bauten, Pflanzen und Gebrauchsgegenstände. Ein solcher Stil ist zum Beispiel der *desert look* (Wüstenstil). Seine afrikanische Version, deren Atmosphäre durch gestampfte rote Erde, heimische Töpferware und widerstandsfähige Pflanzen bestimmt wird, findet Entsprechungen in Rajasthan und Mexiko. Auch in vielen anderen Teilen Afrikas und auf den Westindischen Inseln dominiert ein tropischer Charakter.

Westliche Stilrichtungen

Im Westen sind unsere Vorstellungen von verschiedenen Gartenstilen eng mit historischen Perioden oder Orten verbunden. Im 17. Jahrhundert bevorzugte man streng geometrisch angelegte Gärten, die eine Fortsetzung der klassischen Architektur darstellten. Formale italienische Gärten haben daher eine für das 17. Jahrhundert typische Atmosphäre.

Im 18. Jahrhundert kam der chinesische Garten mit seinen abstrahierten, doch natürlichen Formen auf, wenngleich sich die Europäer erst daran gewöhnen mußten. Zusätzlich beeinflußt durch die aufgelockerte Architektur des Barock und der Asymmetrie des Rokoko, entwickelte sich dann eine organischere, fließendere Gartengestaltung. Das 19. Jahrhundert brachte eine Mischung von formalen und lockeren Formen in Gärten kleineren Maßstabs.

Unter den zahllosen heutigen Stilrichtungen ist beispielsweise der kalifornische Wohngarten der späten fünfziger Jahre bemerkenswert wie auch der Wildblumengarten der achtziger Jahre.

Wenngleich in einer homogenen Gartenanlage mehr Stärke liegt, lassen sich die Elemente verschiedener Stilrichtungen bis zu einem gewissen Grad kombinieren. Auch ein Stilkontrast kann harmonisch wirken. Solche Versuche können erfolgreich sein, wenn man einen eigenen Stil entwickelt, wie auf den folgenden Seiten beschrieben.

Mexikanischer Stil Die strenge architektonische Gestaltung dieses eindrucksvollen Eingangs wird durch klare natürliche Formen ergänzt. Kakteen und Sukkulenten werfen reizvolle Schatten auf die Lehmmauern, und das Arrangement der Tongefäße betont die breite, traditionell gemauerte Stufe.

Japanischer Garten (oben)
Dieser typische Hintergarten eines Stadthauses wurde in eine Oase der Stille und Beschaulichkeit verwandelt. Die asymmetrische Anordnung der Steine, die groben Ziegel und der lockere Kies geben diesem Garten einen sanften, unregelmäßigen Rhythmus.

Mediterrane Stimmung (links)
Am anderen Ende dieses kühlen, sonnenerhellten Durchgangs wird eine häusliche Idylle sichtbar. Unter einer Kletterpflanze trocknet Wäsche, und in einer Sammlung aus Töpfen und Kübeln, die wie die Mauer blau bemalt wurden, wachsen Pflanzen.

Ein italienischer Garten

Dieser kleine Garten ist im klassisch italienischen Stil angelegt. Der Innenhof, in dem sich ein großes Wasserbecken befindet, ist von einem überdachten Gang umgeben, der zu einem Empfangszimmer führt.

Die Anlage besteht aus vier im Wasser liegenden Beeten und quadratischen Trittsteinen, die symmetrisch um einen urnenförmigen Brunnen auf einem Podest angeordnet sind.

In den Inselbeeten wachsen farbenfrohe Einjahresblumen – im Frühjahr lilienblütige, gelbe Tulpen *(Tulipa)*, im Sommer weiße Löwenmäulchen *(Antirrhinum)*. Sie werden von in Form geschnittenem Buchsbaum umsäumt und sind mit dem gefliesten Weg verbunden, so daß man sie bequem erreichen kann. Im Wasser gedeihen Seerosen, und neben dem Weg stehen blühende immergrüne Pflanzen.

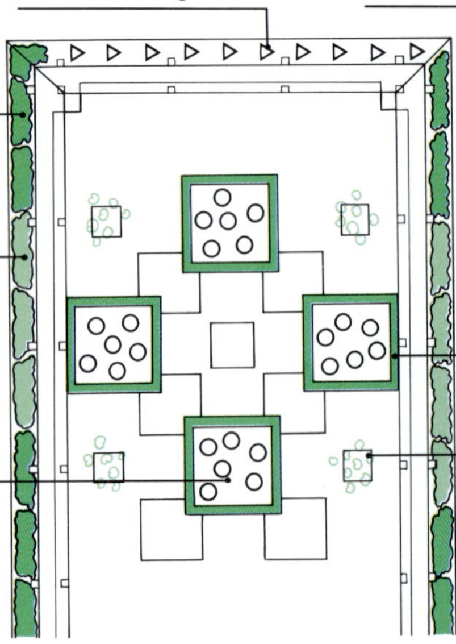

Wassergarten im Innenhof Sanftes Plätschern lenkt das Auge auf den Brunnen, der sich in der Mitte dieses mit Wasser gefüllten Beckens befindet. Klare geometrische Beete mit farbenfrohen Einjahresblumen bilden einen herrlichen Kontrast zu dem natürlichen Wuchs der Seerosen, die zwischen Beeten und dem Weg im Wasser schwimmen.

Entwicklung des persönlichen Stils

Angesichts der großen Vielfalt von Stilrichtungen ist die Entscheidung sicher nicht leicht, welche sich am besten für Ihr kleines Stück Land eignet. Auch kann man sich beim Anblick eines Grundstücks oft nur schwer vorstellen, wie es überhaupt in einen stilvollen Garten umgewandelt werden kann. Aber Sie werden in die richtige Richtung gewiesen, wenn Sie einmal Ihren persönlichen Stil und den des Gebäudes, in dem Sie leben, betrachten.

Umsetzung des persönlichen Stils

Versuchen Sie, für Ihren Garten einen Stil zu finden, der Ihrer Persönlichkeit entspricht, denn er sollte – wie Ihre Kleidung oder Ihr Wohnzimmer – ein Ausdruck Ihres Geschmacks sein. Mögen Sie eine klare Gestaltung, oder ist Ihnen vielleicht ein lockeres, eher willkürliches Erscheinungsbild sympathischer? Für einen französischen Stadtbewohner beispielsweise mag die Zufälligkeit eines englischen Gartens und das scheinbar Willkürliche in ihm schwer erträglich sein, während umgekehrt jemand, der sich in einem solchen Garten wohl fühlt, vielleicht die Ordnung eines klassischen französischen Gartens als streng und einengend empfindet.

Die Anlage Ihres Gartens sollte auch Ihrer Lebensweise angemessen sein. Überlegen Sie, wieviel Zeit oder Lust Sie haben, Pflanzen zu pflegen. Wenn Sie einen »grünen« Daumen besitzen und gerne gärtnern, sollten Sie nicht mit Pflanzen geizen, Platz für Gartengerät schaffen und einen Arbeitstisch aufstellen, auf dem Sie beispielsweise umtopfen können. Haben Sie jedoch stets einen vollen Terminkalender, der Ihnen wenig Zeit für den Garten läßt, oder sind Sie oft unterwegs, ist für Sie vielleicht eine Anlage besser, die nur wenig Pflege erfordert. Ein solcher Garten kann seine Gliederung zum Beispiel durch bauliche Elemente und Farben erhalten, vielleicht auch durch ein Trompe-l'œil oder eine Skulptur und wenige große Topfpflanzen, die interessante Blickfänge bilden.

Nutzung des Raums

Entscheiden Sie, wie Sie Ihren Außenraum nutzen wollen. Laden Sie gern Freunde ein, so daß Sie einen Tisch, Stühle und eine Grillstelle benötigen, möchten Sie einen Spielbereich für Ihre Kinder schaffen, oder brauchen Sie einen Auslauf für einen kleinen Hund?

Es gibt viele Möglichkeiten, den Außenraum so zu gestalten, daß man ihn optimal nutzen kann. Vielleicht bekommt er wenig Sonne und ist daher für eine Benutzung während des Tages schlecht geeignet, doch wenn Lilien und andere Duftpflanzen in ihm wach-

Schattiges Plätzchen Durch dichte Salbeibüsche führt ein Steinpfad zu einer weißen Bank, die an einem romantisch bepflanzten, schattigen Plätzchen im Garten steht.

Sommerliche Farben Die weichen, leuchtenden Blau- und Rosatöne dieses florentinischen Terrasseneingangs verbreiten eine zum Entspannen einladende sommerliche Stimmung.

sen, wird er abends zu einer von Wohlgeruch erfüllten Oase. Oder Sie nennen ein Dach in der Stadt Ihr eigen, das in voller Sonne liegt, aber leider windig ist. Ein solcher Platz muß so gestaltet werden, daß er etwas geschützt wird und eine intime Atmosphäre erhält.

Der Blick auf andere Gebäude

Unsere Wohngebiete sind verwirrend vielfältig an allen möglichen Bauten, wie Einfamilienhäusern in der Stadt, Wohnblocks jeglicher Art und Größe bis zu einer Unzahl von Vorstadtbauten.

Das Spektrum der Baustile reicht vom achtzehnten und neunzehnten Jahrhundert bis zum Jugendstil zu Beginn des Jahrhunderts, der Zweckarchitektur der vierziger, dem High-Tech der siebziger und der Neoklassik der achtziger Jahre.

Die Architektur Ihres Hauses hat vermutlich bereits die Wahl Ihrer Inneneinrichtung beeinflußt, und dies sollte bei Ihrem Garten nicht anders sein. Jeder Baustil hat Eigenheiten, die in der Gartenanlage – unabhängig von ihrer Größe – Ausdruck finden können sowie in der Wahl der Baumateralien, sei es Stein, Zement oder Ziegel.

Durch die Auswahl und Kombination von Gefäßen und Mobiliar kann dieser Stil fortgeführt werden, ebenso durch die Pflanzen, die das Bild auflockern. Sie können dabei akribisch und in jeder Einzelheit historisch genau sein, oder einfach das Flair eines Stils allgemein wecken.

Raum mit plastischen Elementen Der klare, funktionale Stil dieses deutschen Gartens ergänzt die Architektur des Hauses. Große, unregelmäßig geformte Betonplatten lenken den Schritt über ein Kopfsteinpflaster zu einer scharlachroten Skulptur, die auf einem großen Stein steht – kein Garten für Zaghafte.

Gärten zum Wohnen

Die Vorstellung, daß ein Garten ein Ort sein sollte, in dem Pflanzen dominieren, ist keineswegs mehr selbstverständlich.

Optimal läßt sich ein kleiner Garten nutzen, wenn die baulichen Elemente - Wände, Stufen, Teiche, Mobiliar - als eigenständige, dekorative Komponenten des Gartens miteinbezogen werden, und die Pflanzen, statt den Garten zu beherrschen oder sein Vorhandensein zu legitimieren, als Schmuck dienen.

Nachdem Sie einen hübschen Eßplatz geschaffen haben und einen anderen zum Sonnenbaden, wird der für Pflanzen verbleibende Raum bereits erheblich geschrumpft sein. Wenn Sie einen Teich, ein Wasserbecken beziehungsweise einen Brunnen in die Anlage des Gartens einbeziehen, beginnt sein herkömmliches Image als grüne Oase ganz neue Gestalt anzunehmen.

Vergrößerung des Raums

Neben der ökonomischen Nutzung des Raums gibt es noch viele andere Möglichkeiten, eine kleine Fläche größer erscheinen zu lassen. Ein erster Schritt ist, die Atmosphäre des Gartens im Haus fortzuführen. Stellen Sie beispielsweise einen Kübel mit Pflanzen auf eine kleine befestigte Fläche am Haus und einen weiteren auf den Fußboden eines angrenzenden Zimmers, um die Begrenzung zwischen drinnen und draußen optisch aufzuheben. Dieselbe Wirkung hat die Verwendung gleicher oder ähnlicher Farbtöne für Wände im Freien wie im Haus.

Es ist ein weitverbreiteter Irrtum zu glauben, daß auf kleinen Flächen eine Fülle von kleinen Gegenständen arrangiert werden kann. Tatsächlich wirkt dies im allgemeinen nur unordentlich und führt leicht dazu, daß man in sehr kleinen, umschlossenen Räumen Platzangst empfindet. Wie die Kunst der Raumgestalter beweist, erscheint ein kleiner Raum um so größer, je weniger Gegenstände sich in ihm befinden und je schlichter die Farben und Stoffe.

Diese Regel sollte auch draußen Beachtung finden, um die gleiche Wirkung zu erzielen. Beschränken Sie die Zahl der Gegenstände und Bauelemente in Ihrem Garten - und entscheiden Sie sich lieber für etwas größere als für zu kleine. Wählen Sie einfache Materialien, die mit denen bereits existierender Elemente harmonieren, wie etwa Grenzzäunen oder den Mauern Ihres Hauses. Und vervollständigen Sie dann Ihren Garten mit einer sorgfältig getroffenen Auswahl an Pflanzen, die in großen Gruppen zusammengesetzt werden.

Ländliche Terrasse (oben) Da die meisten Pflanzen oberhalb dieser winzigen Terrasse oder um sie herum wachsen, bleibt Platz für eine Ecke zum Essen und Entspannen.

Italienischer Hof (rechts) Die Mauerbogen dieses Hofes verbinden Innen- und Außenraum und bilden zusammen mit einer kleinen Auswahl von Pflanzen eine stilvolle Dekoration.

Stadtgarten mit zwei Ebenen

Dieser kleine Garten liegt auf der Rückseite eines edwardianischen Stadthauses. Ursprünglich führte eine rostige Metalltreppe von einem schmalen Balkon zu einem ungepflegten Rasen. Da es keinerlei optische Verbindung zwischen den beiden gab, wurden sie als getrennte Bereiche betrachtet. Ziel des Designs war nun, sie miteinander zu verbinden, um die gesamte Fläche geräumiger erscheinen zu lassen und in der hektischen urbanen Umgebung einen reizvollen Ort der Ruhe zu schaffen.

Neustrukturierung

Metallbalkon und -treppe wurden durch eine neue Holzkonstruktion ersetzt, die eine starke optische Verbindung zu Holztür und Fensterrahmen bildet. Das durch die Querhölzer entstehende Muster ist wunderbar auf den Baustil des Hauses abgestimmt, und der salbeigrüne Anstrich harmoniert mit dem Jugendstil der Inneneinrichtung. Der Balkon wurde verbreitert, so daß dort Stühle aus dem dahinterliegenden Wohnzimmer Platz haben. Am Ende des Balkons rankt am Geländer eine Kletterpflanze empor, welche die Einsicht von der am Haus vorbeiführenden Allee aus verwehrt.

Zu ebener Erde wurde die Rasenfläche durch Steinplatten ersetzt. Der Bodenbelag verbindet den Bereich mit dem Haus, und seine weichen Farbtöne passen gut zu dem zartgrünen Farbanstrich.

Eine Kletterpflanze, die am Balkon emporwächst, vereinigt die beiden Ebenen, und zusammen mit anderen Pflanzen und einem vorhandenen Baum verleiht sie dem Garten eine frische Atmosphäre. Insgesamt wirkt der Garten jetzt wie eine ruhige Oase in städtischer Umgebung.

Garten mit zwei Ebenen
Ein neuer Balkon und eine Treppe aus Holz, die sich harmonisch in die Architektur des Hauses einfügen, haben eine stillose alte Metallkonstruktion ersetzt und Steinplatten die darunterliegende verwahrloste Rasenfläche. Dabei wurden kleine Bereiche für Pflanzen ausgespart. Der Balkon dient als Erweiterung des Wohnzimmers, die Terrasse vergrößert den Raum des Spielzimmers im Kellergeschoß.

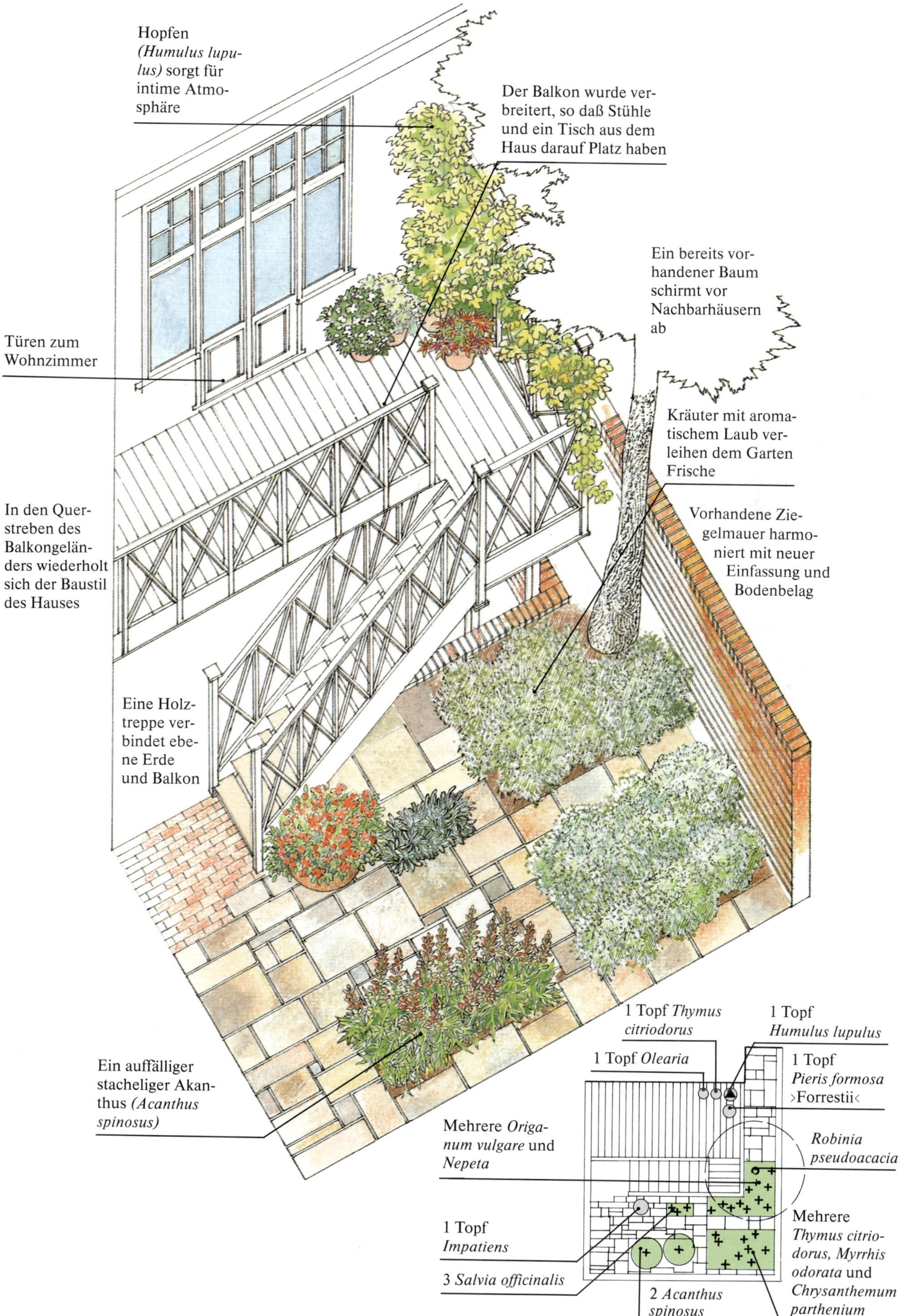
Hopfen (*Humulus lupulus*) sorgt für intime Atmosphäre
Der Balkon wurde verbreitert, so daß Stühle und ein Tisch aus dem Haus darauf Platz haben
Ein bereits vorhandener Baum schirmt vor Nachbarhäusern ab
Türen zum Wohnzimmer
Kräuter mit aromatischem Laub verleihen dem Garten Frische
Vorhandene Ziegelmauer harmoniert mit neuer Einfassung und Bodenbelag
In den Querstreben des Balkongeländers wiederholt sich der Baustil des Hauses
Eine Holztreppe verbindet ebene Erde und Balkon
Ein auffälliger stacheliger Akanthus (*Acanthus spinosus*)
1 Topf *Thymus citriodorus*
1 Topf *Humulus lupulus*
1 Topf *Olearia*
1 Topf *Pieris formosa* ›Forrestii‹
Robinia pseudoacacia
Mehrere *Origanum vulgare* und *Nepeta*
1 Topf *Impatiens*
3 *Salvia officinalis*
2 *Acanthus spinosus*
Mehrere *Thymus citriodorus, Myrrhis odorata* und *Chrysanthemum parthenium*

Gärten zum Anschauen

In der Enge der Städte stehen vielen Menschen nur kleine, ungünstig geschnittene und oft reizlos gelegene Flächen zur Verfügung, die sie nicht als nutzbaren Außenraum gestalten können oder wollen, auch wenn sie vom Haus aus sichtbar sind. Solch ein schäbiger Hof, schmaler Gang oder tiefer Lichtschacht kann aber durchaus zu einem äußerst reizvollen Blickfang werden.

Gestaltung kleiner Räume

Es gibt viele Möglichkeiten, Räume dieser Art lebendig zu gestalten. Schlechte Lichtverhältnisse oder ein schwieriger Zugang machen das Gärtnern im herkömmlichen Sinn oft unmöglich, deshalb sollte man nicht nur die Verwendung von Pflanzen, sondern auch die Einbeziehung von bunten Farben, Spiegeln, Skulpturen, Trompe-l'œil-Effekten und Kunstlicht erwägen. Es ist wichtig, daß die Gestaltung des Raums in Beziehung zu den umliegenden Bauten steht. Wenden Sie sich zunächst dem Bodenbelag zu. Stellen Sie fest, ob sich bei den benachbarten Gebäuden irgendwelche architektonischen Elemente finden, die sich mit dem Bodenbelag verbinden lassen. So legen zum Beispiel viktorianische Vielfarbenziegel die Verwendung von verschiedenfarbigen Bodenfliesen nahe.

Ihre nächste Aufgabe besteht darin, den Raum so optimal zu nutzen, daß er den Blick auf sich lenkt. Eine der einfachsten und effektivsten Möglichkeiten bieten hierfür Skulpturen (s. Seite 134f.). Aber was immer Sie wählen – eine klassische Steinstatue oder ein modernes abstraktes Objekt –, es muß optisch ausreichend Gewicht haben und darf nicht von der Umgebung dominiert werden. Stellen Sie sich den Gegenstand, den Sie eventuell haben möchten, in einem offeneren Raum vor, und zwar so groß wie möglich und nötig, um den gewünschten Effekt zu erzielen.

Pflanzen sind selten so eindrucksvoll, daß sie die Wirkung einer Skulptur ersetzen können, noch bieten sie für die Belebung von Bereichen, in denen die Lichtverhältnisse schlecht sind oder eine regelmäßige Pflege problematisch ist, eine praktische Lösung. Dennoch kann unter ausreichenden Wachstumsbedingungen ein knorriger Feigenbaum diese Aufgabe übernehmen, sofern seine natürliche Form optisch mit dem Bodenbelag und den umgebenden Bauten harmoniert und er nicht isoliert wirkt.

Selbst ein so schlichtes Objekt wie ein großer Findling kann skulpturale Qualität haben. Legen Sie ihn

Blick aus dem Fenster (oben) Diese winzige umzäunte Fläche wurde durch Steine, Kiesel, Farne und der skulpturalen Form von *Acer japonicum* in einen reichstrukturierten Raum verwandelt, den man von der Badewanne aus bewundern kann.

Winziger Hof (rechts) Hier ist durch die Verwendung von Farbe und Spalieren ein Trompe-l'œil-Effekt entstanden, der diesem winzigen, nackten Hinterhof eine neue Form gibt. Herabhängende Farne *(Adiantum* und *Polystichum munitum)*, ein bemooster Engel und ein Wasserbecken vervollständigen die Komposition.

neben einen hohlen Stein aus Fieberglas, der nachts beleuchtet wird. Vielleicht finden manche diesen Vorschlag schrecklich, doch warum sollte man in einem künstlichen Raum nicht gerade etwas Künstliches aufstellen beziehungsweise das Künstliche noch reizvoll unterstreichen.

Augentäuschung

Ein Trompe-l'œil kann sehr erfolgreich von der Wirklichkeit ablenken und begrenztem Raum ein aufregendes Flair verleihen. Die Italiener der Renaissance beherrschten es meisterlich, durch Wandmalereien, die den Beobachter narrten - wie etwa ein Äffchen, das durch eine Balustrade späht, oder eine Gestalt, die aus einem Fenster winkt -, für Zerstreuung zu sorgen. Ähnliche Techniken sind auch geeignet, um einem von Ihrem Wohnbereich aus sichtbaren Raum ein lustiges oder magisches Element hinzuzufügen. Farbe kann auch ganz einfach eingesetzt werden. Bunte Wände bringen selbst in die reizlosesten Räume Licht und Leben. Wenn man einen Raum im Freien in der gleichen Farbe streicht wie das Zimmer, von dem aus er sichtbar ist, entsteht eine starke optische Verbindung zwischen beiden.

Auch klug angebrachte Spiegel können das Auge täuschen und einen Raum größer und heller erscheinen lassen, oder - wie beim unten gezeigten Beispiel - eine häßliche Aussicht verbergen. Kunstlicht ist ebenfalls ein wirksames Mittel, um einen dunklen Raum tagsüber zu beleben und nachts mit magischem Ambiente zu füllen (s. Seite 136f.).

Alternativen zu Pflanzungen

Wenn die Wachstumsbedingungen für echte Gewächse zu schlecht sind, kann man statt dessen ein paar Pflanzen auf die Wand malen. Und wo nur Platz für wenige Pflanzen ist, kann der Pinsel mehr Exemplare auf der Mauer entstehen lassen.

Oder Sie dekorieren Ihren Raum mit Schnittblumen, die Sie in einem schlichten Gefäß arrangieren. Auch Trockenblumen können sehr reizvoll sein - vielleicht ist ein dicker Strauß *Allium, Carduus* oder sogar *Cortaderia selloana* genau das Richtige, um einer dunklen Ecke edwardianisches Flair zu verleihen.

Kleiner Hinterhof Drei Seiten eines Büro- und Lagerhauses gehen auf diesen kleinen Hof, der hinter einem renovierungsbedürftigen Haus liegt. Mit Hilfe eines Fenster- und eines Türrahmens, die denen des Gebäudes entsprechen, ist eine surreale Szenerie entstanden. Der verspiegelte Fensterrahmen reflektiert Skulptur und Innenansicht, während er gleichzeitig die häßliche Regenrinne verbirgt. Der spiegellose Türrahmen links wiederholt die Fenstertüren. Und nichts erinnert mehr an den tristen Hofschacht.

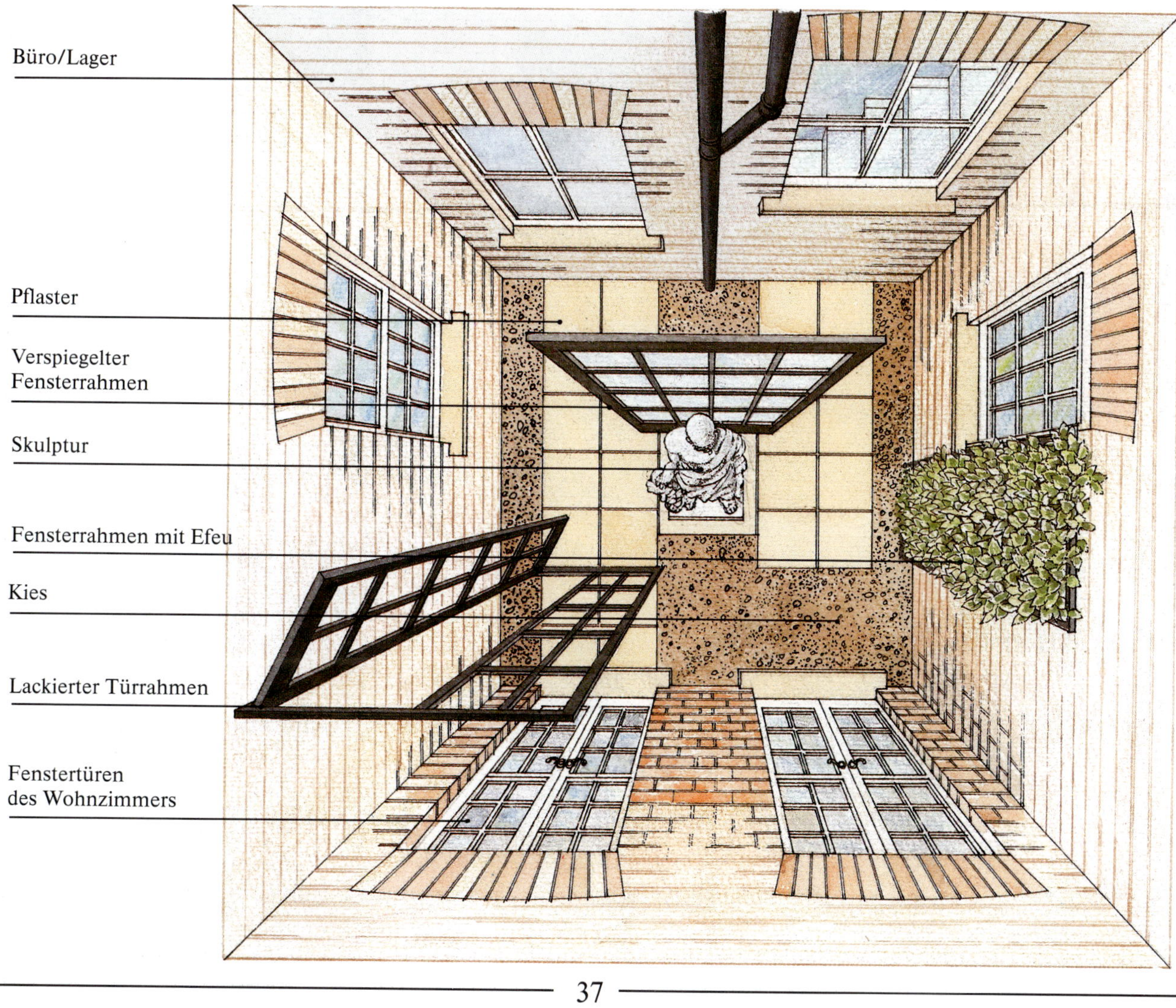

Neuer Wohnraum

Die Fläche, auf der sich jetzt dieser Garten befindet, diente einst als Parkplatz und das angrenzende Haus als Stall. Zuerst wurde das Innere des Hauses neu gestaltet. Küche und Wohnzimmer im Untergeschoß erhielten Glastüren, die eine schöne Aussicht gewährleisteten und es ermöglichten, problemlos in den Garten zu gelangen. Durch die Neuanlage des Gartens ist ein Bereich entstanden, der den Wohnraum von Küche und Wohnzimmer auf das Freie ausdehnt. Er verbindet drinnen und draußen und kann als Eßbereich genutzt werden.

Gliederung

Damit der Bereich tatsächlich eine Erweiterung der Wohnfläche darstellte, war es notwendig, daß eine gute Verbindung von innen und außen geschaffen wurde. In diesem Fall wiederholen sich die Dimensionen des Küchenraums im Terrassenbereich. Die Küchendecke wurde draußen durch eine Pergola derselben Höhe fortgeführt. Tür, Fensterrahmen und Pergola bestehen aus dem gleichen gebeizten Holz. Darüber hinaus verstärken dunkle Holzkübel auf der gepflasterten Fläche noch die optische Verbindung in Bodenhöhe.

Die Pergola verleiht dem darunterliegenden Bereich die Wirkung eines Raums, unterstützt durch die Kletterpflanzen, die an den Seitenmauern wachsen. Zwei Lampen spenden warmes Licht und schaffen eine Atmosphäre, die angenehme Sommerabende im Freien ermöglicht. Außerdem hat man nachts vom Haus aus einen schönen Blick auf den Garten, was besonders im Winter, wenn die Dunkelheit früh hereinbricht, eine wundervolle Bereicherung ist.

Eine Ecke (oben) Zwei Pflanzgefäße vor einer Eselsdistel *(Onopordum)* bilden einen aufregenden Blickfang.

Wohnraumerweiterung (rechts) Eine Holzpergola, an der sich Efeu emporrankt, umgrenzt den Bereich, der als Erweiterung der Küche genutzt wird.

Materialien

Der Bodenbelag besteht hier aus Platten und Kies. Die Platten gehen über die gesamte Breite der Küche, und die Breite der einzelnen Platten wiederum entspricht der Breite der Türfüllung, was die Verbindung von drinnen und draußen weiter verstärkt. Der honigfarbene Ton der neuen Platten harmoniert gut mit dem der kleineren, alten Stallfliesen, die in dem an die Küche angrenzenden Bereich erhalten geblieben sind. Sie wurden in einem regelmäßigen Muster über eine vorhandene geflieste Abflußrinne hinweg bis in den Bereich des neuen Belages jenseits der Schiebetüren des Hauses verlegt.

Braune Kiesflächen harmonieren gut mit den Pflasterplatten und bilden einen hübschen Kontrast zu den Pflanzen, die in mit Ziegeln eingefaßten Beeten und im Kies selbst wachsen. Der Bereich neben der Grundstücksmauer wurde ausgehoben, mit Erde gefüllt und ebenfalls mit Ziegeln eingefaßt, die zur Außenwand der Küche passen.

Die Wahl der Pflanzen

Gold- und silberblättrige Pflanzen heben sich sowohl vor dem dunklen Holz der Pergola als auch von Fensterrahmen und Tür schön ab. Zusammen mit dem hellen Kies und Plattenbelag lassen die Pflanzen in dem Bereich eine helle, sonnige Atmosphäre entstehen. Es wurden auch zwei Bäume gepflanzt, die beide helles Laub haben – ein silberblättriger *Eucalyptus gunnii* zwischen den beiden Pergolabalken direkt beim Haus und rechts ein goldener *Catalpa bignonioides* ›Aurea‹ (dem Haus zugewandt). Gold leuchten auch viele andere Pflanzen, wie etwa *Alchemilla mollis* mit ihren grüngelben Blüten und die goldgelbe *Euphorbia characias wulfenii.* Silbern schimmern *Helichrysum petiolare* ›Limelight‹, *Stachys byzantina* und *Artemisia* ›Powis Castle‹. *Hosta* und andere Pflanzen mit architektonischen Formen wie *Yucca recurvifolia* bilden ein kräftiges Grundgerüst, das weicheren Pflanzen wie *Nepeta faassenii* und *Alchemilla* Halt gibt.

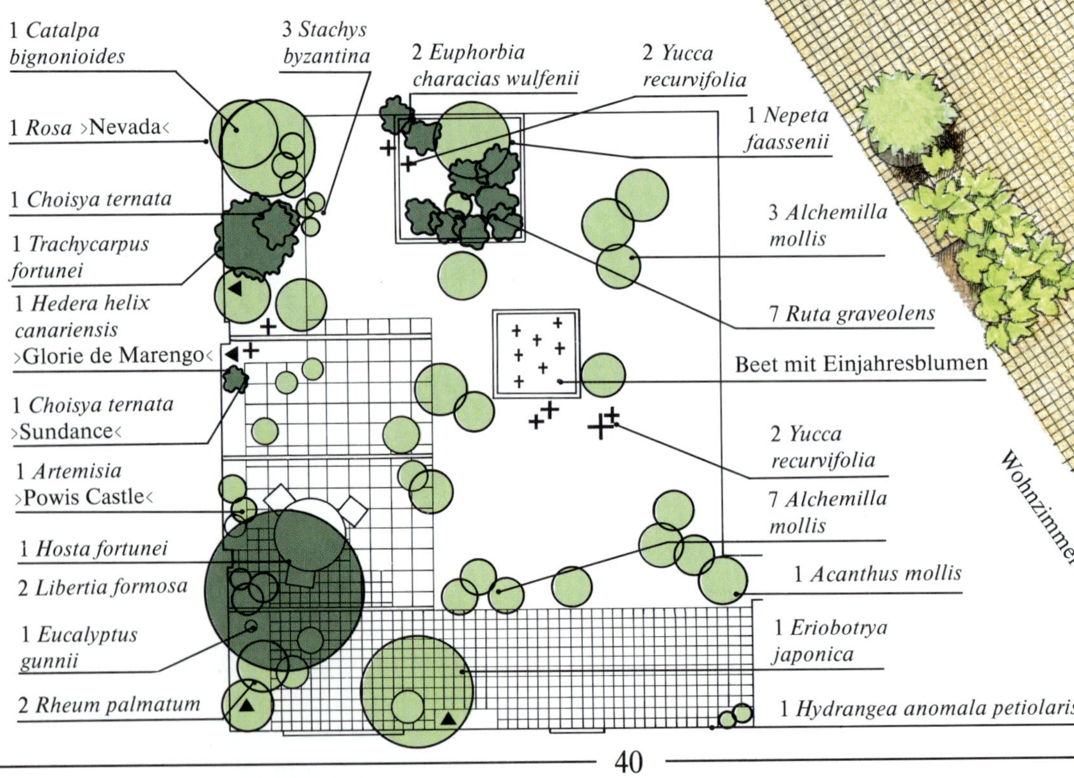

Pflanzenwahl (unten) Gelbe *Alchemilla mollis* (vorn) und weißes *Chrysanthemum* schaffen eine helle, freundliche Atmosphäre.

Klassische Eleganz

Die klare Gliederung dieses kleinen Stadtgartens verhindert, daß er neben der riesigen Platane *(Platanus hispanica)*, die sich hoch über ihm ausbreitet, völlig in den Hintergrund tritt und der Blick nach außen abgelenkt wird. Dieser Garten ist einer von mehreren, die sich an die Terrassen vier- oder fünfstöckiger Häuser anschließen. Der Baum steht im Einklang mit der Höhe der Gebäude. Einerseits erzeugt er im Garten viel Schatten, andererseits aber schützt er vor den Blicken der Nachbarn.

Designlogik

Die italienischen Designer, denen dieses Haus aus dem 19. Jahrhundert gehört, haben sich für eine sehr moderne Inneneinrichtung entschieden. Und dies spiegelt sich in den schlichten klaren Linien der Gartenanlage wider. Die meisten Flächen bestehen - ebenso wie das Haus - aus Ziegeln und bilden eine hübsche Verbindung zwischen beiden. Wenn der Baum im Herbst das Laub abgeworfen hat, hat man vom Empfangszimmer, Schlafzimmer und verschiedenen anderen Räumen aus ungehinderte Sicht auf den Garten. Aus diesem Grund wurde für die Anlage ein geometrisches Muster gewählt, das von jeder Ebene hübsch aussieht. Die Besitzer wünschten sich einen Garten, in dem man im Sommer Gäste empfangen und - in einer am hinteren Ende gelegenen Ecke, die tagsüber kurze Zeit Sonne erhält - mit der Familie speisen kann. Auf der linken Seite des Gartens sind deshalb zwei Sitzbereiche einbezogen worden.

Vogelperspektive (oben) Ziegel und Kies bilden, von oben gesehen, ein klares, schönes Muster

Muster legen (rechts) Eine L-förmige bepflanzte Kiesfläche verbindet zwei Sitzbereiche.

Auf der rechten Seite wurde ganz auf Möbel verzichtet, so daß für besondere Gelegenheiten über dem Eingang und an der Seitenwand eine Markise angebracht werden kann. Die Tür zum Garten befindet sich unterhalb der Stufen am Ende eines Gangs, der am Haus entlangführt. Durch die strenggegliederte Anlage des Gartens wird vor allem die visuelle Achse betont.

Bauelemente und Pflanzungen

Ursprünglich wuchs auf der gesamten Fläche Rasen, mit Ausnahme der Randbepflanzungen. Wären nun überall Ziegel verlegt worden, hätte das sehr hart gewirkt, deshalb wurden Flächen mit gewaschenem, braunem Erbskies einbezogen, um einen lockereren Gesamteindruck zu erhalten. Der in Beton verlegte Ziegelbelag läßt mehrere Abschnitte entstehen, die das Haus mit den Sitzbereichen zu beiden Enden des Gartens verbinden.

Die vorhandenen bepflanzten Randflächen sind erhalten geblieben, die Höhe der Stützmauern wurde jedoch auf 75 cm reduziert, wodurch die Mauer noch ideale Sitzgelegenheiten bietet.

Um das Eßzimmer im Kellergeschoß heller zu gestalten, wurde direkt davor ein drei Meter langer Bereich tiefer gelegt. Dadurch wird von diesem Raum aus außerdem ein Ziegelsockel sichtbar, der sich im letzten Viertel des Gartens befindet. Vorerst steht dort eine Schale mit Einjahresblumen, aber der Platz ist für eine Skulptur vorgesehen. Der Sockel bildet darüber hinaus die Ecke einer Sitzbank. Auch wenn die Eigentümer des Gartens sonst moderne, elegante Möbel entwerfen, haben sie sich hier für einen herkömmlicheren Stil entschieden, nämlich für eine massive Holzbank, die auf einem gemauerten Ziegelvorsprung befestigt ist, außerdem für einen freistehenden Tisch und Stühle aus dem selben Holz wie die Bank.

Es ist reichlich Platz für Schattenpflanzen wie Farne, Bambusgräser und Efeu vorhanden, denn ein großer Teil dieses Gartens liegt in tiefem Schatten, während der übrige Bereich - mit Unterbrechungen - mehr Licht erhält.

Die meisten Pflanzen befinden sich in Hochbeeten, so daß die Mitte des Gartens im Sommer viel Platz für Geselligkeiten bietet. Pflanzen im Kies (s. Seite 206), darunter *Alchemilla mollis* und *Iris foetidissima*, sorgen dafür, daß der Bereich nicht nackt wirkt. Eine Vielzahl immergrüner Gewächse (wie *Choisya ternata* und *Skimmia japonica)* wirkt das ganze Jahr hindurch interessant. Die klar strukturierten Pflanzgruppen harmonieren mit der Anlage und bilden mit ihr eine Einheit.

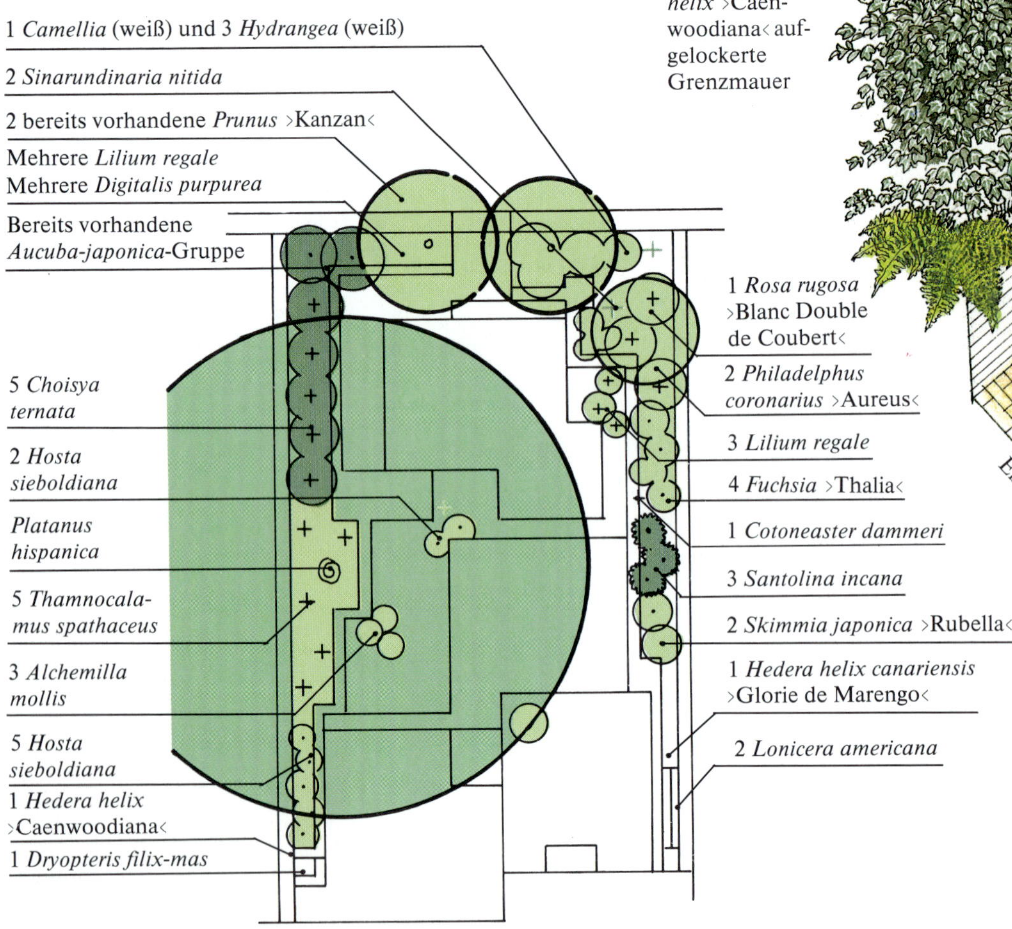

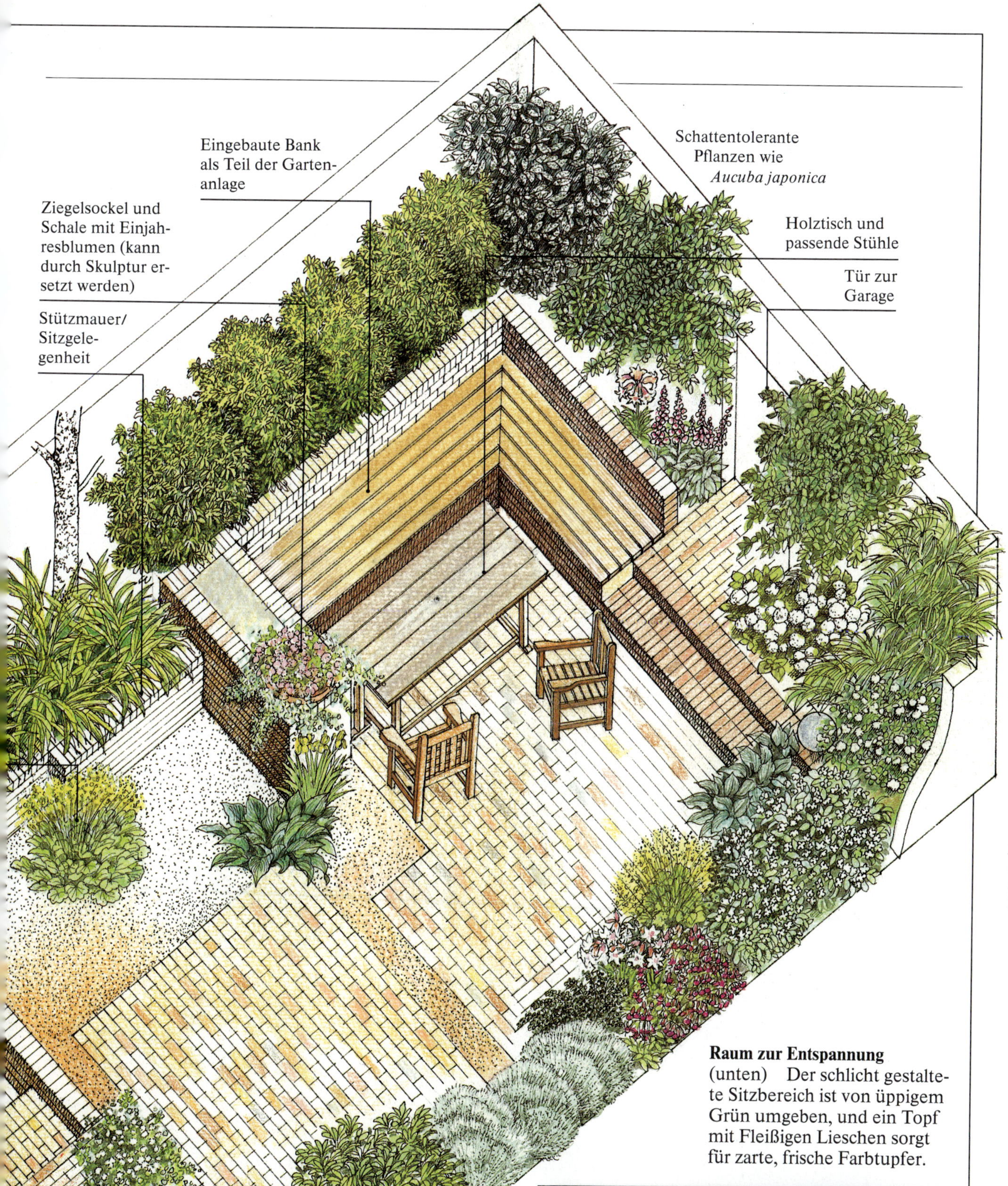

Raum zur Entspannung (unten) Der schlicht gestaltete Sitzbereich ist von üppigem Grün umgeben, und ein Topf mit Fleißigen Lieschen sorgt für zarte, frische Farbtupfer.

Raum für die Familie

Als ich diesen Garten zum ersten Mal sah, bestand er aus einem rechteckigen, von Rabatten eingerahmten verwahrlosten Rasen. Da die Eigentümer ohnehin eine Erweiterung des Eßzimmers geplant hatten, das sich auf der Rückseite ihres aus dem 19. Jahrhundert stammenden Hauses befand, beschlossen sie, gleichzeitig den Garten insgesamt umzugestalten. Sie wünschten sich einen Raum, der für ihre Kinder ebenso geeignet war wie für sie selbst. Darüber hinaus sollte eine Terrasse entstehen, auf der Mahlzeiten eingenommen werden können, weiter eine befestigte Fläche am Ende des Gartens vor dem Studio und der Werkstatt, mit einer Bank und schließlich einen kleinen Sandkasten in einem Bereich, in dem die Kinder spielen können. Durch die Einbeziehung dieser Elemente würde die Gartenanlage in eine Reihe von kleinen Räumen aufgeteilt.

Platz für die Kinder

Im allgemeinen ziehe ich in Gärten dieser Größe Kies einem Rasen vor, denn oft wirken kleine Grasflächen recht kläglich, vor allem im Winter, wenn sie leblos scheinen und mit den schlammigen Erdhäufchen der Regenwürmer übersät sind. Aber eine Kiesfläche ist für spielende Kinder weder ein angenehmer noch sicherer Bodenbelag, deshalb habe ich in diesem Fall einen kleinen ziegelumrandeten Rasen vorgeschlagen, der ordentlich zwischen den Pflasterflächen liegt – wie ein Teppich auf einem gefliesten Boden. Die Regelmäßigkeit des rechteckigen Grundstücks habe ich dadurch aufgelockert, daß ich in der Diagonale eine Reihe kleiner Räume geschaffen haben. Das Zickzackmuster, welches auf diese Weise entsteht, wird durch eine Ziegeleinfassung noch betont. Durch das Hochbeet wird das von rechts nach links verlaufende Gefälle des Gartens opitmal genutzt.

Töpfe und Krüge (oben) Ein alter irdener Krug steht gegenüber einer Gruppe von Töpfen.

Das neue Eßzimmer (rechts) Üppige Bepflanzung schafft ein intimes Ambiente.

Leichte Höhenunterschiede zwischen den verschiedenen Bereichen sind eine weitere interessante Gestaltungsmethode. Eine flache Stufe führt von der Terrasse beim Haus hinunter zum Rasen, von dem wiederum eine Stufe zu der befestigten Fläche vor dem Studio und der Werkstatt hinaufführt.

Weil sich das Wasser am tiefsten Punkt eines Gartens sammelt, befindet sich dort Rasen. Grasnarben und 25 cm Mutterboden, die über Kies liegen, bilden eine durchlässige Schicht, durch die Wasser in eine 50 cm dicke Lage Schotter sickert. Von hier verteilt es sich langsam im Untergrund.

Persönliche Note

Der Charme dieses Gartens liegt darin, daß er den Eindruck erweckt, bewohnt zu sein, und zwar durch eine Anzahl von Objekten, die die Familie von Aufenthalten am Meer oder Besuchen bei Trödlern auf dem Land mitgebracht hat. So befindet sich im Garten verteilt eine Sammlung von alten und jetzt bepflanzten Kaminaufsätzen, alten Tongefäßen und Sahnetöpfen (in die Abzugslöcher gebohrt wurden), Krügen, Kieseln und Findlingen.

Bepflanzung

Da der Garten mit zwei Seiten an Nachbargärten grenzt und sich an der dritten eine Reihe hoher Häuser befindet, sollten üppige Pflanzungen dem Garten Intimität verleihen. Daher wurden zahlreiche Kletterpflanzen einbezogen.

Verschiedene kletternde Efeuarten begrünen die beiden Seitenmauern und das Spalier, das zusätzlich Höhe verleiht, und eine duftende *Lonicera periclymenum* bedeckt am Ende des Gartens die Mauer.

Immergrüne Pflanzen, darunter Bambusgras und *Euonymus fortunei*, lassen einen klaren, plastischen Hintergrund für eine Vielzahl farbenfroher Einjahresblumen und Stauden entstehen, wie zum Beispiel für rosafarbene und weiße Prachtspieren, Blutweiderich und den gelben kriechenden Hahnenfuß. In ganz schattigen Ecken gedeihen Hortensien sowie verschiedene Farne und Kräuter; Storchschnabel sowie kleinblättrige Efeuarten wachsen üppig überall im Garten in Gefäßen.

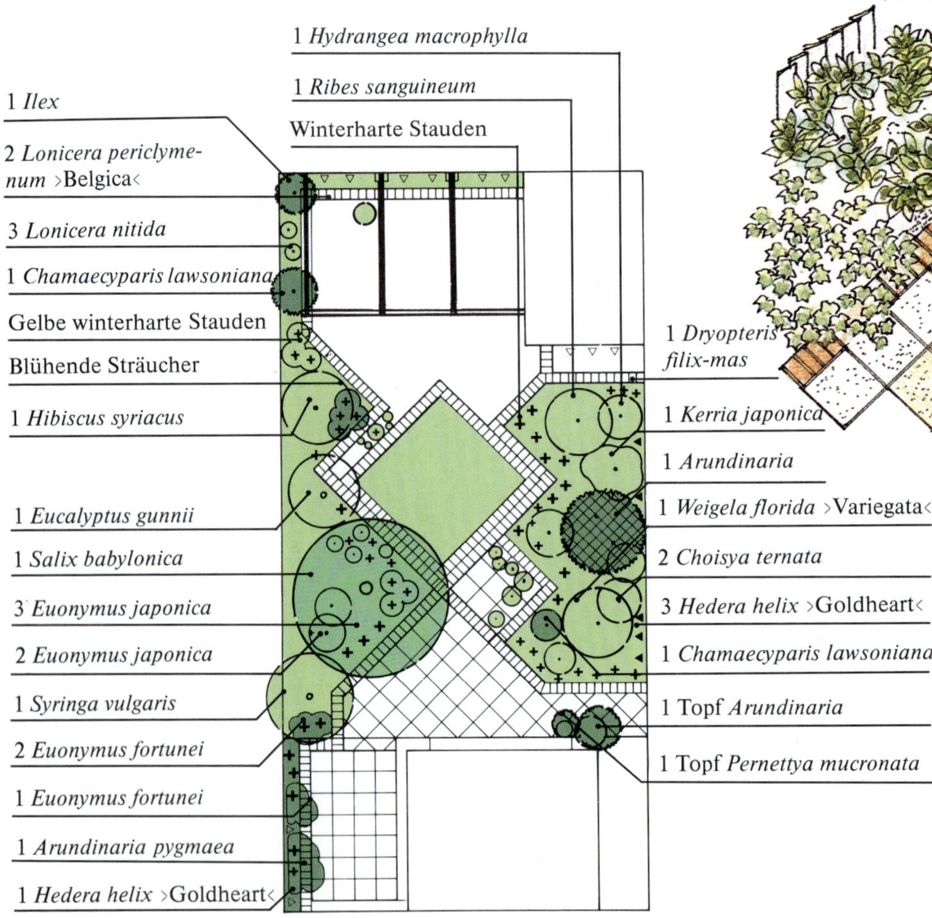

Friedliche Oase (rechts) Geißblattgirlanden hinter der Bank unter der Holzpergola bilden eine dufterfüllte Oase.

Eine Stadtoase

Wie viele Stadtgärten, schließt sich auch dieser an einen zweiten gleicher Art mit einem dahinterliegenden Haus an, so daß man nicht ungestört ist und den Eindruck hat, beobachtet zu werden. In solchen Situationen gleicht der Garten einem dunklen Schacht, und die in ihm wachsenden Pflanzen recken sich zum Licht. Um einen Ausgleich zu schaffen, sind kräftige Blattformen und eine interessante Bodenstruktur erforderlich, damit das Grundstück die Aufmerksamkeit fesselt.

Umwandlung

Als ich vor zehn Jahren dieses Grundstück zum ersten Mal betrat, fand sich dort mit Ausnahme eines zwei Meter hohen Zaunes und einer großen Mehlbeere (*Sorbus aria* ›Lutescens‹) wenig Interessantes. Es war die Position dieses Baumes, die mir die Idee gab, das Pflaster, das jetzt zu ihm führt, so zu verlegen. Auch die Bank betont den optischen Reiz der Mehlbeere.

Die freundliche Gestaltung des Gartens entspricht in großem Maß der Inneneinrichtung des Hauses. So führen Ziegel und Platten den Bodenbelag der Küche fort, in den sie übergehen. Einen hübschen strukturellen Kontrast zu dem Pflaster bildet Kies, der das ganze Jahr hindurch sauber aussieht. Skulpturen auf den befestigten Flächen und zwischen dem Grün der Pflanzen verleihen dem Garten darüber hinaus eine individuelle Note.

Nachdem das Grundstück gesäubert war, mußten zunächst Platten und Ziegel verlegt werden. Da das Grundstück leicht abfällt, konnte zwischen den Bereichen eine flache Stufe einbezogen werden, die die Dynamik des Designs hin zur L-förmigen Holzbank betont. Diese Holzbank bietet in der Ecke des Gartens Sitzgelegenheit.

Außenraum (oben) Die Tierskulpturen bieten einen originellen Blickfang.

Seitenansicht (rechts) Von der Terrasse aus wird die Aufmerksamkeit auf die Bank gelenkt.

Ebenfalls aus Ziegeln besteht die fest mit Zement verlegte Einfassung der Kiesfläche. Für sie wurde eine 10 Zentimeter dicke Schicht gut verdichteter ungewaschener Kies verwendet, auf der anschließend eine dünne Schicht gewaschener Erbskies verteilt wurde. Nach der Fertigstellung ist die Fläche fest und bequem zu begehen, aber auch zum Bepflanzen geeignet.

Das Weichholzspalier harmoniert größenmäßig mit den Scheiben der Fenster, die auf den Garten hinausgehen. Es ist weiß gestrichen und an der dunkelgebeizten Holzwand befestigt, über die es ein wenig hinaussteht, um das Gesamtbild aufzulockern.

Außenanlagen

Die Pergola besteht aus schlichten weißen Auflagehölzern, die auf in Betonfüße gegossenen schwarzgestrichenen Gerüstrohren ruhen. Die Stahlrohre wurden in die Zwischenräume der Küchenfenster gesetzt. Die Maße der Pergola stehen im Einklang mit einem Teil des Nachbarhauses, der an das Grundstück angrenzt. Im Sommer rankt ein Scharlachwein an der Pergola empor, der das Küchenfenster vor der hellen Morgensonne schützt.

Ein winziger Holzverschlag, der, passend zu Fenstern, Türen und Pergolahölzern, weiß gestrichen wurde, steht in einer Ecke neben der Pergola. Dort finden einige Gartengeräte Platz.

Bepflanzung

Die Pflanzen im Garten sind weitgehend immergrün, so daß die harten Linien der Außenanlagen das ganze Jahr hindurch mit Grün geschmückt sind. Da das Grundstück im Schatten liegt, ist die Auswahl der Pflanzen begrenzt, aber es befinden sich beliebte Arten wie *Skimmia japonica* und *Fatsia japonica* darunter.

An dem Spalier wachsen großblättrige Efeus wie *Hedera helix canariensis* ›Gloire de Marengo‹ und *Hedera colchica* ›Dentata Variegata‹ sowie *Lonicera periclymenum* ›Serotina‹ und *L. periclymenum* ›Belgica‹. Sie begrünen die Mauern des Gartens und verleihen ihm eine intime Atmosphäre.

Zur ursprünglichen Bepflanzung gehörten verschiedene Stauden, die aber unterdessen von den Immergrünen verdrängt worden sind. *Acanthus spinosus,* der im Kies wächst, ist aber immer noch prächtig, und einen zusätzlichen Blickfang im Vordergrund bilden die fleischigen Blätter von *Bergenia* ›Silberlicht‹ sowie das seidiggraue Laub von *Artemisia.* Für Farbe sorgen Tongefäße mit Einjahresblumen, die auf der Terrasse in Gruppen stehen, sowie zwei *Hydrangea macrophylla* und verschiedene Kletterpflanzen. Kräuter in Töpfen (darunter Lorbeer und Rosmarin) erfüllen einen ebenso dekorativen wie praktischen Zweck.

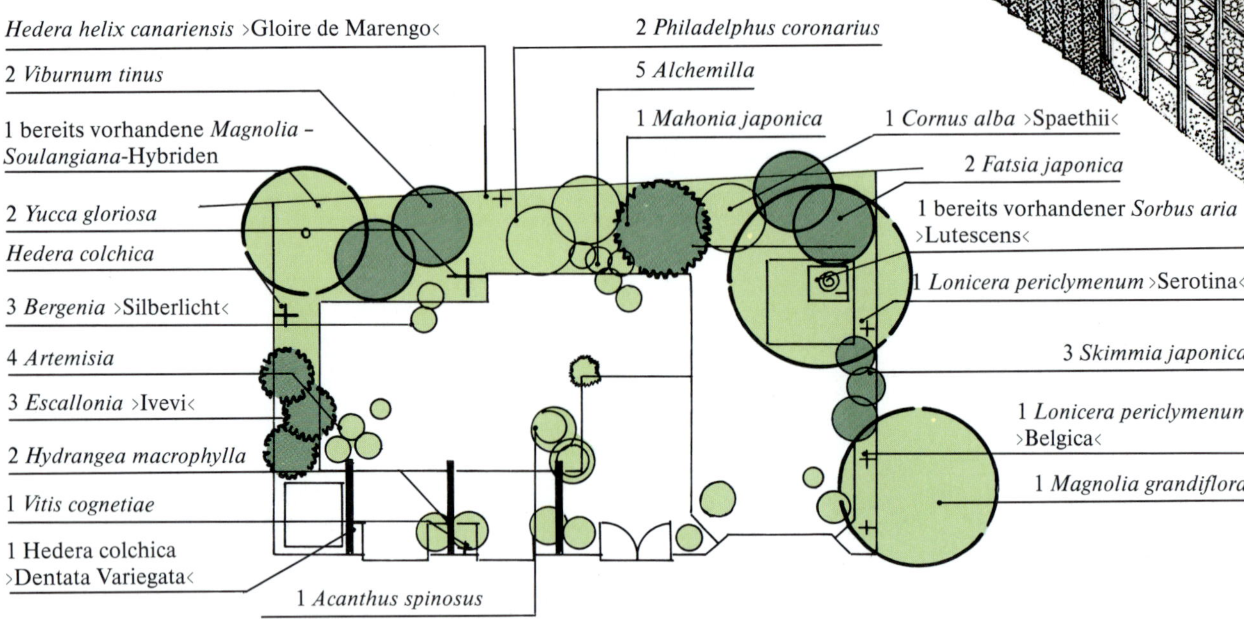

Kücheneingang (unten) Weißgestrichene Hölzer dienen einer anmutigen Kletterpflanze als Stützen. Kräuter (darunter ein Lorbeerbaum) wachsen ganz in der Nähe der Küchentür.

Ländlicher Stil

Dieser kleine Garten im ländlichen Stil liegt Seite an Seite zu einer Kathedrale im Herzen einer Kleinstadt. Die Eigentümerin, die vorher in einem Haus auf dem Land mit einem größeren Garten gewohnt hatte, wünschte sich auch hier eine ähnliche Gartengestaltung, damit sie nach Herzenslust Pflanzen ziehen kann, wenn auch in kleinerem Rahmen.

Das Grundstück

Neben dem im Cottage*-Stil erbauten Haus mit einem neuen Anbau befand sich eine Terrasse mit einem unregelmäßigen Pflaster. Von hier aus führte eine etwa 50 Zentimeter hohe Stufe zu einer Fläche mit sehr struppigem Gras. Es wuchs auf dem Schutt und Abfall, die während des Umbaus am Haus hier deponiert.wurden. Am Fuß der Grundstücksmauern befanden sich Rabatten.

Benötigt wurde eine Fläche, auf der Möbel Platz haben und Pflanzen umgetopft werden können; daher ist das Pflaster beim Haus erhalten geblieben. Auch aus optischen Gründen war es wichtig, einen freien Bereich zu bewahren, um damit ein Gegengewicht zu der üppigen Pflanzenvielfalt zu schaffen, mit der die Besitzerin den übrigen Garten gestalten wollte. Es galt daher, eine Anlage zu konzipieren, die einer Fülle von weichen ländlichen Pflanzen einen Rahmen bietet, ohne sie zu dominieren, und gleichzeitig mit der Umgebung harmoniert. Je

* Ursprünglich in England nach einem bestimmten System errichtete Landhäuschen für Arbeiterfamilien.

Ländliches Fluidum (oben) Sanfte Farben und weiche Pflanzungen im ländlichen Stil schaffen eine angenehme Atmosphäre der Ruhe.

Optische Verbindungen (rechts) Beschaffenheit von Kies, Pflaster und Pflanzen verbindet Haus und Garten.

lockerer und natürlicher Pflanzungen sind, um so wichtiger ist es, eine Grundstruktur aus Baumaterialien und Pflanzen zu schaffen, die die Entstehung eines Durcheinanders verhindert. In kleinen Gärten aber ist es vorrangig, daß die Eigentümer den Raum nutzen können, und deshalb dienen hier Pflanzen in der Regel vor allem dazu, die harten Linien der Außenanlagen optisch zu durchbrechen.

Flächenstruktur

Von den bereits existierenden Rabatten blieben eine ganz und eine weitere teilweise erhalten. Der Rasen hingegen wurde vollständig durch Kies, Steine und Ziegel ersetzt. Aus Ziegeln besteht auch eine flache Stufe bei der Terrasse am Haus, die die Beete einfaßt und das übrige Grundstück auf einfache Weise unterteilt. Auf einer 5 Zentimeter dicken Schicht ungewaschenem Kies wurde heller gewaschener Kies verteilt, der einen strukturellen Kontrast zu den in ihm wachsenden Pflanzen bildet.

An mehreren Stellen sind in der Kiesfläche alte Bodenplatten und Ziegel verlegt worden, die im Ton die Farben von Kies und Haus ergänzen. Auf diese Weise entsteht ein Gartenweg und ungehinderter Zugang zu den Pflanzen. Auch das geometrische Muster des Gartenwegs bildet einen schönen Kontrast zu den lockeren Pflanzungen.

Bepflanzung im ländlichen Stil

Die Fülle an Pflanzen und ihre zwanglose Anordnung lassen sanfte, wogende Linien entstehen, die für die ländlichen Gärten typisch sind. Da die Pflege vieler verschiedener Pflanzen sehr zeitaufwendig ist, eignet sich diese Art der Bepflanzung nur für leidenschaftliche Gärtner, wie es die Besitzerin dieses Gartens ist.

Die harmonische, ruhige Atmosphäre des Gartens kommt dadurch zustande, daß die einzelnen Arten in großen Massen zusammengepflanzt werden. Verteilte man wahllos hier und da Pflanzen im Garten, würde ein unruhiges, uneinheitliches Erscheinungsbild die Folge sein. Mit großer Sorgfalt wurden auch die Farben kombiniert. Grüne, graue und goldene Laubtöne bilden einen ruhigen Hintergrund für die kräftigeren Farben von Blumen.

Immergrüne Sträucher wie *Mahonia japonica* und der beinahe immergrüne *Viburnum burkwoodii* geben den Pflanzungen Struktur und verleihen ihnen auch während der Wintermonate ein schönes Aussehen. Ihr dunkelgrünes Laub steht im Kontrast mit graublättrigen Pflanzen wie *Senecio* ›Sunshine‹, *Hebe pinguifolia* ›Pagei‹ und *Lavandula angustifolia* sowie

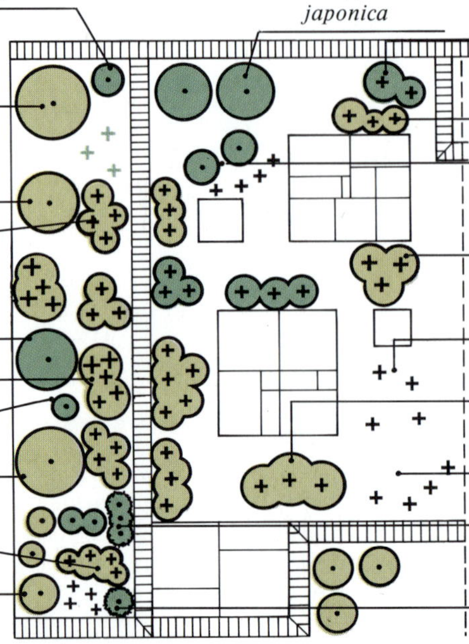

Kaschierte Trennlinie (rechts) Topfpflanzen lockern die Grenze zwischen befestigter Fläche und dem übrigen Garten auf.

den bronzevioletten Blättern von *Ajuga reptans* ›Burgundy Glow‹ und den roten Stämmen von *Cornus alba*, die im Winter sichtbar sind.

Sommergrüne Sträucher, wie *Philadelphus coronarius* (Pfeifenstrauch) mit seinen zugespitzten ovalen Blättern und ein panaschierter *Cornus alba*, bereichern, wenn sie Laub tragen, den Garten um ein weiteres Element.

Farbverbindungen

In traditionellen ländlichen Gärten werden die Pflanzen, inklusive Rosen, in sorgfältig abgestimmten Farbkompositionen zusammengestellt. Im Beet linkerhand beispielsweise bilden Katzenminze *(Nepeta faassenii)*, Levkojen *(Matthiola incana)* und *Aquilegia* im Sommer ein wogendes Blütenmeer in zartem Mauve, Rosa und Weiß. Das robuste immergrüne Laub von *Bergenia cordifolia*, die dazwischen wächst, verleiht der Pflanzung einen optischen Halt und sieht auch noch schön aus, wenn die Blüten welken.

Dieses zarte Farbthema wird im übrigen Garten weitergeführt, wo eine rosa Rose (*Rosa* ›Comte de Chambord‹), eine weiße Rose (*Rosa* ›Pearl Drift‹), rosa Spornblumen *(Centranthus)*, weitere Levkojen *(Matthiola incana)*, Storchschnabel *(Geranium endressii)* und Lavendel *(Lavandula angustifolia)* wachsen.

Eine andere Farbe, die immer wieder erscheint, ist Gold. Auf der rechten Seite des Gartens steht goldblättrige Zitronenmelisse (*Melissa officinalis* ›Aurea‹), und zwischen Frauenmantel *(Alchemilla mollis)* gedeiht goldener *Origanum onites* ›Aureum‹.

Blick von oben Ein Garten muß von den oberen Stockwerken aus gesehen ebenso reizvoll wirken wie von ebener Erde. Hier geben Pflaster und Kies den weichen Pflanzen einen Rahmen.

Die Pflanzung sieht von den oberen Räumen des Hauses betrachtet ebenso hübsch aus wie vom Parterre. Die Farben der Pflanzen stehen im Kontrast zu denen der verwendeten Baumaterialien, und ihre weichen Formen bilden einen Gegensatz zu der körnigen Struktur des Kieses und den glatten Steinplatten. Da kein Rasen einbezogen wurde, konnten sich die Gartenpflanzen in einer Üppigkeit ausbreiten, die eigentlich der Enge des Grundstücks widerspricht.

Düfte in ländlichen Gärten

Der besondere Reiz ländlicher Gärten sind ihre Düfte. Im Sommer verströmen Rosen Wohlgeruch, ebenso die wunderbar nach Orangen duftenden Blüten von *Philadelphus coronarius*. Aus dem Kräutergarten kommt das Odeur von Katzenminze, Lavendel, Zitronenmelisse und Majoran, und die nach Maiglöckchen duftenden Blüten von *Mahonia japonica* bereichern den Garten von Herbst bis Frühjahrsmitte. Auch im Haus kann man die Gartendüfte genießen, denn um Türen und Fenster rankt sich eine Kletterrose, und neben dem Haus wächst Katzenminze.

Schmetterlinge und Bienen, die von den wohlriechenden Pflanzen angelockt werden, tragen ebenfalls zu der wunderbaren Atmosphäre ländlicher Gärten bei.

DESIGN

Planen Sie die Anlage Ihres kleinen Gartens zunächst mit Hilfe von Papier und Bleistift. Nur auf diese Weise können Sie ihn optimal gestalten und nutzen. Schrittweise Anleitungen zeigen Ihnen auf den folgenden Seiten die Grundlagen von Entwürfen und wie man Farben, Formen und Effekte geschickt einsetzt. Beispiele von Gartendesigns sollen Ihnen Ideen und Anregungen geben, wie von finsteren Kellertreppen und -höfen bis zu reizlosen Fenstersimsen alle nur denkbaren Räume neu gestaltet werden können.

Kreative Planung

Vielleicht verläßt Sie bei dem Gedanken, selbst etwas zu entwerfen - vielleicht sogar einen Garten - rasch der Mut, weil Sie meinen, dies könnten allein Fachleute tun. Doch jedesmal, wenn Sie Dekorationsgegenstände auf einem Bord arrangieren oder nachdenken, wo Sie ein Sofa hinstellen könnten, dann werden Sie von den Grundregeln eines jeden Designs geleitet, nämlich von praktischen Überlegungen, wie der Möglichkeit des Säuberns oder dem Standort einer Lampe, sowie von ästhetischen Gesichtspunkten, etwa der Form, Struktur oder Farbe des zu plazierenden Gegenstandes in Beziehung zu den umgebenden Dingen und Oberflächen.

Und so, wie Sie Gegenstände in einem Raum anordnen, um eine schöne, aber auch funktionelle Raumgestaltung zu erzielen, kann man Elemente in einem kleinen Garten arrangieren und, beispielsweise, als Gegengewicht zu einer befestigten Fläche einen Bereich mit Wasser, Kies und Pflanzen setzen. Ein gutes Design macht die optimale Nutzung eines kleinen Raums erst möglich; denn je gelungener die Verbindung zwischen den verschiedenen Elementen wie auch mit der Umgebung ist, um so größer wird er erscheinen.

Auf den folgenden sechs Seiten werden die Grundregeln einer Planung erklärt und darüber hinaus der Einsatz von Farben, Formen und besonderen Effekten. Mit diesen Grundregeln vertraut, und mit einigen Anregungen, die Ihnen die gezeigten Beispiele geben, können Sie sich an ein Design für Ihren eigenen Gartenraum wagen, wie klein er auch sein mag und wo immer er sich auch befindet.

Mauerdesign (oben) Auch wenn es nur eine Mauer ist, ein gelungenes Design erzielt spektakuläre Effekte.

Eindruck von Geräumigkeit (rechts) Eine gute Planung kann ein herkömmliches, kleines Grundstück überraschend geräumig erscheinen lassen.

Der Gestaltungsprozeß

Raumnutzung Durch eine gute Planung können Sie Ihren Garten optimal nutzen. Hier führen zwei Pflasterflächen zu einem erhöht liegenden Brunnenteich, dessen Mauer als Sitzgelegenheit oder Stellfläche für Töpfe dienen kann.

Der Prozeß der Gestaltung besteht im wesentlichen aus fünf Schritten: Festsetzung von Grundstück und persönlichen Wünschen, Ausmessen, Anfertigen einer maßstabgetreuen Zeichnung und Entwicklung einer Grundstruktur, Erarbeitung eines konkreten Werkplans und Umsetzung dieses Werkplans in Außenanlagen und Pflanzungen. Auf dieser und den folgenden fünf Seiten diente als Demonstrationsgrundlage ein kleiner Stadtgarten.

Bestandsaufnahme

Nehmen Sie zunächst Ihr Grundstück sorgfältig in Augenschein, bedenken Sie alle nur möglichen Fragen, und notieren Sie alle Probleme. Wird beispielsweise das Grundstück von Nachbargebäuden oder einem hohen Baum überschattet? Liegen Bereiche in der Sonne? Gibt es häßliche Elemente, die Sie verstecken möchten? Dann denken Sie darüber nach, wie Sie den Raum nutzen wollen. Sind Sie ein begeisterter Hobbygärtner, und möchten Sie viele Pflanzen ziehen? Oder darf Ihr Gartenraum nur ein Minimum an Pflege erfordern? Wollen Sie dort Feste feiern, oder benötigen Sie einen Spielbereich für Kinder?

Einordnung persönlicher Wünsche

Der hier gezeigte kleine Garten liegt auf der Rückseite eines Reihenhauses. Das Gelände fällt zu einer Garage hin sanft ab. Auf dem Grundstück befand sich Rasen, das dominierende Element war ein großer Öltank. Von beiden Zimmern im Erdgeschoß kommt man in den Garten, der auch von den oberen Räumen zu sehen ist. Die Eigentümerin wünschte sich jetzt einen pflegeleichten Garten, einen bequemen Zugang zur Garage und einen Sitzbereich nahe der Küche. Da der Öltank nicht entfernt werden konnte, mußte er versteckt werden. Die Besitzerin hatte in ihrem alten Garten ein Vogelbad gehabt und wollte jetzt im neuen einen Brunnenteich. Ein Blick auf die Pflanzen im Nachbargarten bestätigte die Vermutung, daß der Boden alkalisch war.

Ausmessen

Fertigen Sie einen Grundriß an, in dem Sie alle Maße eintragen. Messen Sie zunächst die zum Garten gewandte Seite Ihres Hauses sowie die der eventuell angrenzenden Bauten aus und dann auf beiden Seiten in einem Winkel von 90 Grad die Länge des Grundstückes. Wenn der Garten am hinteren Ende schmaler ist als beim Haus, messen Sie von der gegenüberliegenden Grundstücksgrenze auf beiden Seiten noch einmal bis zum Haus zurück. Tragen Sie in den Plan auch die Abmessungen vorhandener Elemente (etwa Bäume oder ein Öltank) ein, ihre Entfernung zum Haus und den Grundstücksgrenzen, ferner die Höhe der Türen und Fenster sowie ihren Abstand zueinander und zu den Grundstücksgrenzen.

Anfertigung eines Plans

Als nächsten Schritt zeichnen Sie einen genauen maßstabgetreuen Plan von Ihrem Garten. Ein guter Maß-

Ausmessen (rechts) Bevor Sie zu entwerfen beginnen, fertigen Sie eine Skizze des Grundstücks an und tragen die Maße (Breite und Länge) der Grenzen und aller vorhandenen Elemente ein. Stellen Sie die Lage von technischen Anlagen fest (beispielsweise Rohren), und berücksichtigen Sie diese und andere vorhandene Elemente in Ihrem Plan. In diesem Fall wurden Gartenmauern, Öltank, Fenster, Türen und die Garage in die Skizze eingetragen.

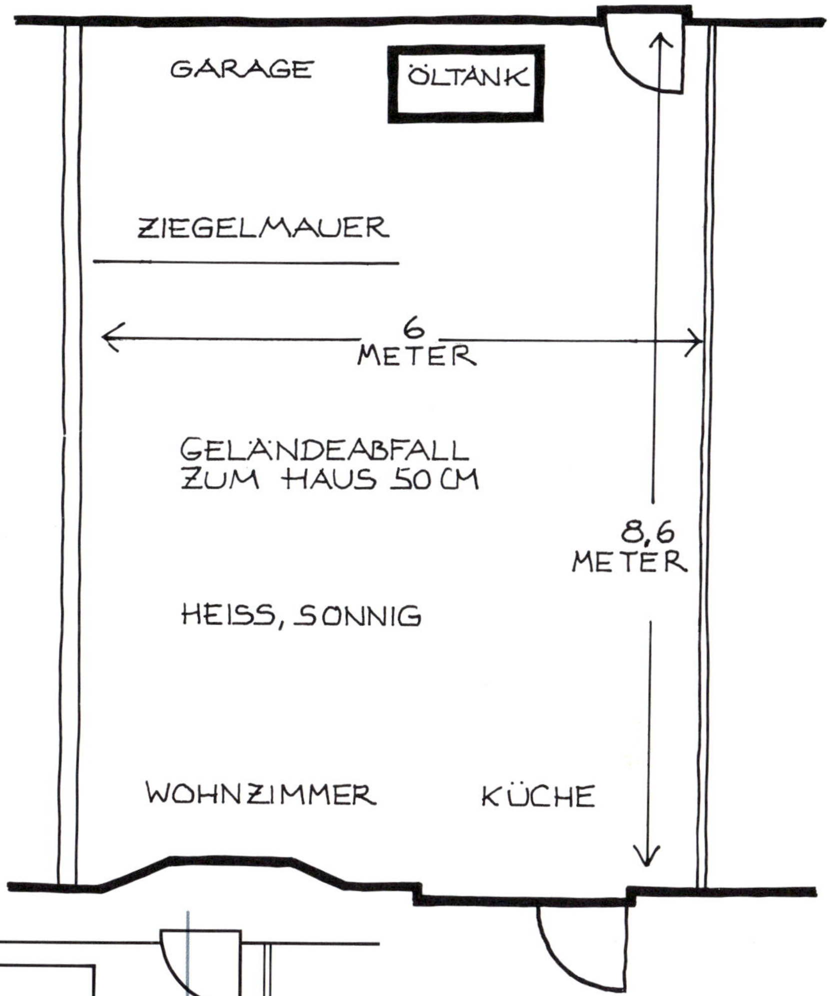

Maßstabgetreue Zeichnung (unten) Mit Hilfe eines Maßstablineals fertigen Sie eine Grundrißzeichnung im Maßstab 1 : 100 oder 1 : 50 an. Auf einem zweiten Blatt zeichnen Sie einen Raster, dessen Quadratgröße sich in bestimmter Relation zu den Abmessungen eines vorhandenen Elementes (eventuell der Breite eines Fensters) befinden. Den Quadraten des hier gezeigten Rasters liegt die Breite des Küchenfensters und der Tür zugrunde.

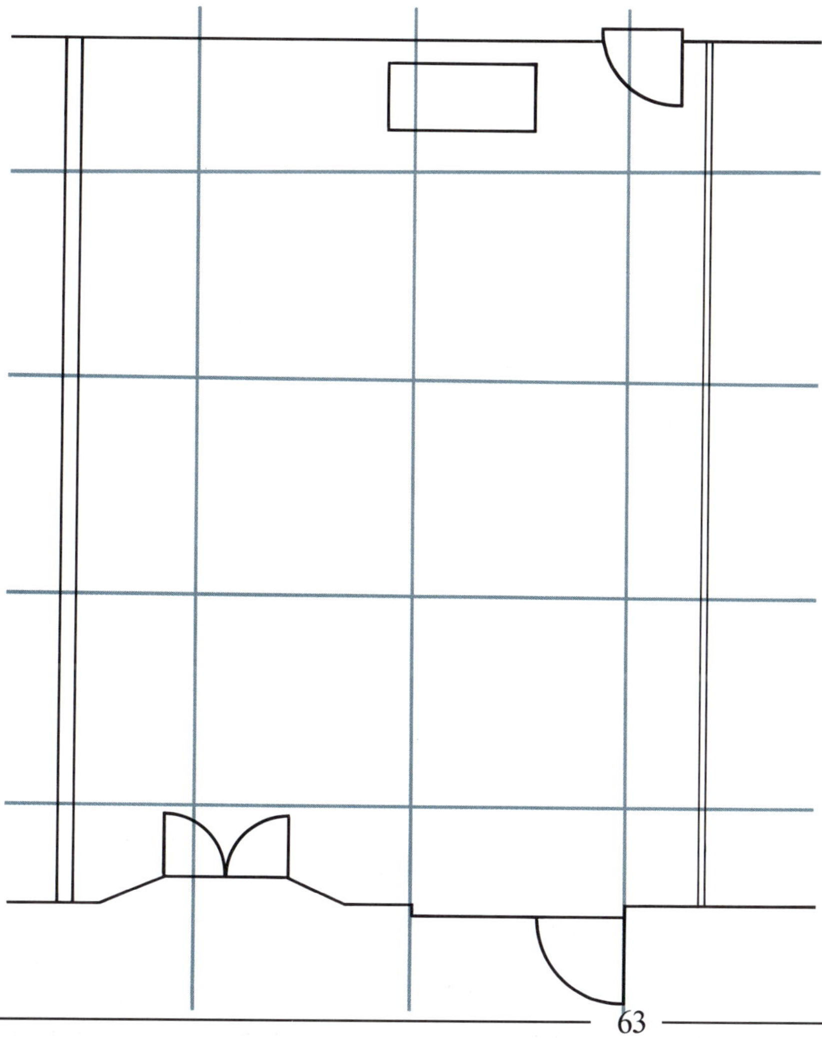

Überlegungen beim Planen (oben) Ursprünglich dominierte ein Öltank die Aussicht vom Haus. Der Versuch, ihn durch ein Spalier zu verbergen, lenkte die Aufmerksamkeit erst recht auf ihn. Darüber hinaus fehlte ein Platz für Mülltonnen und andere Gegenstände, der nicht im Blickfeld lag.

stab ist 1:100 (1 cm entspricht in der Realität 100 cm), Sie können aber auch 1:50 verwenden oder was immer auf Ihr Papier paßt. Aufgrund der durchgeführten Messungen zeichnen Sie nun die Grundstücksgrenzen und die genaue Lage aller existierenden Elemente ein (wie etwa Stufen oder bepflanzte Flächen), die Sie erhalten wollen. Maßstablineale sind im Handel erhältlich und erleichtern die Arbeit.

Anfertigung eines Rasters

Dann wird ein Raster entwickelt, in den sich alle von Ihnen gewählten Elemente wie ein Muster einfügen lassen, ebenso wie die Maße von Haus und Garten.

Auf Pauspapier (das Sie über den maßstabgetreuen Plan legen können, um verschiedene Muster zu vergleichen) zeichnen Sie nun eine Reihe von Quadraten, deren Größe mit den Maßen eines vorhandenen Elementes (von Haus oder Garten) in bestimmter Beziehung steht – beispielsweise der Breite einer Tür oder Stufe oder der Höhe eines Fensters.

Im Fall des hier gezeigten Stadtgartens ist es die Breite von Küchenfenster und Tür, die dem Raster zugrunde liegt.

Entwicklung einer Grundstruktur

Als nächsten Schritt entwickeln Sie mit Hilfe des Rasters eine Grundstruktur beziehungsweise ein Grundmuster. Dazu verwendet man Kartonstücke, deren Größe auf die Rasterquadrate abgestimmt ist – sie können halb so groß, gleich groß oder auch doppelt so groß sein. Mit den Quadraten wird auf dem Raster – ähnlich wie bei einer Collage – ein Muster angelegt. Wie immer es ausfallen mag, seine Proportionen wirken in Beziehung zum Haus oder den Grundstücksgrenzen harmonisch. In diesem Beispiel steht das Muster in Verbindung mit dem Erkerfenster und dadurch

Entwicklung einer Grundstruktur Benutzen Sie Schablonen aus Karton (deren Maße in bestimmter Relation zu denen der Rasterquadrate stehen), um ein harmonisches Grundmuster entstehen zu lassen. Hier wurden sie im Winkel von 90 Grad arrangiert.

mit dem Wohnzimmer, das zum Garten hinausgeht. Versuchen Sie die Quadrate im Winkel von 90 und/oder 45 Grad zum Haus zu arrangieren. Durch ein schräg verlaufendes Muster von 45 Grad wird übrigens in einem kleinen Garten das Gefühl des Eingeschlossenseins zerstreut. Winkel von weniger als 45 Grad beziehungsweise mehr als 90 Grad allerdings lassen auf kleinem Raum leicht ungünstig proportionierte Flächen entstehen, die nur schwierig zu gestalten sind.

Es gibt auch Leute, die gerade Linien reizlos finden und geschwungene Konturen bevorzugen, doch bevor man sich dafür entscheidet, sollte man sich klarmachen, daß gerade Linien durch die Vegetation aufgelockert werden, wenn die Proportionen stimmen und die Fläche geschickt bepflanzt ist. Wer sich dennoch zu geschwungenen Konturen entschließt, sollte kreisförmige Schablonen verwenden, deren Durchmesser etwa der Seitenlänge der Rasterquadrate entspricht.

Bei der Gestaltung eines Gartens, der von Mauern umgeben ist (eine für kleine Gärten oft typische Situation), kommt man leicht in Versuchung, diese Mauern als Basis der Grundstruktur zu betrachten und die ganze Seite entlang ein Hochbeet anzulegen. Doch gerade das unterstreicht die Unzulänglichkeiten des Gartens. Mit Hilfe des Collage-Verfahrens kann man dieser Versuchung entgehen, denn dabei stehen die Formen untereinander und mit dem Haus in Verbindung.

Anfertigung eines Werkplans Bestimmen Sie anschließend, was die Schablonen sowie die sie umgebenden Flächen in der Realität ersetzt, um einen konkreten Werkplan für befestigte Flächen, Pflanzungen und Kies zu erarbeiten.

Formen aufeinander abstimmen

Beim Arrangieren der Schablonen sollten Sie Ihre Wünsche berücksichtigen und versuchen, sich vorzustellen, welche Gestalt die Formen in der Realität annehmen könnten, in welcher Beziehung sie zueinander stehen, und wie sie vom Erdgeschoß und höherge-

gelegenen Räumen aus gesehen wirken. Im dargestellten Beispiel war eine Gestaltung erforderlich, die sowohl eine Terrassenfläche als auch einen Zugang zur Garage einbezog, eine Abschirmung für den Öltank sowie ein Element, das einen schönen Blickfang bildet, wenn man vom Wohnzimmer aus über den Garten schaut.

Wenn Sie mit Ihrem zweidimensionalen Entwurf zufrieden sind, beschäftigen Sie sich mit der Höhe beziehungsweise Tiefe der einzelnen Formen, indem Sie beispielsweise aus den Quadraten Schachteln machen und allen im Plan vorhandenen Mauern Höhe verleihen. Auf diese Weise entsteht ein plastisches Modell, in das auch Stufen und Mulden einbezogen werden sollten. Füllen Sie die Flächen um die Schablonen farbig aus. Und wenn Sie mit der Auswahl der Pflanzen beginnen, sollte dabei auch diese plastische Wirkung berücksichtigt werden.

Umsetzung des Entwurfs

Wenn dann die Gestaltung optisch Ihrer Vorstellung entspricht und in etwa den praktischen Erfordernissen gerecht wird, können Sie sie nach und nach umsetzen, indem Sie entscheiden, welche endgültige Form die einzelnen Bereiche in der Realität annehmen sollen. In dem gezeigten Beispiel wurde die Möglichkeit der Raumnutzung zwischen Musterelementen und Grundstücksgrenze für Pflanzungen bereits bedacht, aber es sind noch Fragen offen: Was soll das zentrale Element des Gartens werden? Wie kann man am besten den Öltank verbergen? Welche Bereiche sollte man pflastern und welche Materialien für Pflaster und neue Mauern verwenden?

Außenanlagen

In unserem Beispiel wurde zuerst über die gepflasterten Flächen entschieden: Eine sonnige Terrasse mit einem Tisch und Stühlen beim Haus und ein Bereich, der Haus und Garage verbindet. Und weil das Grundstück etwas abfällt, wurden als Teil der Gestaltung einige flache Stufen eingezogen.

Als nächster Schritt im Gestaltungsprozeß mußte das zentrale Element des Gartens bestimmt werden. In diesem Fall fiel die Entscheidung auf einen erhöhten Brunnenteich, der direkt im Blickfeld des Wohnzimmers liegt. Auf der Hinterseite des Beckens befindet sich eine freistehende Ziegelmauer mit einem Wasserspeier. Eine zweite Mauer wurde weiter hinten errichtet, um den Öltank zu verbergen. Diese Mauern sind sowohl Hintergrund als auch Abschirmung und bieten außerdem im hinteren Bereich des Gartens Platz für die Mülltonnen. Sowohl Haus als auch Garage sind mit Ziegel gebaut, und da ein einheitliches Erscheinungsbild gewünscht war, wurden auch die neuen Baukörper aus Ziegelsteinen der gleichen Farbe errichtet. Damit dieses Material den Garten jedoch nicht zu sehr dominiert, wurde in der Mitte eine Kiesfläche angelegt mit quadratischen Platten als Trittsteine. Die Pergola besteht aus Holz, das, passend zu Tür und Fensterrahmen, weiß gestrichen wurde.

Pflanzen und Gestalten

Wenn eine Anlage wie diese gerade fertiggestellt ist, hat sie eine sehr strenge Wirkung, die aber dann durch die Pflanzen aufgelockert wird. Die Gestaltung mit Pflanzen (ihre Formen, Farben und Strukturen) sollte mit der Gestaltung (Formen, Strukturen und Farben) der Außenanlagen wie der Einrichtung aller an den Garten angrenzenden Innenräume harmonieren. Da die Besitzerin dieses Hauses keine begeisterte Gärtnerin ist, sollten darüber hinaus die ausgewählten Pflanzen möglichst wenig Pflege erfordern.

Kletterpflanzen sind da besonders geeignet. Hier wurde Efeu genommen, um einen Teil der Mauer zu begrünen, hinter der sich der Öltank verbirgt. Und an der Pergola wachsen Geißblatt, eine Rebe, eine Kletterrose und eine Waldrebe, so daß man von der Küche einen schönen Ausblick hat und für etwas Schatten gesorgt ist. Auch die hintere Grundstücksmauer ist mit Kletterpflanzen bewachsen und bildet einen zartstrukturierten Hintergrund für die kantigen Formen des Brunnens. Die Farben der Pflanzungen wurden durch die im Wohnzimmer verwendeten Farben (pflaumenblauer Teppich und rosa Wände) sowie durch die Farbe der Außenmauer bestimmt. Das zentrale Element ist eine Hängekirsche (*Prunus serrulata* ›Rosea‹), die in der Größe mit der Grenzmauer harmoniert und sich mit ihren herrlichen Zweigen über den Brunnen neigt, wodurch sie beide verbindet.

Der alte Küchenbereich (rechts) Der Bereich direkt vor der Küche war ursprünglich wenig einladend und die Sicht vom Haus reizlos.

Der neue Küchenbereich (ganz rechts) Die Küchentür führt jetzt zu einem kleinen gepflasterten Außenraum mit einer Pergola (in Höhe der Tür), die eine klare Verbindung zwischen Garten und Haus schafft. Wenn die Kletterpflanzen an der Pergola emporgewachsen sind, sorgen sie für schöne Aussicht und Schatten.

Die fertige Anlage Der Garten hat den reizvollen Charakter eines Hinterhofes, in dem viel nutzbarer Raum vorhanden ist. Unterschiedliche Ebenen, kontrastierende Materialien, eine Pergola und ein Brunnenteich lassen auffällige Formen und Strukturen entstehen, die durch Pflanzungen aufgelockert werden. Von der linken Seite des Gartens wird der Blick über mehrere Stufen zu Wasserbecken und Kirschbaum geführt. Einen optischen Ausgleich bildet die Mauer, hinter der sich der Öltank verbirgt.

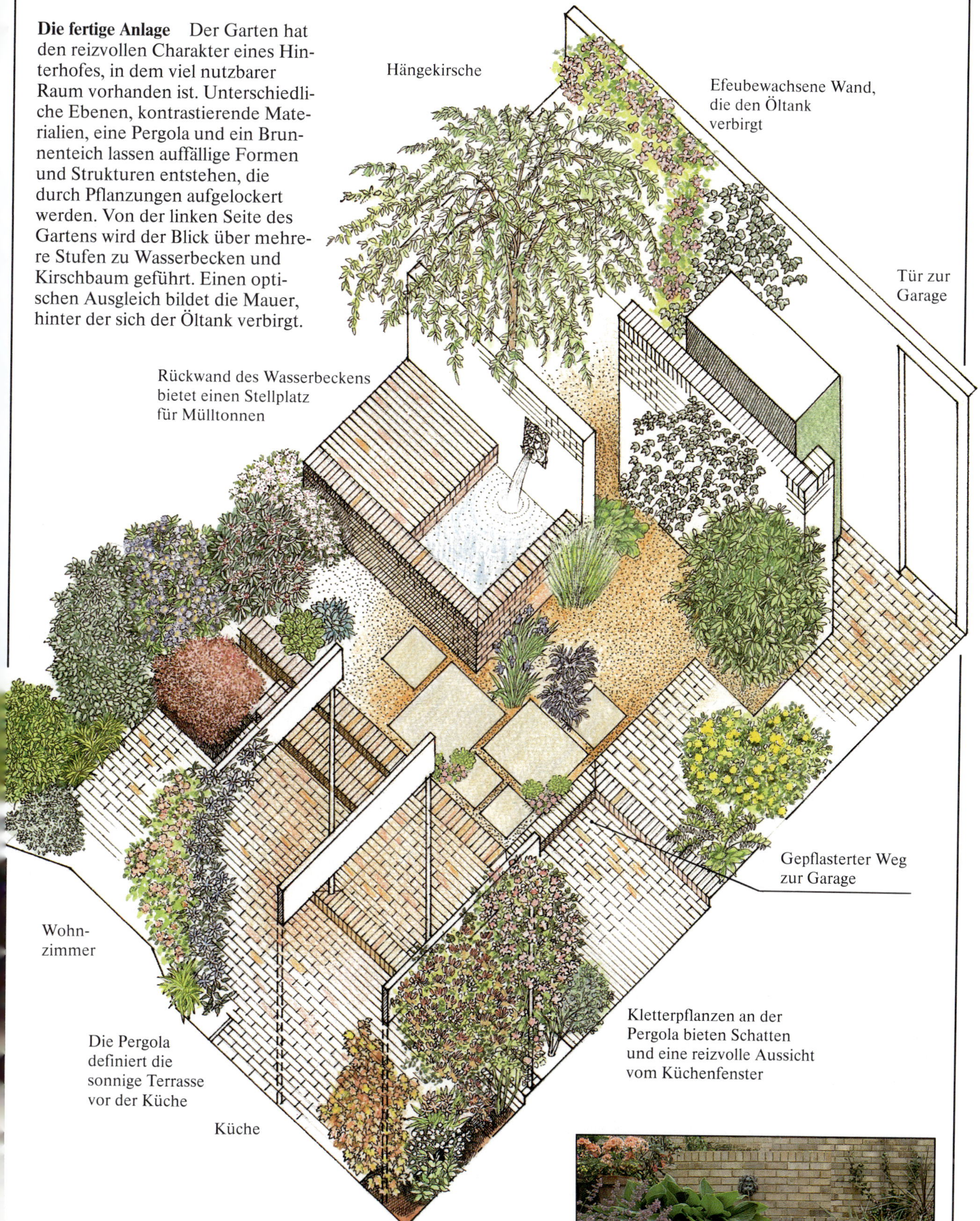

Aussicht (rechts) Sehr wichtig ist, wie eine Gartenanlage vom Haus aus gesehen wirkt. Vom Wohnzimmer aus erscheint der Garten fast wie eine kleine Kulisse, die durch klare Baukörper und kräftige Blattformen entsteht.

Farbe

Farben haben, ebenso wie Geräusche und Gerüche, die Eigenschaft, eine Atmosphäre zu beeinflussen oder Stimmungen zu verstärken. Auch wenn es zunächst bei einer Planung nicht notwendig ist, sich bezüglich der Farben festzulegen, sollte man über die Gesamtwirkung nachdenken und wie sie sich mit Farben ausdrücken läßt. Einfluß auf die Atmosphäre haben der Standort des Grundstücks, dessen Lage (ob sonnig oder schattig), die verwendeten Baumaterialien sowie Nutzung und Gestaltungsstil aller angrenzenden Räume und Gebäude.

Die Wirkung von Farben

Manche Farben erscheinen dämpfend und beruhigend, andere stimulierend und belebend. Sie sollten stets die wählen, die Sie besonders mögen und die die Stimmung ihres Gartenraums hervorheben. Eine kleine sonnige Terrasse mit einem Whirlpool beispielsweise ist eher ein aktivierender Ort, für den sich zur Belebung Blau- und Gelbtöne besser eignen als etwa Violett oder Grau, die zu traurig wirken. Dagegen sind zu viel Orange und Braunrot in einem kleinen ländlichen Garten mit sanfter, ruhiger Atmosphäre fehl am Platz. Zu ihm passen Farben mit beruhigender Wirkung wie Weiß, Creme und zarte Blau-, Rosa- oder Grüntöne besser.

Kombination von Farben

Auf kleinem Raum ist es besonders wichtig, daß Farben gut harmonieren, denn alle Gartenelemente, von Mauern und Pflastern bis zu Möbeln und Pflanzungen, sind eng beieinander und werden als Ganzes gesehen und darüber hinaus vermutlich auch in Beziehung zu den im Haus verwendeten Farben. Stimmen Sie in Ihrem Außenraum die Farben ebenso aufeinander ab, wie Sie es in einem Innenraum tun würden, und bringen Sie alle Bereiche in Einklang.

Wählen Sie die Pflanzen nach sorgfältigem Studium eines Pflanzenkataloges aus. Noch besser ist es, wenn sie sich mit Pappstücken in den Farben der Außenanlagen und anderen Elementen in ein Gartencenter oder eine Gärtnerei begeben.

Wirkung des Lichtes

Die Lichtverhältnisse haben Einfluß auf die Qualität von Farben, deshalb sollten Sie stets berücksichtigen, wie die gewählten Farben zu verschiedenen Tageszeiten wirken. Helle Farben sehen im sanften Morgen- und Abendlicht sehr schön weich aus, können aber in der intensiven Mittagssonne ausgewaschen erscheinen. Umgekehrt wirken kräftige Farben, die es mit der Mittagssonne aufnehmen können, morgens und abends mitunter grell. Legen Sie Papierstücke in den entsprechenden Farben zuerst an die sonnigen und schattigen Stellen, um festzustellen, wie sich ihre Wirkung im Laufe des Tages verändert. Versuchen Sie auch, sich vorzustellen, wie die gewählten Töne im Jahreskreislauf zur Geltung kommen, wie sie etwa mit den frischen, klaren Farben des Frühjahrs oder mit den kräftigen, satten des Herbstes harmonieren.

Farbliche Details (oben) Eine schlichte, aber sehr effektvolle Kombination von Farben

Klare Kombination (links) Pflanzen mit kräftigen Farben bilden ein Gegengewicht zu großen schwarz-weißen Fliesen.

Leuchtende Palette (rechts) Die Farbzusammenstellung dieses Eßbereichs ist im sanften Morgen- und Abendlicht optimal, in der heißen Mittagssonne aber zu grell.

Muster und Formen

Es sind die bei der Gestaltung verwendeten Formen, die ein Gesamtmuster entstehen lassen und den Stil Ihres Gartens prägen. Es gibt zahllose Variationsmöglichkeiten: An einem Ende dieses Spektrums befindet sich das symmetrische Arrangement, welches dem Raum ein formales, klassisches Erscheinungsbild verleiht, am anderen die asymmetrische Anordnung von Formen, die abstrakt und modern wirkt. Beide sind für verschiedene Situationen geeignet.

Gestaltung kleiner Räume

Da viele Außenräume in der Stadt von Bauten umgeben sind (und nicht von den fließenden Grenzen von Feldern und Bäumen), die in einem Winkel von 90 Grad zueinander stehen, eignet sich ein Design aus geometrischen Formen mit geraden Linien in der Regel am besten. Dennoch können auch Kreise, Kreisausschnitte und geschwungene Linien harmonisch wirken, solange sie in einen rechtwinkligen Raster integriert werden (s. Seite 64f.).

Auf kleiner Fläche ist ein Design im allgemeinen dann am wirkungsvollsten, wenn nur ein Formelement verwendet wird und nicht etwa verschiedene, wie beispielsweise Schrägen und Bögen, denn die Begrenzung des Raums macht es meistens unmöglich, ein solches Design konsequent durchzuführen.

Sie können die Formen so anordnen, daß der Eindruck von Bewegung oder Stille entsteht. Lineare Formen und Muster erzeugen den Eindruck von Bewegung, weil sie das Auge führen. In einem kleinen Raum ist es wichtig, daß hinter freien, geschwungenen Formen ein Zweck steht (außer die Grundstücksgrenzen verlaufen nicht gerade), etwa daß der Blick auf ein Element innerhalb des Gartens gelenkt wird, wie eine Statue oder etwas, das sich außerhalb befindet, beispielsweise einen Baum auf dem Nachbargrundstück. Statische Formen lassen sich in Mustern anordnen, die die Aufmerksamkeit innerhalb des Grundstücks festzuhalten vermögen. Solche Muster wirken meist ruhig und eignen sich für umschlossene Räume, in denen ein Mittelpunkt fehlt.

Dreidimensionale Formen

Zweidimensionale Formen werden lebendig, wenn eine dritte Dimension hinzukommt, nämlich die Höhe der einzelnen Elemente und die Art der Materialien, die sie »füllen«. Wenn einige der Formen Höhe erhalten, werden die anderen dadurch definiert. Denken Sie aber daran, daß einige auch Tiefe bekommen können, wie etwa ein Teich oder ein Sitzbereich.

Materialien

Die Eigenschaften der Materialien, die Sie aussuchen, um diese Formen zu »füllen«, werden ebenfalls den Charakter Ihres Gartens prägen. Sie können harte und weiche, rauhe und glatte, helle und dunkle, lichtabsorbierende oder reflektierende Materialen auswählen, wie etwa Ziegel, Beton, Gras, Kies, Holz und Wasser.

Lineare Formen Unregelmäßig geschnittene Räume sind oft problematisch. Die hier gezeigten Pflaster- und Kiesflächen haben einen fließenden Verlauf und bilden, ungeachtet des Höhenunterschiedes, eine klare Verbindung zwischen zwei Gebäuden. Die auffällig eckigen Formen sind wundervoll auf die angrenzenden Gebäude abgestimmt.

Schlichtes Kreisdesign (oben) Zwei Kreise bilden auf begrenztem Raum ein einfaches geometrisches Muster. Das Wasserbecken gibt dem Raum Tiefe, und die Kreisform wiederholt sich noch einmal in dem runden Tisch.

1 Kreismuster (rechts) Zwei sich überschneidende Kreise sind das Grundelement einer schlichten, aber reizvollen Anlage. Sie harmonieren in der Größe mit den Rasterquadraten (s. Seite 64f.), deren Maß auf die Breite des Erkerfensters abgestimmt ist. Auf diese Weise hat das Design des Gartens eine Verbindung zu dem des Hauses.

1

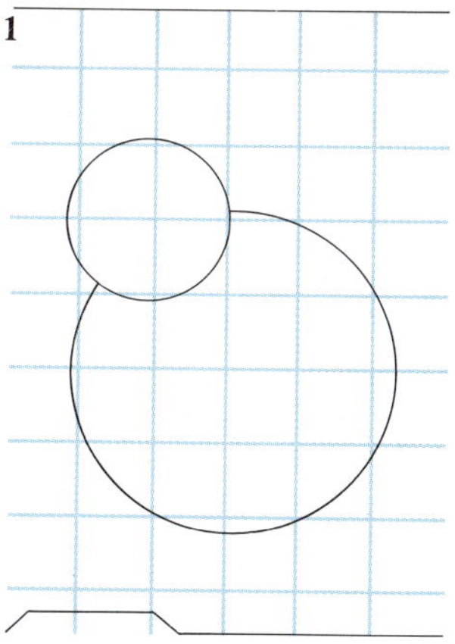

2

2 Gestaltung der Kreise (links) Die Schattenflächen, die die Kreise umgeben, können bepflanzt, die sonnigen Flächen gepflastert werden.

3 Plastische Kreise (rechts) Durch Einbeziehung einer dritten Dimension und durch Erhöhung des kleineren Kreises nimmt die Anlage plastische Gestalt an.

3

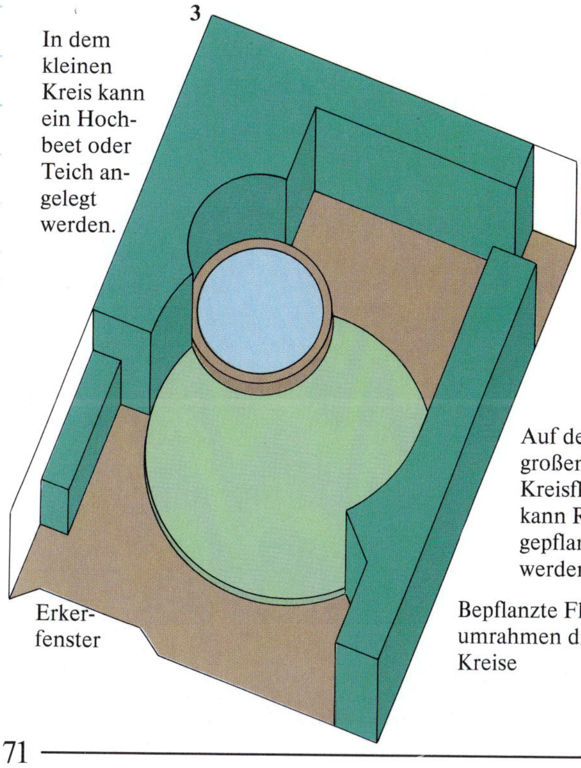

Besondere Effekte

Es gibt eine Reihe von Methoden, wie man Farben, Spaliere und Spiegel geschickt einsetzt und natürliche Phänomene wie Licht und Schatten ausnutzt, um einen Garten aufregend und ganz individuell zu gestalten. Solche Mittel bieten in einer durch Menschenhand geschaffenen Umgebung originelle Möglichkeiten, Räume zu gestalten und zu dekorieren, in denen Pflanzen keine geeigneten Wachstumsbedingungen vorfinden. Einige dienen auch dazu, Räume weiter und größer erscheinen zu lassen.

Trompe-l'œil-Effekte

Die Italiener der Renaissance beherrschten die Kunst des Trompe-l'œil meisterlich und schmückten Innen- und Außenmauern mit scheinbar dreidimensionalen Szenen, auf denen Gebäude und ländliche Idyllen dargestellt wurden. Lebendige, farbenfrohe Wandgemälde dienen auch heute mitunter dazu, die Stadtlandschaft zu beleben - und die Darstellungen reichen von geschäftigen Marktszenen bis zu Fensterkästen, Palmen und bunten, abstrakten Mustern.

Trompe-l'œils und dekorative Wandgemälde haben auch auf kleinen Flächen große Wirkung. So könnten Sie eine Tür malen, die vortäuscht, daß sich hinter Ihrem Garten noch ein anderer befindet, oder ein Fenster mit einem Blumenkasten (der auch echt sein kann), oder Bäume und andere Pflanzen, wenn die Wachstumsbedingungen für echte nicht gegeben sind oder die vorhandenen einer Ergänzung bedürfen. Diejenigen, die Ihren Stadtgarten nur am Abend nutzen, könnten eine aufregende nächtliche Szene schaffen, indem sie die Mauern mitternachtsblau streichen, und (echte oder gemalte) weiße Blumen und graues Laub davorsetzen. Bei entsprechender Beleuchtung entsteht auf diese Weise ein spektakulärer Effekt.

Für Wände im Garten sollte nur Außenfarbe verwendet werden. Verschiedene Effekte lassen sich mit Matt- oder Seidenmattfarben erzielen, aber auch mit einfachen Schablonen und Farbspray können herrliche Muster entstehen. Bei der Verwendung von Farben kann man auch ein gewagtes Design in Angriff nehmen, denn Fehler lassen sich einfach übermalen.

Spiegelungen Ein Spiegel hinter einer großen klassischen Statue erzeugt die Illusion, daß sich jenseits dieses zugemauerten Durchgangs noch ein kühler, üppig begrünter Garten befindet.

Nutzung von Schatten

Wo das natürliche Licht stark genug ist, können Pflanzen und architektonische Elemente so plaziert werden, daß sie klar umrissene Schatten auf die umliegenden Flächen werfen. Die waagrechten Hölzer einer Pergola beispielsweise lassen sich so anbringen, daß deutliche geometrische Schattenmuster entstehen, oder wenn man Pflanzen mit architektonischen Formen, wie *Euphorbia characias wulfenii*, vor einen glatten Hintergrund setzt, wie etwa vor eine Wand, können ihre Schatten großartige Effekte erzielen.

Wenn die Lichtverhältnisse nicht geeignet sind, kräftige Schatten zu erzeugen, kann man diese auf die umgebenden Flächen malen und mit verschiedenen Tonabstufungen der gleichen Farbe Schatten unterschiedlicher Intensität aufmalen, wobei daran zu denken ist, daß Schatten um so tiefer sind, je heller die Sonne scheint.

Verwendung von Spiegeln

Spiegelungen in Glas und Wasser erzeugen die Illusion von Weite und Tiefe. Durch geschickt angebrachte Spiegel können Sie die Fläche Ihres Gartens optisch um das Doppelte erweitern, und bei entsprechender Plazierung kann sogar der Eindruck eines sich ewig wiederholenden Raums erzeugt werden. Große Spiegelflächen sind auch ein wirksames Mittel, schattige Bereiche im Kellergeschoß oder dunkle, von Stadthäusern umgebene Räume heller zu gestalten.

Verwenden Sie stets Spiegel von mindestens 6 mm Dicke, und richten Sie sie für den Gebrauch im Freien her, indem Sie die Rückseite mit Silberfolie schützen und auf Holz befestigen. Die Kanten sollten absolut dicht sein, damit keine Feuchtigkeit eindringen kann. Spiegel dürfen nur an schattigen Stellen angebracht werden, damit die Pflanzen nicht durch reflektiertes Sonnenlicht verbrennen. Und denken Sie daran, Spiegel müssen sauber sein, um Wirkung zu erzielen. Spiegel können so plaziert werden, daß sie zu einem recht auffälligen, eigenständigen Element wer-

Natürlicher Schatten (links) Die Auflagehölzer einer Pergola, durch die starkes Sonnenlicht fällt, lassen auf dem Boden dieses kleinen mediterranen Gartens ein aufregendes abstraktes Schattenmuster entstehen.

Gemalter Schatten (unten) Wo die Sonne nicht stark genug ist für tiefen Schatten, kann er durch verschiedene Nuancen einer Farbe nachgeahmt werden. Hier ist mit Hilfe verschiedener Blautöne ein Schattenmuster entstanden, das zusammen mit den Spiegelungen der Pergola im Wasserbecken eine herrliche und erfrischende Atmosphäre schafft.

den, oder man bringt sie unauffällig an, um den Betrachter zu täuschen, wie etwa auf dem Foto links, wo ein Spiegel einen Durchgang in einer Grenzmauer fingiert und den Eindruck entstehen läßt, als würde dahinter noch ein Garten liegen. Die Illusion eines Eingangs wird auch dort hervorgerufen, wo ein Spiegel hinter einem schmiedeeisernen Tor, einer Lamellentür oder ähnlichem angebracht wird.

Darüber hinaus können Spiegel eingesetzt werden, um die Aufmerksamkeit auf ein besonderes Element zu lenken. Sie haben vor allem in Ecken, die in tiefem Schatten liegen und wo sie das wenige Licht reflektieren, eine ganz besondere atmosphärische Wirkung.

Spiegelungen im Wasser

Ein kleiner Wasserteich, wie flach er auch sein mag, läßt einen Raum immer größer erscheinen. Und wenn man ihn darüber hinaus mit lichtabsorbierendem Material auskleidet, wie etwa mit schwarzer Folie, reflektiert die Wasseroberfläche ihre Umgebung wie ein Spiegel, während gleichzeitig der Eindruck entsteht, als sei der Teich unendlich tief. Oder man benutzt lichtreflektierende Materialien wie Spiegelfliesen, in denen sich Elemente, die sich am Teich befinden, spiegeln, wie etwa eine Skulptur oder einige auffällige Pflanzen. Solche Materialien verbessern auch die Lichtverhältnisse im Garten. Ein neben dem Teich angebrachter Spiegel zum Beispiel reflektiert die Spiegelungen des Wassers, was auch optisch sehr reizvoll ist und den Raum größer erscheinen läßt.

Der Einsatz von Farbe (links) Ein gemaltes Trompe-l'œil wie diese anmutige Szene, die auf einem französischen Blumenmarkt einen Aufzugsschacht schmückt, oder auch einfache abstrakte Wandgemälde können die kleinsten und traurigsten Räume völlig verwandeln.

Kelleretagen

Kellereingang (oben) Formen und Volumen der Pflanzen sind perfekt auf den Charakter dieses Eingangs abgestimmt. Zarte Pflanzen würden hier von der Umgebung erdrückt werden und kümmerlich aussehen.

Immer häufiger findet man Wohnungen, die unterhalb der ebenen Erde liegen, weil große alte Häuser in kleinere Einheiten unterteilt werden. Der Außenbereich solcher Wohnungen besteht mitunter nur aus einem kleinen Raum, eingekeilt zwischen Straße und Eingangstür, oder einem winzigen, vertieft liegenden Hinterhof, der von den Mauern angrenzender Gebäude überragt wird und deshalb düster und feucht ist. Für solche Fälle aber gibt es viele Möglichkeiten einer stilvollen und nützlichen Gestaltung.

Verbesserung der Situation

Bereiche in Höhe des Kellergeschosses sind oft feucht, doch wenn man die Feuchtigkeitssperrschicht der umliegenden Mauern in Ordnung bringt oder erneuert, dringt keine Nässe in den Garten. Oberflächenwasser sollte über einen Abflußkanal abgeleitet werden. Wenn der Kellergeschoßbereich so tief liegt, daß sich darunter nur undurchlässiger Untergrund befindet, muß für eine adäquate Drainage gesorgt werden, sonst ist Gärtnern unmöglich. In diesem Fall wird der Untergrund bis zu einem Meter Tiefe entfernt und durch eine Schicht lockeren Schotter (oder ein ähnliches Material) ersetzt, auf die Erde für Pflanzen kommt.

Bauliche Veränderungen

Kellerbereiche können umgestaltet werden, indem man eine Reihe leicht erhöhter Flächen einbezieht. Zwei oder drei solcher Flächen, die sich überschneiden, bringen vor allem Bewegung in die Raumstruktur, was verhindert, daß der Blick die umliegenden Mauern hinaufwandert und abschweift. Leichte Höhenunterschiede können auch in den Bereichen effektvoll eingesetzt werden, die zwischen einer Straße und einem kleinen Kellereingang liegen. Flächen in Kellerhöhe werden auch durch Farbe interessanter und schattige Bereiche gleichzeitig heller. Malen Sie beispielsweise ein Trompe-l'œil auf die Wände, oder experimentieren Sie mit Spiegeln, um optische Blickfänge zu schaffen.

Optische Fixpunkte

Wichtig ist, einen Blickfang zu schaffen, damit die Aufmerksamkeit nicht von umliegenden Bauten abgelenkt wird. Wann immer Sie ein Möbelstück, eine Pflanze oder eine Skulptur auswählen, sollte sie im Verhältnis zum Raum groß sein, denn kleine, zierliche Elemente wirken unscheinbar und können den Blick nicht fesseln.

Bepflanzung

Einfarbige Pflanzungen, etwa in Gold- und Silbertönen, sind ein wirksames Mittel, um einen Hof im Kellergeschoß mit Leben zu erfüllen.

Oder Sie nutzen die Formen und Strukturen von Laub. Wählen Sie Pflanzen, die Sie direkt neben eine hohe Mauer setzen wollen, mit Bedacht aus, denn hohe Pflanzen werden sich nach innen lehnen, um Licht zu bekommen.

Raum zur Gestaltung – Keller (unten) Dieser Hof liegt zwischen der Straße und einem Kellereingang. Steile Stufen führen von der Ebene der Straße hinunter zu einer kleinen gepflasterten Fläche, die von Mauern umgeben ist.

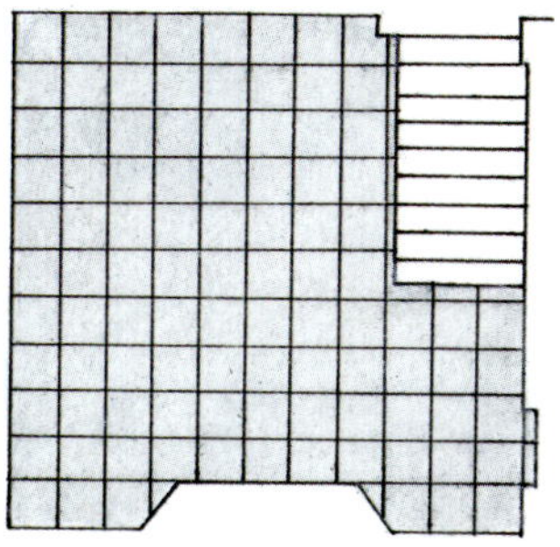

Lösungsvorschlag eins Um die Fläche umzugestalten, wurde die vorhandene steile Treppe durch eine Reihe großer, flacher Stufen ersetzt, die einen fließenden Übergang zur Straßenebene bilden. Durch die Konturen dieser Stufen, einem integrierten Abstellraum, bepflanzten Flächen und dem Muster des Pflasters entsteht eine optisch reizvolle Anlage, die verhindert, daß der Blick an den umgebenden Mauern emporwandert oder direkt zur Straße abschweift.

Eine große Skulptur bildet den Mittelpunkt. Auch die Umrisse der verschiedenen Pflanzungen wiederholen die Formen des Designs.

Lösungsvorschlag zwei (unten) In kleinen Gärten ist oft kein Abstellplatz vorhanden, deshalb wurde hier ein Lagerraum direkt in die Gestaltung miteinbezogen. Er dient als optischer Mittelpunkt für eine Reihe von Ebenen unterschiedlicher Höhe und läßt beim Haus einen relativ intimen Bereich entstehen.

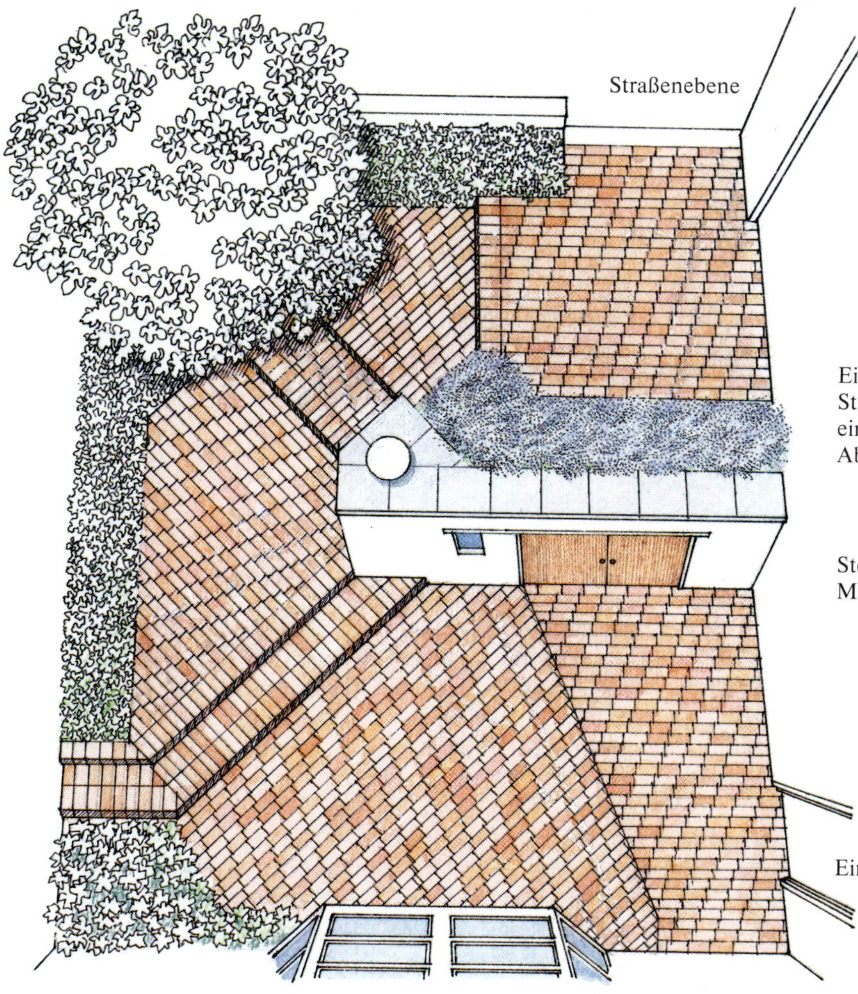

Schmale Räume

Schmale Durchgänge und Seiteneingänge sind häufig schattig, zugig und ziemlich reizlos. In vielen Fällen werden sie zum Abstellplatz für Mülltonnen und alte Haushaltsutensilien. Aber mit Hilfe einiger baulicher Veränderungen und durch Einbeziehung von Pflanzen, die eine auflockernde Wirkung haben, lassen sich solche Räume so verwandeln, daß man sie gerne betritt und ihren Anblick vom Haus oder der Straße aus genießt.

Architektonische Lösungen

Durch lange schmale Räume geht der Blick hindurch und endet meist auf etwas Häßlichem, wie einem alten Zaun oder einem heruntergekommenen Gebäude. Diese Steuerung des Auges kann aber auch positiv genutzt werden, um die Aufmerksamkeit auf einen bestimmten Punkt am Ende des Durchgangs zu lenken, beispielsweise auf eine aufregende Skulptur, eine große, auf einem Sockel stehende Urne oder auf ein Trompe-l'œil, das auf die Mauer am hinteren Ende gemalt wurde.

Man kann auch durch die Anordnung gestalterischer Elemente oder mit Bodenbelagmaterialien, die den Blick von einer Seite zur anderen wandern lassen, den Eindruck von Breite erwecken.

Trennelemente und Pergolen

Trennwände können dazu dienen, einen Durchgang in verschiedene interessante Flächen zu unterteilen. Wenn sie solide sind (aus Glas, um Durchsicht zu gewähren, oder bemaltem Holz, um eine häßliche Aussicht zu verbergen), schützen sie auch vor ungemütlicher Zugluft. Hohe Gebäude oder Grenzmauern, die zu beiden Seiten eines Durchgangs aufragen, lassen eine »Schlucht« entstehen, doch kann dieser Effekt gemildert werden, indem man eine Pergola einbezieht (Bauanleitungen s. Seite 197). An ihren Balken können bepflanzte Ampeln befestigt werden. Dieselbe Wirkung haben solide Abschirmungen aus Ziegeln, Beton oder Holz, die wie Mauerstreben von den Seitenwänden wegstehen. Läßt man Kletterpflanzen an ihnen emporwachsen, bieten sie immer einen dekorativen Anblick.

Gestaltung eines Durchgangs (oben) Die Länge dieses Raums wurde durch eine lineare Anordnung von Kies und Pflanzen betont. Als Blickfang am Ende dient eine Statue.

Bepflanzung

Nachdem optische Grundmängel durch architektonische Maßnahmen beseitigt sind, sollte man die harten Konturen der Außenanlagen mit Pflanzen auflockern. Dazu sind vor allem große Gefäße oder Tröge notwendig. In ihnen können die meisten Pflanzen wachsen. Und an Stellen, an denen kein Erdreich vorhanden ist, spart man bei ihrer Verwendung beträchtliche Mengen Erde. Da Schatten und Zugluft keine optimalen Wachstumsbedingungen bieten, müssen möglicherweise sehr widerstandsfähige Pflanzenarten gewählt werden. Zur ganzjährigen Begrünung nimmt man einen hübschen immergrünen Strauch, vielleicht eine *Pyracantha*-Art (die auch in tiefem Schatten gedeiht) oder *Fatsia japonica.* Kletterpflanzen eignen sich, um große Wandflächen aufzulockern. *Parthenocissus* verträgt Zugluft und wächst auch im Halbschatten.

Raum zur Gestaltung (unten) Dieser wenig einladende Seiteneingang wurde hier auf drei verschiedene Weisen umgestaltet. Mängel des ursprünglichen Raums: Statt auf der Fläche zu verweilen, wird der Blick von der Wand rechter Hand geradewegs am Haus vorbeigeführt. Darüber hinaus ist der Eingang zugig, denn der Wind bläst von vorn direkt durch den Gang hindurch.

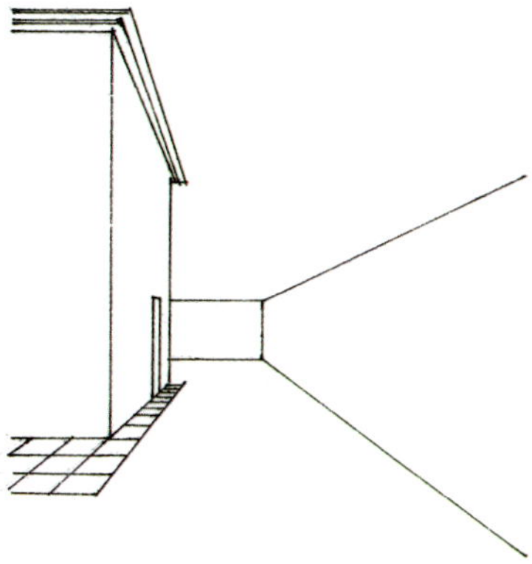

Gestaltungsvorschlag eins (links) Aus Ziegeln wurden drei Pflanztröge quer in den Durchgang gebaut und bringen Bewegung in den Raum, indem sie den Blick rhythmisch von einer Seite zur anderen führen und die Aufmerksamkeit von der Länge und Enge des Raums ablenken. Immergrüne Sträucher dienen als Windschutz und bieten versteckte Abstellplätze.

Gestaltungsvorschlag zwei (rechts) Ein verglaster Holzrahmen schützt den Durchgang vor Wind, ohne das Licht zu nehmen. (Will man einen häßlichen Anblick verbergen, verwendet man statt Glas gestrichenes Holz.) In farbigen Ziegelwänden wiederholt sich die Form der verglasten Rahmen, und ein in T-Form verlegtes Pflaster vermittelt den Eindruck von Breite.

Gestaltungsvorschlag drei (links) Drei verschiedene Belagmaterialien wurden verwendet, um die schmale Fläche optisch aufzubrechen und den Eindruck von Geräumigkeit zu vermitteln. Ein Ziegelpflaster lenkt den Blick zu einer Kiesfläche und weiter zu einem Rasen.

Treppen

Auch wenn sich Treppen kaum mit dem vereinbaren lassen, was sich die meisten Menschen unter einem Garten vorstellen, sind sie für einen verhinderten Gärtner in der Stadt doch ein wertvoller Raum, um Pflanzen zu ziehen (entweder in Gefäßen auf den Stufen oder zu beiden Seiten der Treppe), und können so gestaltet werden, daß eine schöne optische Verbindung zwischen drinnen und draußen entsteht.

Gestaltung von Treppen

Grundlegende Instandsetzungsarbeiten, wie etwa die Erneuerung bröckelnder Ziegel oder kaputter Stufen, machen eine Treppe nicht nur schöner, sondern auch sicherer, und das gleiche gilt für Ergänzungen, wie beispielsweise ein schönes Geländer oder Lampen.

Bei der Anlage neuer Treppen ist darauf zu achten, daß sie mit den umliegenden Bauten harmonieren. Verwenden sie daher die gleichen oder ähnlichen Materialien, und versuchen Sie, Elemente zu wiederholen. Eine sanft geschwungene Treppe zum Beispiel betont Bogentüren und -fenster.

Treppengarten Eine geschwungene doppelläufige Freitreppe umrahmt einen Brunnen mit einem Teich sowie einen gepflasterten Bereich mit zwei Bänken, den wichtigsten Elementen dieses Gartens.

Eine oder mehrere L-förmige Stufen am unteren Ende einer Treppe (siehe Lösungsvorschlag eins, rechts oben) haben eine großzügige Wirkung und schaffen Platz für Gefäße oder eine Skulptur, ohne die Stufen zu blockieren. Darüber hinaus entsteht etwas Bewegung in starre Linien. Der Raum unter der Treppe kann als Abstellfläche genutzt werden (siehe Vorschlag drei, rechts unten).

Pflanzen für Treppen

Pflanzen, die auf Treppen stehen, sollten klare, architektonische Formen haben, um ein optisches Gegengewicht zu den Stufen bilden zu können. Immergrüne Sträucher wirken das ganze Jahr hindurch dekorativ. Geländer und angrenzende Mauern eignen sich für Kletterpflanzen, und auf den Stufen können in Töpfen farbenfrohe Einjahresblumen wachsen.

Raum zur Gestaltung – vorher (unten) Diese alte, verwahrloste Treppe, die von der Straße hinauf zu einem Stadthaus führt, wurde, in drei verschiedenen Versionen, in einen einladenden Eingangsgarten verwandelt. Die alten Stufen wirken nicht nur kahl und reizlos, sondern stellen auch eine Gefahr dar, weil sie ausgetreten und beschädigt sind.

Gestaltungsvorschlag eins (oben) Die alte Treppe ist durch eine neu konzipierte ersetzt worden. Durch die L-förmigen Stufen, auf denen bepflanzte Gefäße Platz finden, wirkt sie jetzt sehr großzügig.

Gestaltungsvorschlag zwei (unten) Ziegelsockel, auf denen helle steinerne Kugeln sitzen, harmonieren gut mit den neuen Trittflächen aus Beton und führen den Blick nach oben.

Gestaltungsvorschlag drei (unten) Hier wurde die alte Treppe durch eine Holzkonstruktion mit integriertem Abstellraum ersetzt. Die weichen Pflanzenformen bilden einen herrlichen Kontrast zu den klaren Linien der Treppe.

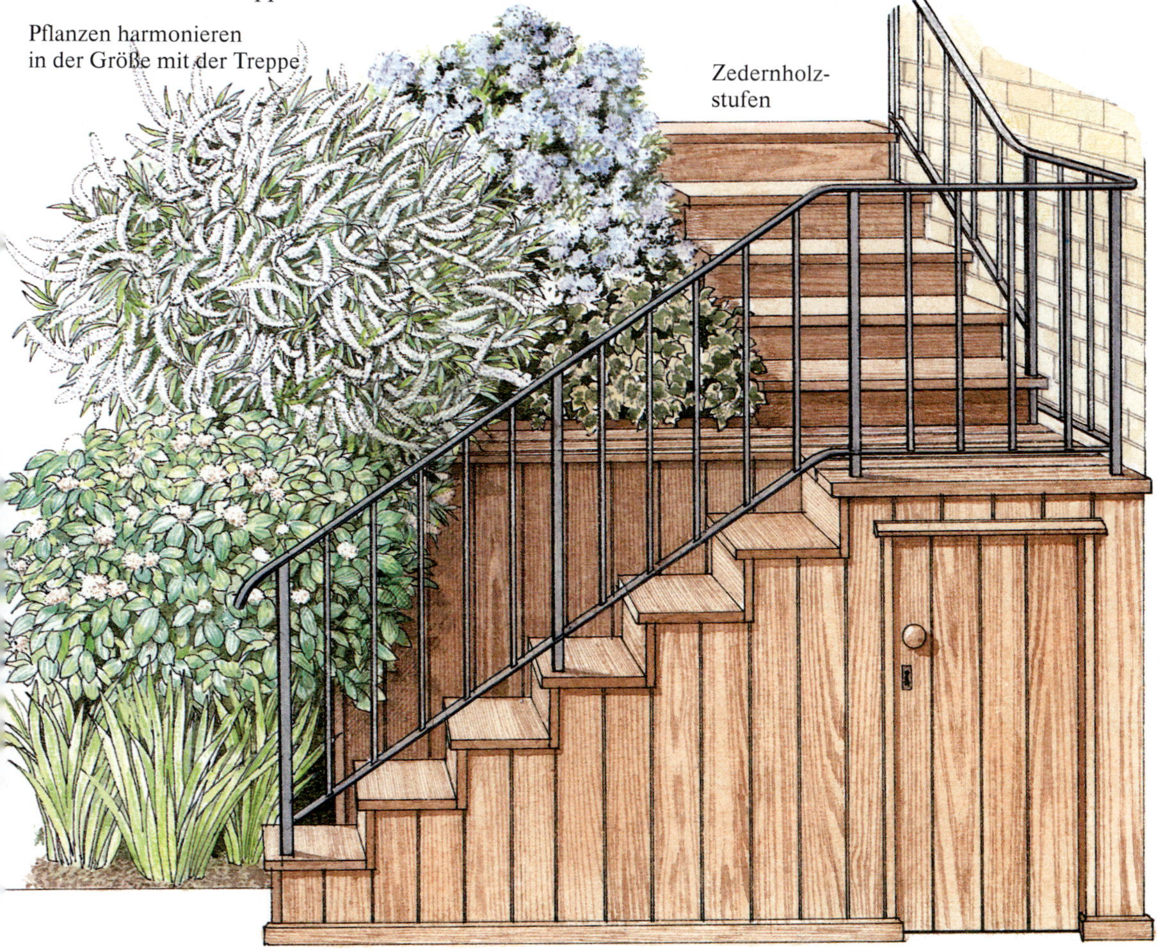

Dachräume

Für Stadtbewohner sind Dachräume besonders wertvoll, denn sie lassen sich in herrliche Außenbereiche verwandeln, wo man sonnenbaden und gesellig beisammensein kann, seine Mahlzeiten einnimmt oder Platz für die Kinder zum Spielen hat (vorausgesetzt natürlich, das Dach ist ausreichend gesichert).

Raumgestaltung auf dem Dach

Versuchen Sie, eine Atmosphäre zu schaffen, die Ihnen das Gefühl vermittelt, Sie würden sich in einem Raum aufhalten, nicht auf einem Dach, denn der endlose Himmel darüber und die weite Sicht in die Ferne können überwältigend wirken. Mit farbigen Wänden, einem wetterfesten, nicht zu schweren Bodenbelag, Beleuchtung für den Abend und entsprechenden Möbeln läßt sich ein Dach sehr wohnlich gestalten.

Pflanzen sorgen für erfrischendes Grün und Farbe, die die harten Konturen umliegender Gebäude auflockern. Da Dächer Wind und Wetter ausgesetzt sind, muß eine Bepflanzung, die dauerhaft sein soll, sehr widerstandsfähig sein (geeignete Pflanzen s. Seite 176f.) oder vor starkem Wind geschützt werden. Ausreichende Wasserversorgung und regelmäßige Pflege sind für ihr Gedeihen unverzichtbar, denn der Wind trocknet sie aus, und ihre Erde kann nur in begrenzten Mengen Wasser speichern.

Stadtlandschaft (oben) Üppiges Grün bildet einen erfrischenden Kontrast zu der dahinterliegenden Dächerlandschaft.

Sitzbereich (links) Pflanzen wachsen in Gefäßen am Rand des Daches, so daß genügend Platz für Möbel bleibt.

Bevor Sie ein Dach nutzbar machen oder bauliche Veränderungen vornehmen, müssen Sie zunächst Ihren Vermieter verständigen und einen Statiker zu Rate ziehen. Schwere Gegenstände werden am besten auf tragenden Elementen oder in ihrer Nähe plaziert.

Raum zur Gestaltung - ein Dach (unten) Die beiden Gestaltungsvorschläge auf dieser Seite zeigen sehr gegensätzliche Möglichkeiten, ein Dach nutzbar zu machen. Dieses Dach ist mit Betumen abgedichtet, der Kamin links wird nicht mehr gebraucht. Zugang hat man durch ein Fenster aus der Blickrichtung. Im ersten Vorschlag wird dies einfach durch eine Tür ersetzt, im zweiten ist im Schieferdach links ein ganz neuer Zugang geschaffen worden, hinter dem sich ein neues Wohnzimmer befindet.

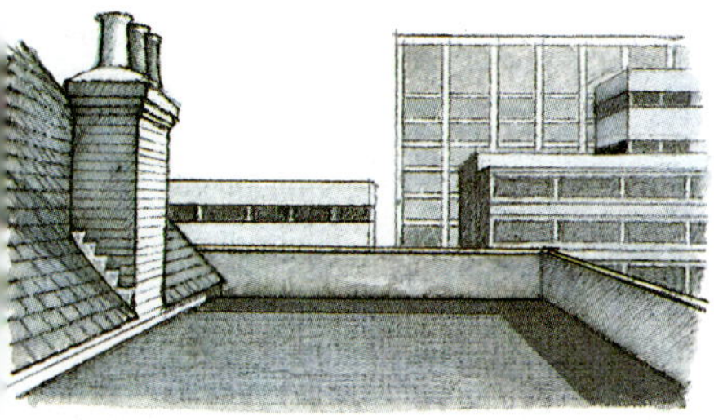

Gestaltungsvorschlag eins (oben) Das hier gezeigte, bisher ungenutzte Dach wurde in einen hellen, freundlichen Raum umgewandelt, der zum Entspannen einlädt. In dem Bereich vor dem Kamin ist eine moderne Bar entstanden.

Gestaltungsvorschlag zwei (unten) Dieses Design ist formaler und nicht so ausgefallen wie der erste Vorschlag. Es hat eine optische Erweiterung des neuen Wohnzimmers zum Ziel, das unter dem Schrägdach eingebaut wurde.

Plan für zweiten Vorschlag

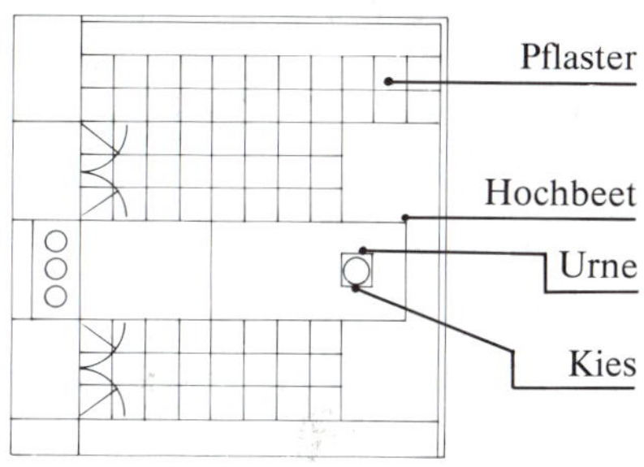

Balkone

Ein Balkon kann winzig sein und trotzdem als wertvolle optische Erweiterung eines angrenzenden Zimmers umgestaltet werden, so daß man das ganze Jahr Freude daran hat. Und selbst wenn er staubig und zugig ist, läßt er sich in einen reizvollen Raum umwandeln, in dem man sich im Sommer aufhalten und einige Pflanzen ziehen kann.

Gestaltung eines Balkons

Eine einfache und erfolgversprechende Möglichkeit, einen Balkon mit dem angrenzenden Raum zu verbinden, ist die Verwendung des gleichen Bodenbelags für drinnen und draußen. Wenn man dann noch einige Gefäße mit Pflanzen auf den Boden des Zimmers stellt, wird die Verbindung weiter hervorgehoben. Benutzen Sie für den Balkon ähnliche Möbel wie im Haus, oder tragen Sie einfach einige Ihrer Stühle nach draußen (damit erübrigt sich das Problem der Aufbewahrung zusätzlicher Möbel), und setzen Sie die Farbgebung des Innenraums draußen fort, indem Sie die Wände mit den gleichen oder ähnlichen Farbtönen streichen.

Bringen Sie drinnen oder draußen Lampen an, damit Sie Ihren Balkon an Sommerabenden benutzen können. Aber auch zu jeder anderen Jahreszeit verschönert nach Einbruch der Dunkelheit eine gemütliche Beleuchtung den Balkon und macht ihn zu einem Blickfang.

Schatten und Schutz

Sonnensegel, ein großer Schirm (s. Seite 138f.) oder Rollos (wie im ersten Gestaltungsvorschlag gezeigt) sind einfach anzubringende Schattenspender. Aber auch Pflanzen können sehr nützlich sein, und nicht nur dekorativ. Sträucher wie Buchsbaum oder Kletterpflanzen wie Efeu, an Spalieren, Zäunen oder Geländern gezogen, bieten Schutz vor Wind und vor Einblick von außen. Wenn Sie viele Pflanzen ziehen möchten, sollten Sie in der Nähe einen Wasseranschluß installieren, um das Gießen zu erleichtern (für Balkone geeignete Pflanzen s. Seite 176f.).

Fröhliche Farben (oben) In Töpfe, Kübel und Ampeln gepflanzter gelber Goldlack *(Cheiranthus cheiri)* bringt frische Farbe auf diesen Stadtbalkon.

Raum zur Gestaltung - ein Balkon (unten) Drei Entwürfe auf der gegenüberliegenden Seite zeigen verschiedene Möglichkeiten, diesen kleinen Stadtbalkon in einen gemütlichen Aufenthaltsraum zu verwandeln und das Wohnzimmer damit auf reizvolle Weise zu erweitern. Der Balkon ist von einer niedrigen Mauer umgeben und vom Nachbarbalkon durch eine Glasscheibe getrennt. Zwischen Wohnzimmer und Balkon befinden sich zwei Schiebetüren aus Glas.

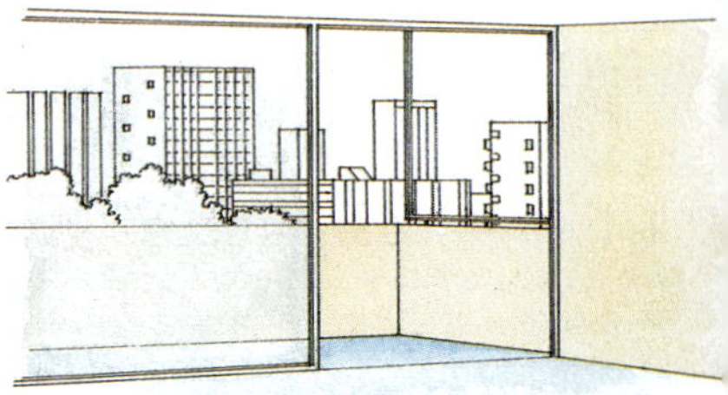

Gestaltungsvorschlag eins (oben)
Kräftige, tropische Muster und Farben dienen drinnen und draußen dazu, Licht und Leben auf den Balkon zu bringen und ihn mit dem angrenzenden Wohnraum zu verbinden.

Gestaltungsvorschlag zwei (links)
Eine Eibenhecke sorgt für Schatten und Intimität, und geschnittener Buchsbaum bildet das ganze Jahr über interessant geformte Elemente. Töpfe mit Zwiebel- und Einjahresblumen setzen, entsprechend der Jahreszeit, hübsche Farbtupfer.

Gestaltungsvorschlag drei (rechts)
Durch eine die Vorderseite des Balkons teilweise umschließende Wand enstehen zwei »Fenster«. Lamellentüren, die auf Schienen laufen, können verschoben werden, um verschiedene Ausschnitte von Balkon und Horizont freizugeben. Das Ergebnis ist ein aufregender kulissenartiger Effekt.

Fenster

Fenster können mit Farben, Spalieren, Pflanzen und Gefäßen großartig verschönert werden, was besonders für die Stadtbewohner von Bedeutung ist, die sonst keine Möglichkeit zum Gärtnern haben. Und die Planung und Bepflanzung eines Blumenkastens kann ungemein befriedigend sein, wenn der gewünschte Effekt erzielt wird.

Fensterschmuck

Wählen Sie Pflanzen und Gefäße, die im Stil zum Fenster passen, und orientieren Sie sich dabei an der Farbe von Fensterrahmen und umliegenden Flächen sowie der Farbgestaltung des Innenraums. Überlegen Sie, ob das Arrangement vor allem von außen wirkungsvoll aussehen soll (wie im dritten Beispiel) oder in erster Linie von innen (wie beim zweiten Vorschlag). Arrangieren Sie die Pflanzen in Gefäßen, die auch von innen sichtbar sind, so, daß man eine hübsche Aussicht hat, wenn man aus dem Fenster schaut.

Wo kein Fenstersims vorhanden ist oder sich das Fenster nach außen öffnet, kann man unter dem Fenster einen Blumenkasten anbringen oder an den Seiten Gefäße aufhängen. Oder man pflanzt zu ebener Erde - entweder in Töpfen oder im Erdreich unter dem Fenster - Kletterpflanzen und zieht sie um den Fensterstock herum.

Leuchtende Farben (oben) Ein großartiges Arrangement aus verschiedenfarbigen Pelargonien ergänzt dieses sonnenhelle Fenster mit Lamellenjalousie.

Sichtschutz aus Laub (links) Bambusgras *(Arundinaria)* in einen schattig stehenden Fensterkasten gepflanzt, läßt einen zarten Schirm aus Laub entstehen, der einen ebenerdigen Raum vor den Blicken Vorbeikommender schützt, ohne zu viel Tageslicht zu nehmen.

Raum zur Gestaltung – vorher (unten) Die Gestaltung verschiedener Fenster erfordert praktisch wie optisch unterschiedliche Lösungen. Die drei unten gezeigten Fenstertypen sind in den Vorschlägen auf dieser Seite durch schlichte Kombinationen von Pflanzen, Gefäßen, Spalieren und Farben in unterschiedlichen Stilen gestaltet worden. Bevor Sie mit der Gestaltung eines Fensters beginnen, müssen Sie entscheiden, ob es in erster Linie von der Straße oder aber von innen aus wirken soll (vielleicht

beschließen Sie, die um das Fenster liegenden Innenflächen zu verschönern).

Gestaltungsvorschlag eins (oben) Eine Ampel sorgt bei diesem Fenster, das kein Sims zum Aufstellen von Gefäßen besitzt, für eine hübsche grüne Aussicht. Die Ampel hängt an einem dicken Draht, der an einem Metallhaken in der Wand über dem Fenster befestigt wurde.

Gestaltungsvorschlag zwei (oben) Das Spalier ist ein Bestandteil der Innenraumgestaltung und harmoniert mit den frischen rustikalen Farben sowie den Getreideähren.

Gestaltungsvorschlag drei (oben) Hier wurde ein Spalier vor dem Fenster angebracht, um das sich gelbe Kletterrosen ranken.

Gestaltungsvorschlag vier (oben) Ein südländisch anmutendes Arrangement aus Tongefäßen, in denen weiße, gelbe und orangefarbene Begonien sowie Basilikum wachsen, bildet einen farbenfrohen Kontrast zu dem dunkelblauen Fensterrahmen und den blaßblauen Wänden. Die an der Wand befestigten handgefertigten Tontöpfe sind, von der Straße gesehen, ein aufregender Blickfang. Die Gefäße auf dem Sims bieten auch von innen ein hübsches Bild.

Gestaltungsvorschlag fünf (oben) Unter diesem Fenster, das sich nach außen öffnet, wurden in einen Blumenkasten Kräuter gepflanzt.

Lagerräume

Integrierter Lagerraum (oben) Holzverschläge, die entsprechend der Holzverkleidung des Hauses gestrichen sind, bieten Lagerraum.

Ein Problem vieler kleiner Gärten ist, daß es keinen Abstellplatz gibt - nicht nur für die unvermeidlichen Mülltonnen, sondern auch für Haushaltsutensilien, Kinderspielzeug, Blumenerde, Pflanzgefäße und Gartengerät.

In einem großen Garten können solche Gegenstände im allgemeinen in einem Schuppen oder in einer ungenutzten Ecke aufbewahrt werden. In einem kleinen Garten aber nimmt ein freistehender Schuppen zu viel Platz weg, und wenn kein anderer geeigneter Ort vorhanden ist, hat man all diese Dinge immer irgendwo herumstehen.

Integrierte Abstellräume

Eine Möglichkeit ist, einen Abstellplatz direkt in die Gartenanlage einzubeziehen. Verwenden Sie zum Bau Ziegel, Holz oder jedes beliebige Material, das mit den anderen Außenanlagen Ihres Gartens harmoniert. So lassen sich häßliche Ecken gut nutzen, wenn man dort Verschläge baut, die genau hineinpassen und exakt auf ihren Zweck zugeschnitten sind.

Die drei Vorschläge links zeigen, wie man Lagerräume in Eingangsbereiche einplanen kann. Als Bestandteil eines Tür- oder Tordesigns sind solche praktischen Lösungen oft eigenständige reizvolle Elemente.

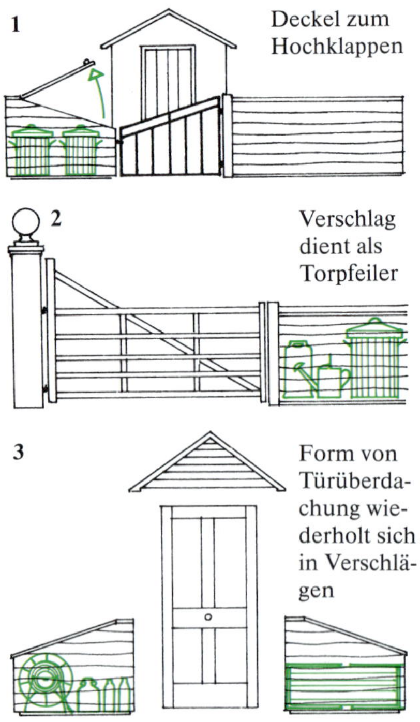

Gestaltungsmöglichkeiten Drei verschiedene Entwürfe mit integrierten Lagerflächen.
1 Ein Kasten mit Klappdeckel gewährleistet bequemen Zugang.
2 Ein Abstellplatz als Erweiterung des Tors.
3 Zwei zum Stil der Tür passende Verschläge.

Verschläge, die der Lagerung von Abfall dienen, müssen bequem erreichbar und leicht zu säubern sein. Für Gegenstände, die längere Zeit gelagert werden sollen, eignen sich auch weniger zugängliche Plätze. Eine hohle Ziegelbank mit einer abnehmbaren Holzsitzfläche ist dafür ideal.

Andere Möglichkeiten

Eine durchbrochene Abschirmung, wie etwa ein Spalier, an dem Kletterpflanzen wachsen, oder ein durchgehender Wandschirm, wie eine Bambusmatte, sind ebenfalls geeignet, eine kleine Fläche für Mülltonnen oder Komposthaufen abzutrennen. Auch immergrüne Heckenpflanzen bilden einen Sichtschutz.

GARTEN-
STRUKTUR

Die Baumaterialien, die zur Gestaltung eines
Außenraums verwendet werden,
die Art und Weise, wie man sie arrangiert,
und der Stil der Ausstattungsgegen-
stände prägen den Charakter eines Gartens.

Neben einer Übersicht über die praktischen
und optischen Vor- und Nachteile der
verschiedenen Materialien und Baustile
finden Sie in diesem Kapitel Ideen, wie bereits
vorhandene Strukturen und Elemente in
ein neues Design einbezogen werden können
und wie man Ausstattungsgegenstände,
wie Gefäße und Beleuchtung, auswählt, damit
sie das Gesamtkonzept ergänzen.

Gebaute Anlagen

Die Strukturierung eines kleinräumigen Gartens ist eine sehr reizvolle Aufgabe und vor allem dort notwendig, wo durch Größe und Lage des Gartens die Anzahl der Pflanzen begrenzt ist oder eine Bepflanzung vielleicht gar nicht in Betracht kommt, was häufig der Fall ist. Die Gestalt der verschiedenen Oberflächen, wie etwa Kies, Pflaster, Wasser oder Mauerwerk, und die Eigenschaften der Materialien lassen in Ihrem Garten Muster, Farben und Strukturen entstehen. Selbst für diejenigen, die sich in erster Linie für das Gärtnern, das heißt für die Pflanzen interessieren, spielt die Strukturierung eine wichtige Rolle, denn eine reine Ansammlung von Pflanzen würde zu einem Durcheinander führen. Eine Baustruktur kann selbst zu einem interessanten eigenständigen Element werden, wie beispielsweise die unten gezeigten Holzstufen, oder wirkungsvoll mit Pflanzen kombiniert werden, um ein vollkommenes Gleichgewicht zwischen harten und weichen Materialien zu schaffen, wie im rechts gezeigten Garten.

Es sind die Strukturelemente, die das Haus mit dem Garten und den Garten mit der Umgebung visuell wie physisch verbinden. Und je enger ein kleiner Garten mit seiner unmittelbaren Umgebung (häufig dem Haus und seinen Innenräumen) in Beziehung steht, um so größer wirkt der Raum.

Bauelemente in den Außenanlagen sind oft auch erforderlich, um im Garten Schutz und Intimität zu gewährleisten, eine Fläche zu schaffen, auf der man Möbel aufstellen kann und so weiter. Richtig gewählte Bauelemente werden den Anforderungen der Gartenbesitzer ebenso gerecht wie denen der Pflanzen und anderer Ausstattungsgegenstände.

Bauliche Elemente (oben) Diese Holzstufen bilden ein faszinierendes eigenständiges Gartenelement.

Außenanlagen und Pflanzen (rechts) Vollkommene Ausgewogenheit herrscht hier zwischen harten Baustoffen und weichen Pflanzenformen.

Mauern

Einer der Gründe, warum der traditionelle englische Landgarten mit den ihn umgebenden Mauern eine solche Faszination auf so viele Kleingärtner ausübt, liegt wohl darin, daß ihr eigenes Grundstück von den Mauern umliegender mehrstöckiger Gebäude und benachbarter Gärten gesäumt wird. Aber ein Garten im ländlichen Stil ist vermutlich kein geeignetes Mittel gegen das Gefühl des Eingeschlossenseins, das man in Stadtgärten häufig hat.

Mitunter ist es notwendig, eine neue Grenzmauer zu errichten oder eine verfallene zu erneuern, noch häufiger aber muß man sich im Garten mit einer vorhandenen Mauer auseinandersetzen.

Je höher Mauern sind, um so stärker der Drang, den enstandenen Schacht empor und nach draußen zu schauen, und um so größer das Bedürfnis, dieser Tendenz durch die Gestaltung entgegenzuwirken. Möglich ist dies durch die Einbeziehung eines optisch eindrucksvollen Elementes (oder mehrerer Elemente), das in der Größe mit den Mauern harmoniert und den Blick auf dem Grundstück hält; oder das Dekorieren der Mauern (s. Seite 94f.).

Widerstehen Sie der Versuchung, in kleinem Maßstab zu arbeiten, nur weil Sie einen kleinen Raum vor sich haben. Wenn ein Element die Aufmerksamkeit auf sich ziehen soll, muß es größenmäßig zu den umliegenden Mauern passen. Nehmen wir beispielsweise einen kleinen Garten, der von einer zwei Meter hohen Mauer umgeben ist. Wenn man dieses Maß im Raum benutzt, etwa für eine Pflanzung, eine gepflasterte Fläche oder einen Sandkasten von zwei mal zwei Meter Größe, kann man auf diese Weise die

Von Mauern umgebener Garten (rechts) Die gestrichenen Betonwände, die diesen Garten umschließen, wurden durch ein Holzspalier und eine sich daran emporrankende Kletterpflanze lebendig gestaltet.

Wandcollage (oben) Eine aus Zedernholzresten entstandene abstrakte Collage an einer Gartenmauer. Mit solchen Techniken können phantasievolle Täfelungen für kahle Mauerflächen entstehen.

Optische Effekte (links) Die unterschiedliche Höhe dieser beiden nebeneinanderliegenden Betonmauern erzeugt optische Spannung und Intimität, ohne daß man sich durch sie eingeschlossen fühlt.

Dimensionen der Mauern in den Raum, den sie umschließen, integrieren und ihre oft einengende Wirkung mildern. Die Entwicklung einer Gestaltung nach diesen Grundregeln ist unten dargestellt. Die Strukturierung sollte vom Baustil Ihres Hauses abhängen, und auch von den Materialien, die für Haus und Gartenmauern verwendet wurden. Elemente wie eine eingebaute Bank oder ein kleiner Teich, die aus den gleichen Materialien gebaut werden, geben dem Garten ein einheitliches Erscheinungsbild.

Stützmauern

Betrachten Sie die aufragenden Grundstücksmauern, als bildeten sie den Hintergrund eines Bühnenbildes, und nutzen Sie niedrige Stützmauern, um es interessanter zu gestalten und den Blick vom Mauerkopf auf den Boden zu lenken.

Sofern die Grenzmauern intakt sind, kann der Bereich zwischen ihnen und den niedrigen Stützmauern mit Drainagematerial und Erde aufgefüllt werden, um eine Pflanzfläche zu schaffen. Nicht empfehlenswert sind in einem kleinen, von Mauern umgebenen Raum jedoch Stützmauern, die rundherum laufen, denn dadurch würde die beengende Wirkung der Grenzmauern verstärkt; sie erschienen noch dominanter. Vielmehr sollte man die Stützmauern gliedern, um mit ihnen im Garten Formen und Strukturen entstehen zu lassen.

Mauern, die das Gewicht von Erde halten müssen, erfordern eine solide Bauweise (Anleitungen zum Bau einer niedrigen Stützmauer s. Seite 194) sowie eine Feuchtigkeitssperrschicht. Wenn man diesen Dingen die notwendige Sorgfalt widmet, erspart man sich später Geld und Zeit. Niedrige Mauern können auch ge-

Gestaltung eines von Mauern umgebenen Gartens
Diese Entwicklung (vom Grundriß bis zur Umsetzung in eine dreidimensionale Gestaltung) zeigt, wie man im Maßstab der umliegenden Mauern ein Gestaltungsprinzip erarbeiten kann, nach dem Bodenfläche und Mauern miteinander verbunden werden. So wird verhindert, daß die Mauern das Gefühl des Eingeschlossenseins hervorrufen. Aus zwei Quadraten und einem Rechteck ist ein interessantes Muster entstanden (zu dem eine in der Größe auf die dahinterliegende Wand abgestimmte Skulptur ein Gegengewicht bildet), das den Blick festhält.

1
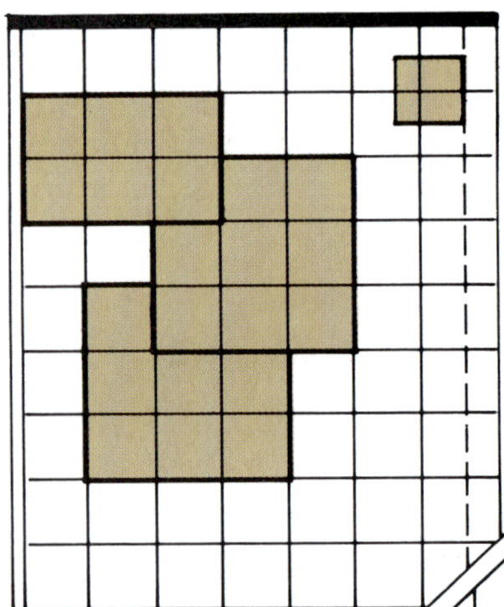

2

3

1 Entwickeln Sie ein Gestaltungsprinzip, in dem Proportionen und Formen im Maßstab mit dem umschlossenen Raum harmonieren.
2 Entwickeln Sie dieses Prinzip weiter, indem Sie den Formen Höhe geben und auf diese Weise eine dreidimensionale Komposition schaffen.
3 Fertigen Sie einen Plan an und entscheiden Sie, welche Formen die einzelnen Flächen endgültig annehmen sollen.
4 In der Realisation des Entwurfs sorgen Flächen aus Pflaster, Kies, Wasser und Pflanzen für eine eindrucksvolle strukturelle Wirkung.

pflasterte Terrassen stützen oder eine Serie von terrassenartigen Ebenen bilden. Ihre Anordnung sollte mit den Konturen Ihres Gartenraums harmonieren wie auch mit der Architektur angrenzender Gebäude. Es kann sein, daß ein klassisches, symmetrisches Arrangement den Proportionen Ihres Gartens und dem Stil Ihres Hauses am besten entspricht oder aber durch eine Ecke Ihres Hauses im Hof eine Form entsteht, die durch ein asymmetrisches Arrangement ergänzt wird (s. Seite 70f.).

Instandhaltung von Mauern

Es ist sehr wichtig, Mauern zu pflegen, insbesondere alte Mauern mit brüchigem Mörtel, den Feuchtigkeit und die Luftwurzeln von Kletterpflanzen eventuell bröckeln lassen. Feuchte Mauern müssen in Ordnung gebracht werden, bevor die Substanz Schaden nimmt. Fragen Sie einen Fachmann um Rat, damit er die Ursache der Nässe feststellt. Es kann sein, daß ein Nachbar oberhalb der Feuchtigkeitssperrschicht Erde aufgeschüttet hat, oder die Mauer gar keine Feuchtigkeitssperrschicht besitzt.

Außenmauern lassen sich auf die gleiche Weise schmücken wie Innenwände – man kann sie streichen, fliesen, Keramik oder Konsolen daran befestigen und vieles mehr. Solche Methoden sind geeignet, um einen kleinen Garten zu beleben und die soliden Flächen der umgebenden Mauern optisch aufzubrechen, während gleichzeitig eine möglichst große Bodenfläche zur Nutzung bleibt.

In warmen Gegenden sind Mauern oft farbig gestrichen, um die sengende Hitze etwas zu mildern; in gemäßigteren Klimalagen wirken solche Mauern an trüben Tagen aufheiternd. Viele sind der Meinung, in

einer eintönigen Umgebung würde reines Weiß erfrischend aussehen, aber es neigt dazu, sich bei Nässe in ein schmuddeliges Grau zu verwandeln. Grenzmauern, in verschiedenen Farben oder mehreren Tönen einer Farbe gestrichen, beleben einen kleinen Garten und nehmen ihm die beklemmende Wirkung. Es können abstrakte Muster aus Formen und Farben oder auch realistische Szenen auf die Wände gemalt werden, und falsche Schatten ergeben interessante Effekte, wenn echte Schatten sie überschneiden (s. Besondere Effekte Seite 72f.).

Konsolen und Bilder

Sammlungen aus Töpfen, Steinen und Muscheln können auf Konsolen arrangiert werden, die man an einer Außenmauer befestigt. Stellen Sie zunächst fest, ob die Mauer stabil genug ist, um das Gewicht der Konsole wie auch der Sammelobjekte zu tragen. Dachgartenbesitzer können das Gewicht auf dem Dach selbst verringern, indem sie Topfpflanzen und dekorative Gegenstände auf Konsolen stellen, die sie an den tragenden Wänden von Nachbargebäuden anbringen.

Auch Täfelungen mit plastischen Ornamenten sind als Wandschmuck sehr reizvoll. Collageähnliche Arrangements, die auf nackten Mauern interessante Strukturen bilden, können aus bemalten oder gebeizten Holzabfällen und anderen Materialien geschaffen werden, die man auf einem Holzuntergrund befestigt.

Kletterpflanzen oder Gewächse, die von einer Mauer herabhängen, sind ebenfalls geeignet, eine kahle Wand durch Farben und Strukturen zu bereichern, und beanspruchen nicht die wertvolle Bodenfläche, die so auf andere Weise genutzt werden kann. (Begrünung vertikaler Flächen s. Seite 152f.).

Kletterpflanzen

Faszinierende Kombinationen entstehen durch gestrichene Wände und an ihnen gezogenen Kletterpflanzen in kontrastierenden Farben. Auch Spaliere, die gestrichen und mit Kletterpflanzen begrünt sind, können häßliche Wände verstecken.

Langfristig werden direkt an der Wand kletternde Pflanzen, wie Efeu, alte, mit Kalksandmörtel gebaute Mauern schädigen. Der heute verwendete Zementmörtel ist jedoch widerstandsfähiger; ihm können Kletterpflanzen nichts anhaben.

Immergrüne Kletterpflanzen, die an einer Mauer wachsen, sollten übrigens kräftig zurückgeschnitten werden, damit sich nicht zu viel totes Laub ansammelt, durch das Feuchtigkeit in das Mauerwerk eindringen kann.

Inspirationen Die Rückwand einer von Antonio Gaudi geschaffenen Bank mit leuchtendbunten Fliesenscherben. Warum die Idee nicht aufgreifen und den eigenen Außenraum auf ähnliche Weise schmücken?

Blickfänge an Mauern

Während wir in unseren Häusern die Wände mit bunten Farben, Bildern, Borden und Tellersammlungen dekorieren oder vor ihnen interessante Gegenstände aufstellen, kommt uns selten der Gedanke, daß dies auch draußen möglich ist. Mit Hilfe ähnlicher Methoden aber kann man im Freien - wo man sich außerdem an der Farbe und Textur von Kletterpflanzen erfreuen kann - nicht nur eine räumliche Atmosphäre schaffen, sondern auch das Gefühl des Eingeschlossenseins mildern, das in so vielen von hohen Mauern umgebenen Gärten entsteht. Mauern lassen sich wie eine leere Leinwand so gestalten, daß sie entweder selbst zum Blickfang werden oder als Hintergrund für andere Elemente dienen.

Die Wand als Hintergrund Diese sandfarbene Mauer dient als schlichter Hintergrund für eine afrikanische Wandmalerei und harmoniert mit den natürlichen Farben von sonnenverbrannter Erde und Stein. Die Komposition wird durch die gefiederten Blätter einer *Cycas revoluta* betont, die dekorative Schatten auf Mauer und Bild werfen.

Wandskulptur Runde Ziegelsteine wurden hier verwendet, um in einer Wandskulptur die Form eines Baumes nachzubilden. Pflanzen unter dem Baum und zwei metallene Vögel, die sich auf den Zweigen ausruhen, vervollständigen das Bild. Durch Nüsse oder Brotkrumen, die man auf die Steine legt, können lebende Vögel angelockt werden, um sich auf dem »Baum« niederzulassen.

Dekorative Keramik Eine tönerne Sonne bildet auf dieser Holzschindelwand einen reizvollen Blickfang. Sie wird umrahmt von *Pelargonium tomentosum,* das in Töpfen wächst.

Bunte Mauerbepflanzung Pflanzen lockern die Konturen von Mauern auf - wie hier der fliederfarbene *Ceanothus,* dessen üppige Blütenpracht eine gestrichene Betonwand überwuchert. (*Ceanothus* gedeiht am besten in praller Sonne.)

Immergrüner »Mantel« Immergrüne Kletterpflanzen wie dieser Efeu *(Hedera)* sind besonders geeignet, eine Gartenmauer zu überwachsen. Farbe und Form des Laubs sorgen das ganze Jahr hindurch für einen reizvollen Anblick.

Wahl des Mauermaterials

Bei der Auswahl des Materials für eine Mauer sollte berücksichtigt werden, wie Farbe, Struktur und Einheitsgröße der verschiedenen Materialien mit den umliegenden Gebäuden harmonieren. Versuchen Sie, sich vorzustellen, wie das Material großflächig verwendet aussieht, denn die Wirkung kann erstaunlich verschieden sein zu der eines einzelnen Elementes.

Am beliebtesten sind Ziegelsteine, denn die enorme Bandbreite an Farben und Strukturen macht es möglich, für beinahe jede Umgebung den richtigen Typ zu finden. Da die einzelnen Steine relativ klein sind, eignen sie sich gut für kleine und ungünstig geschnittene Flächen, wo es oft notwendig ist, Mauern mit runden oder anderen komplizierten Formen zu errichten. Auch für Teiche, Sitzgelegenheiten und ähnliches sind sie zu empfehlen.

Zum Bau einer Mauer können Klinker, Verblender, Ausfachungsziegel, einfache Mauerziegel sowie alte Ziegelsteine verwendet werden. Klinker sind am härtesten, Verblender nicht ganz so hart, aber stabiler als Ausfachungs- oder Mauerziegel, die zum Schutz vor Frost verputzt werden müssen. Sowohl Klinker als auch Verblender lassen eine glatte Fläche entstehen. Gebrauchte Steine (sie sind meist schwer erhältlich - deshalb Klinker oder Verblender) haben dagegen eine unebene Oberfläche, da sie bereits verwittert sind. Sie fügen sich somit gut an angrenzende Mauern und Häuser. Verblender besitzen nur eine wetterbeständige Außenfläche, deshalb sollten Mauern aus Verblender eine Mauerkrone erhalten.

Betonsteine werden mit einer Vielzahl von Zuschlägen hergestellt, wodurch ein großes Spektrum an Farben und Strukturen zustande kommt. Da sie größer und preiswerter sind als Ziegelsteine, können Betonmauern rascher und preisgünstiger gebaut werden (Bau einer Betonmauer s. Seite 194). Beton kann auch an Ort und Stelle gegossen werden, wenn eine besonders stabile Wand mit einer glatten Außenfläche entstehen soll. In ländlichen Gegenden wird lokales Gestein vermutlich am besten mit den umliegenden Gebäuden und der Landschaft harmonieren. Kunststein hat regelmäßigere Formen, weshalb er für eine städtische Umgebung geeigneter ist.

Verblender sind in vielen Strukturen und Farben erhältlich

Sandfarbener Verblender mit feiner Oberflächenstruktur

Klinker aus hellem Ton

Ein heller Verblender mit unterschiedlichen Farbnuancen

Verblender mit Wellenstruktur und gescheckter Färbung

Heller sandfarbener Verblender mit grober Oberflächenstruktur

Eine weiche Wirkung haben alte, reichstrukturierte Ziegel

Materialkombinationen (links) Mit Mörtel aufgesetzter gespaltener Feuerstein (Flint) und Steinblöcke lassen ein Schachbrettmuster entstehen, das, zusammen mit kleinen Flecken gelber Flechte, interessante Strukturen bildet.

Klinker in einer der vielen gescheckten Färbungen

Blauer Klinker mit harter, glatter Oberfläche. Paßt gut in eine moderne Umgebung

Ein Verblender in warmen Terrakottafarben

Betonblocksteine sind größer als Ziegel

Klinker minderer Qualität sind preiswerter, aber nicht so stabil

Dieser Betonblockstein wurde mit einem feineren Zuschlag hergestellt

Besandeter Klinker hat eine körnige Struktur

Zäune

Zäune sind in kleinen Gärten vielseitig verwendbar. Hohe Holzwände können mauerähnliche Barrieren bilden, die Intimität und Schutz gewährleisten, jedoch gegenüber Mauern den Vorteil haben, daß sie preiswerter, einfacher zu errichten und leichter sind (und daher auch für Dächer und Balkone geeignet). Offene Zäune oder Spaliere werden oft aus dekorativen Gründen errichtet, oder um existierende Mauern zu erhöhen.

Andere Arten von Zäunen eignen sich als Grenzmarkierungen, die - statt eine undurchdringliche Barriere zu bilden - Ausblicke bieten und den kleinen Garten geräumiger erscheinen lassen. In einem kleinen Garten können Zäune eventuell vorhandene Stellen verbergen, Schutz geben (sowohl für Menschen wie für Pflanzen), abgeschlossene Bereiche schaffen, interessante Aussichten oder Elemente einrahmen oder Kletterpflanzen und kriechende Gewächse auf dekorative Weise stützen.

Es gibt viele unterschiedliche Zauntypen (s. Seite 102 f.) Einige sind fertig im Handel erhältlich, zum Beispiel aus Lärchenholzbrettern, oder Spaliere, die in fertigen Elementen verkauft werden, andere kann man selbst bauen, etwa aus Drahtgeflecht und Holzpfosten oder Bambusstäben und Reetmatten. Abhängig von Höhe und Form eines Zaunes und dem verwendeten Material kann die Wirkung klar und architektonisch oder natürlich und rustikal wirken. Die Wahl wird davon abhängen, welcher Art die Begrenzung sein soll und welche Farben und Strukturen andere im Garten vorhandene Materialien wie Ziegelsteine, Beton, Holz oder Metall haben.

Dekorative Trennungen

Oft ist es notwendig, zwischen Gartenraum und Umgebung eine Trennung zu schaffen. Vielleicht möchten Sie Ihren kleinen Vorgarten gegen die Straße hin abschirmen, oder Sie beschließen, eine niedrige, an Pfosten befestigte Kette, die Ihr Gärtchen von dem Ihres

Eingezäunter Garten
Ein Zaun aus waagrechten Lärchenstangen bildet die Begrenzung dieses Stadtgartens und ergänzt die darin liegenden Holzstufen und Stützmauern. Hohe Pflanzen am Rand des Grundstücks lockern die soliden Zaunflächen auf und verhindern, daß sie den Innenraum dominieren.

Zaunkombination (oben) Zauntypen unterschiedlicher Höhe umschließen einen kleinen Gartenraum, ohne das Gefühl des Eingeschlossenseins zu vermitteln und die Ausgewogenheit der Grundstücksgestaltung zu beeinträchtigen.

Sicht aus Bodenhöhe

Holzabschirmung (unten) Das sanfte Spiel von Licht und Schatten wird durch den Lattenzaun betont.

Nachbarn trennt, durch eine etwas solidere Barriere zu ersetzen, die wenigstens ein gewisses Maß an Intimität gewährleistet. Bevor Sie sich für einen bestimmten Zauntyp entscheiden, sollten Sie zuerst einige Überlegungen anstellen: Möchten Sie Ihren Garten vor der Außenwelt abschirmen oder lediglich eine hübsche Grenzlinie ziehen? Oder wollen Sie zum Beispiel eine reizvolle Aussicht auf einer Seite Ihres Gartens erhalten, während auf der anderen ein häßliches Gebäude versteckt werden soll?

Zäune rundherum

In unserem Bestreben, Schutz und/oder einen privaten Bereich für uns zu schaffen, umgeben wir Außenräume allzuoft mit hohen, soliden Zäunen, die die Grenzen noch betonen und nicht selten Platzangst erzeugen. Es gibt aber verschiedene Möglichkeiten, dieser Wirkung vorzubeugen. Eine ist, durch eine kräftige Strukturierung innerhalb des Gartens ein optisches Gegengewicht zu den großen Zaunflächen zu bilden, wie man es vielleicht auch bei hohen Mauern tun würde (s. Seite 92 f.). Eine andere wäre, die Konturen des Zaunes mit üppigen Pflanzungen aufzulockern. Diese beiden Lösungen haben in dem auf Seite 98 gezeigten Garten die gewünschte Wirkung. Alternativ können verschiedene Typen von Zäunen in Kombination mit Bäumen und großen Sträuchern verwendet werden, um Ihren Garten einzugrenzen, ohne daß dadurch das Gefühl des Eingeschlossenseins entsteht, während gleichzei-

Dekorative Einfassung Dieser herrliche Lattenzaun harmoniert vollkommen mit dem dahinter liegenden Haus. In Verbindung mit dem cremeweiß gestrichenen Holztor entsteht eine dekorative Grenze, die den innenliegenden Raum nicht erdrückt.

tig hübsche Formen und Muster entstehen, wie auf Seite 99 oben gezeigt.

Offene Zäune

Wenn Sie Ihr kleines Grundstück von dem Ihres Nachbarn abtrennen wollen, sollten Sie die Vorteile eines visuell gemeinsam genutzten Raums bedenken. Ein kleines offenes Stück im Zaun oder ein mit nur wenigen Pflanzen begrüntes Spalier wirkt dem Gefühl des Eingeschlossenseins entgegen und bewahrt im übrigen Garten dennoch die private Sphäre.

Ein Zaun, durch den man in jeder Höhe hindurchschauen kann, läßt einen kleinen Garten geräumiger erscheinen, weil die Sicht über die Grundstücksgrenzen hinaus ausgedehnt wird. Dennoch bildet er eine Barriere für Haustiere und Kinder und definiert die Grenzen. Es gibt zahlreiche Typen von offenen Zäunen (etwa aus Drahtgeflecht oder als Spalier, um nur zwei zu nennen). Wählen Sie den, der Ihren Garten am besten ergänzt.

Offene Zäune eignen sich gut als Stützen für Kletterpflanzen, die besonders für kleine Gärten ideal sind, da sie wenig Bodenfläche einnehmen. Sie können dazu dienen, aus offenen Zäunen eine solide Abschirmung zu machen, so daß vorübergehend oder auch ganzjährig Schutz und Intimität gewährleistet sind. Oder Sie schmücken, an Spalieren gezogen, eine Mauer. Auch zwischen Holzpfosten gespannte und mit Kletterpflanzen bewachsene Drähte bilden einen reizvollen und einfach zu errichtenden Zaun (s. Seite 195).

Zäune sind erheblich leichter als Mauern und daher geeignet, auf einem Balkon oder Dach für Intimität und Schutz zu sorgen, ohne die Tragfähigkeit zu übersteigen. Achten Sie jedoch darauf, daß Sie keine Bauvorschriften übertreten und der Zaun so befestigt ist, daß der Wind ihn nicht umreißen kann.

Zäune innerhalb des Gartens

Zäune aus Holz und Metall (sowie Geländer) können innerhalb des Gartens und entlang seiner Grenzen errichtet werden. Sie können dazu dienen, bestimmte Elemente im Garten zu verstecken, die weniger ansehnlich sind, wie beispielsweise Mülltonnen, einen Öltank oder einen Komposthaufen. Flechtzäune und Holzwände eignen sich für diesen Zweck ebenso gut wie offene Zäune, an denen reizvolle Kletterpflanzen wachsen.

Ein kleiner Bereich, der zum Essen oder Sonnenbaden genutzt wird, erhält räumlichen Charakter, wenn man ihn ganz oder teilweise durch einen Zaun abschirmt, der, je nach Typ, auch für Schutz vor Wind und für Intimität sorgt.

Zäune, die eigentlich zur Abschirmung gedacht sind, können auch nur aus optischen Gründen eingesetzt werden, etwa um ein Element innerhalb des Gartens einzurahmen, wie beispielsweise eine Skulptur, oder einfach eine interessante Form entstehen zu lassen. Ein weiterer Vorteil ist, daß kleine Ausblicke durch Spaliere oder ähnliche Zäune die Umrisse von allem, was dahinter liegt, erkennen lassen, und damit auch den kleinsten Räumen den Anschein von Größe verleihen.

Spalierschmuck (rechts)
Durch Seile verbundene Spalierpfosten schmücken hier eine Ziegelwand.

Farbkontrast
Ein Lattenzaun kann einen farblichen Kontrast zu einem schlichten Hintergrund bilden (unten) oder sich von einer farbenfrohen Pflanzung abheben (ganz unten).

Wahl eines Zaunes

Ein Zaun sollte seinem Zweck ebenso gerecht werden wie seiner Umgebung. Ein schwarzes Spalier beispielsweise wäre eine geeignete Abschirmung für einen Eßbereich mit sparsamer Bepflanzung und modernen schwarzen Möbeln, während ein einfacher hölzerner Lattenzaun eine schlichte, dekorative Grenze zwischen einem kleinen Stadtgarten im ländlichen Stil und der Straße bilden würde.

Die am häufigsten verwendeten Materialien für Zäune sind Kunststoff, Metall und Holz (Beton wird nur für Zaunpfosten benutzt). Viele Zauntypen sind vorgefertigt und werden an Ort und Stelle zusammengebaut (s. Seite 195). Einige dieser Zäune könnten für Ihr kleines Grundstück eventuell zu wuchtig sein. Wenn Sie Ihren Zaun jedoch selber bauen, können Sie ihn genau auf die Dimensionen Ihres Raums und auf die Gestaltung Ihres übrigen Gartens abstimmen.

Kunststoff paßt sich in städtische Umgebungen besser ein als in ländliche und bedarf praktisch keiner Pflege. Die meisten vorgefertigten Kunststoffzäune sind niedrig und dienen mehr der Festlegung einer Grenze als der Umschließung eines Gartens. Metallzäune aus Drahtgeflecht und Ketten (die manchmal einen Kunststoffmantel haben) sind ideal für ungünstig geschnittene Räume. Sie können an Pfosten aus Metall, Beton, Holz oder an einem Rahmen befestigt werden (siehe unten).

Holzzäune gibt es beinahe passend für jeden Zweck und jede Umgebung. Mit Ausnahme von sehr teurem Hartholz, muß Holz von der Rinde befreit und mit einem (umweltfreundlichen) Holzschutzmittel behandelt oder imprägniert und anschließend gestrichen werden, damit es nicht verrottet. Holz fault, wenn es in direkten Kontakt mit dem Boden kommt, deshalb sollten Holzpfosten in eine Metallhalterung gesetzt werden und die wiederum in ein Betonfundament. Die Holzwände dürfen nicht ganz auf dem Boden aufsitzen (Einzelheiten zum Bau s. Seite 195 f.).

Kunststoffummanteltes Drahtgeflecht in einem Holzrahmen

Holzwand aus waagrechten Brettern

Bambusrohr kann zu einem soliden oder offenen Zaun zusammengebunden werden.

Ein Holzspalier kann bereits vorhandene Mauern verschönern oder erhöhen

Schwarze, zwischen Pfosten aufgehängte Eisenkette

Holzwand aus senkrechten Brettern, die auf waagrechte Querstreben genagelt wurden

Ein schlichter gestrichener Lattenzaun ist immer eine dekorative Begrenzung

Eingänge

Vorhof Die Gestaltung dieses Eingangs im mediterranen Stil ließe sich kaum verbessern. Das Pflaster bildet einen neutralen Hintergrund für die leuchtenden Farben der Wände, Stoffe und Pflanzen.

Eingänge haben nicht nur deshalb große Bedeutung, weil bekanntlich der erste Eindruck zählt, sondern weil dieser Bereich zwischen Straße und Türe für viele Stadtbewohner der einzige Außenraum ist, den sie ihr eigen nennen, mag es ein schmaler Durchgang, ein Weg oder vielleicht nur eine Türschwelle sein.

Neues und Altes

Der herkömmliche Zugang zu einem Haus besteht aus drei Elementen: Einem Tor, einem Weg (der meist durch einen kleinen Garten führt) und einer Eingangstür. Im allgemeinen werden sie zusammen gestaltet, so daß ein einheitliches Erscheinungsbild entsteht. Die Gestaltung des Tors harmoniert mit der Eingangstür, und in ihr wiederum wiederholt sich der architektonische Charakter des Hauses. Aber das heutige Stadtleben mit seinen hohen Wohnblocks, Umbauten, Halbgeschoßhäusern und dem Bedürfnis der Menschen nach Sicherheit macht unkonventionellere Zugänge erforderlich, die beispielsweise an der Seite eines Gebäudes liegen oder nur über Treppen und Sicherheitstore erreichbar sind. Doch auch sie können so gestaltet werden, daß eine reizvolle Verbindung zwischen Straße und Haus entsteht. Und ob der Zugang zu ihrem Haus traditionell oder unkonventionell ist, er kann immer betont, belebt und einladend gestaltet werden.

Die Atmosphäre

Das Material von Weg, Durchgang oder Eingangsbereich, der Stil des Tors und die Farbe der Haustür mit ihren Beschlägen sowie auf den Flächen aufgestellte Kübel und Töpfe sollten zur Bauweise Ihres Hauses passen und zu dem, was dahinter liegt.

Traditionelles Tor (rechts) Ein traditionelles Gartentor, das dekorativ und zugleich sicher ist - der Besitzer sieht vor dem Öffnen, wer draußen steht, und Vorbeikommende erhaschen einen reizvollen Blick ins Innere des Gartens.

Unkonventioneller Eingang (ganz rechts) Ein zeitgenössisches Gegenstück zu dem traditionellen Tor links. Das originelle Design läßt beim Besucher keinen Zweifel darüber, daß er angekommen ist.

Verbindung von Haus und Eingang Diese graue Holztür harmoniert mit dem schlichten Stil der umliegenden Bauten und paßt gut zu Fensterläden und Türrahmen. Durch diese optischen Verbindungen entsteht ein Eingangsbereich, der dem Charakter der Fläche, die er umschließt, ebenso entspricht wie dem des Hauses, in das er führt.

Lassen Sie sich bei der Gestaltung von der Architektur Ihres Hauses leiten. Versuchen Sie, seine charakteristischen Eigenschaften in Form, Farbe, Materialien oder dekorativen Mustern von Tür oder Tor zu wiederholen. Es gibt ebenso viele verschiedene Typen von Toren wie Baustile, die von reich verzierten Eisenpfosten bis zu rustikalen Lattentoren reichen. (Bauanleitungen für verschiedene Tore s. Seite 196). Vor allem durch eine Wiederholung der stilistischen Elemente Ihrer Eingangstür (Form, Farbe oder Material) können Sie Tür und Tor verbinden und dadurch dem dazwischenliegenden Raum ein einheitliches Erscheinungsbild verleihen. Betrachten Sie auch den Baukörper, in dem sich Tür oder Tor befinden. Eine glatte Ziegelmauer beispielsweise wird sehr gut durch ein frisches modernes Design und glattes, gestrichenes Holz oder Metall ergänzt, eine strukturierte Steinmauer hingegen harmoniert besser mit einer rustikaleren Gestaltung aus Naturholz (Abbildungen verschiedener Eingänge s. Seite 106). Türen und Tore auf der Vorderseite eines Hauses müssen auch dem Charakter der Straße entsprechen, weil sie ein ganz wesenlicher Bestandteil des Straßenbildes sind.

Privatsphäre und Sicherheit

Viele Menschen in städtischen Räumen entwickeln ein immer größeres Bedürfnis nach Sicherheit, und dies drückt sich im Stil ihrer Eingangstore aus, die hoch und robust sind und mitunter vom Haus aus automatisch geöffnet und geschlossen werden können. Solche Tore sind zumeist nicht aus Holz, sondern aus Metall, doch ein gutes Design fügt sich nicht nur harmonisch in seine Umgebung ein, wie die oben abgebildeten Beispiele zeigen, sondern ist auch dekorativ und funktionell.

Anwohner belebter Straßen haben oft auch den Wunsch, sich einen privaten Bereich zu schaffen. In Verbindung mit einer hohen Mauer oder Holzwand kann ein solides Tor aus Holz oder Metall den Bereich zwischen Straße und Haus abschließen und vollkommen vor den Blicken Vorbeikommender schützen

(Bau eines Metalltors s. Seite 196). Kleine Flächen, die auf diese Weise umschlossen, gepflastert oder gekiest und vielleicht mit einigen Kübelpflanzen und Sitzgelegenheiten ausgestattet sind, können den reizvollen Charakter eines Hofs erhalten und lassen den Eingangsbereich eines Hauses zu einem gemütlichen, intimen Raum werden, in dem man sitzen kann und Kindern beim Spielen keine Gefahr droht.

Auch wenn andere Tortypen (niedrige Tore aus Holz, Schmiedeeisen oder Latten) für kleine Kinder und Haustiere ein unüberwindliches Hindernis bilden mögen, haben sie mehr die Funktion einer dekorativen Unterbrechung der Grundstücksgrenze als die einer Barriere gegen Eindringlinge. Sie markieren den Eingang und erlauben sowohl Vorbeikommenden als auch Bewohnern einen flüchtigen Blick in die dahinterliegende Welt. Niedrige Tore, die beispielsweise solide Grenzmauern unterbrechen, haben den Vorteil, daß sie kleine Räume größer erscheinen lassen und weniger das unangenehme Gefühl des Eingeschlossenseins aufkommen lassen.

Der Zugang

Obgleich der Zugang zum Haus - unabhängig davon, ob es sich um eine regelmäßig geschnittene Fläche, eine geschwungene Treppe oder einen schmalen Durchgang handelt - sicher und zweckmäßig sein muß, sollte er eine reizvolle Erweiterung des Hauses darstellen. Und falls dieser Bereich der einzige vorhandene Außenraum ist, möchte man natürlich auch das Beste daraus machen (Gestaltungsideen für enge Durchgänge s. Seite 76 f., für Treppen und Stufen Seite 78 f.). Wird eine kleine Fläche zwischen Straße und Haustür außerdem durch einen schmalen Weg geteilt, erscheint sie noch kleiner, als sie schon ist. Daher ist es für kleine Eingangsbereiche empfehlenswert, wenn man sie vollständig pflastert (optische Wirkung verschiedener Pflastermuster s. Seite 115) oder kiest, denn dadurch entsteht ein einheitliches Bild, und der Raum wirkt größer.

Wenn es die primäre Funktion des Pflasters ist, einen sicheren Zugang zu schaffen, sollte man so weit wie möglich auf rutschige Oberflächen, Bepflanzung und Höhenunterschiede verzichten. Auf strukturierten Oberflächen, wie etwa Ziegelsteinen, findet der Fuß besseren Halt als auf glatten, wie beispielsweise Beton.

Häufig muß der Bereich zwischen Straße und Haus als Parkfläche benutzt werden und kommt praktisch einer Auffahrt gleich. Sorgen Sie dann dafür, daß sich dort keine Hindernisse oder schmale Tore befinden, die das Einparken zu einer Nervenprobe machen. Auf der Fläche sollte sich darüber hinaus irgendeine Art von Abfluß befinden, damit etwa beim Autowaschen das Wasser ablaufen kann.

Türen und Türschwellen

Türen können - ob sie direkt an der Straße oder weiter hinten liegen - so gestaltet werden, daß sie einladend wirken und auf das einstimmen, was sich hinter ihnen befindet. So können Sie durch Farben entweder die Tür selbst oder sie umgebende architektonische Elemente hervorheben.

Türschwellen lassen sich in der Breite wie in der Tiefe durch niedrige Sockel vergrößern. Ein gut plazierter Topf oder eine Skulptur auf der Türschwelle oder ein dekoratives Blumengebinde an der Tür machen den

Türen und Tore

1 Diese traditionelle Holztür fügt sich harmonisch in die alte Steinmauer ein und verleiht dem kleinen Hofeingang vollkommene Intimität.

2 Eine gestrichene Holztür zwischen klassischen Säulen und einem Architrav stimmt auf die Gestaltung des dahinter liegenden kleinen Gartens ein.

3 Die Form der dekorativen Mauerkugeln wiederholt sich in dem Kreismotiv des Tors, das den Blick auf die dahinter liegende Tür lenkt.

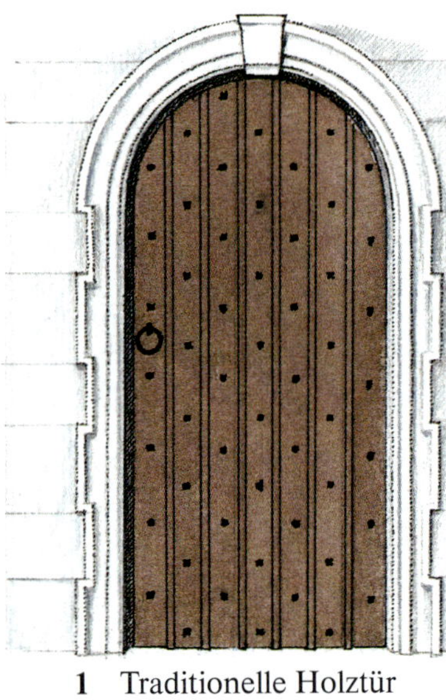

1 Traditionelle Holztür

2 Klassisch gestalteter Eingang

3 Modernes Eisentor

Eingang zu einem Blickfang und wirken einladend auf Besucher. Wenn Ihre Tür direkt an der Straße liegt, sollten Sie Dekorationsgegenstände aber sorgfältig befestigen, denn Gewicht allein schreckt einen entschlossenen Dieb nicht ab. Eine pergolaähnliche Konstruktion, die auf einer Seite an der Wand über einer Tür angebracht und am anderen Ende von freistehenden Pfosten gehalten wird, ist ein reizvolles Mittel, Besucher zu versteckter liegenden Eingängen zu führen. (Pergolen finden Sie auf den folgenden Seiten.)

Oft stehen in der Nähe der Eingangstür die Mülltonnen. Sofern genug Platz vorhanden ist, können Sie die Tonnen in einem Verschlag (aus Ziegelsteinen, Holz oder irgendeinem anderen Material, das zum Stil Ihres Hauses paßt) unterstellen, wobei auch ein Pflanzgefäß in die Gestaltung einbezogen werden kann (Vorschläge s. Seite 86). Oder man verbirgt sie hinter einem immergrünen Strauch oder einem mit einer Kletterpflanze (wie *Hedera helix*) begrünten Spalier.

Stilgerechter Zugang Die architektonische Gestaltung dieses Kellerzugangs bildet einen aufregenden Kontrast zu der angrenzenden klassischen Mauer.

Wenn man, besonders nachts vom Auto aus, ein Haus sucht, wird offenbar, wie viele Menschen ihr Heim schlecht oder gar nicht kennzeichnen. Durch Beleuchten der Eingangstür und die sichtbare Anbringung der Hausnummer oder des Hausnamens machen Sie es nicht nur Besuchern leichter, sondern erhöhen Ihre eigene Sicherheit, wenn Sie nachts nach Hause kommen. Lichtquellen sollten so angebracht werden, daß sie nach oben strahlen und ein warmes, weiches Licht verbreiten, anstatt scharfe, dunkle Schatten zu werfen, die entstehen, wenn eine hoch oben montierte Lampe nach unten strahlt (s. Seite 136). Achten Sie bei der Auswahl der Lampe darauf, daß sie zu Ihrem Haus paßt – denn eine alte Kutschenlampe reicht aus, um die Wirkung eines modernen Eingangs zu verderben.

Pergolen

Ist von einer Pergola die Rede, kommt vielen spontan das Bild einer mit Kletterpflanzen begrünten Holzkonstruktion in den Sinn, wie sie unten gezeigt ist und in sonnigen Mittelmeerländern gebräuchlich ist, um Schatten zu spenden oder zwischen zwei Gebäuden einen überdachten Gang entstehen zu lassen. Auf kleiner Fläche haben Pergolen noch andere Funktionen. Sie können einen teilweise überdachten Raum schaffen oder eine von Pflanzen umrankte Laube sowie ein Gestaltungselement des Gartendesigns hervorheben.

Gerichtete Pergolen

Pergolen, die von einem Raum zu einem anderen führen, bezeichne ich als gerichtete oder dynamische Pergolen. Im Gegensatz dazu haben solche, die eine größere Fläche überspannen und raumbildend wirken, statt durch einen Raum hindurchzuführen, einen statischen Charakter.

Gerichtete Pergolen können freistehende Konstruktionen oder mit einem Gebäude verbunden sein. Die freistehenden Typen lenken das Auge in Längsrichtung und verkürzen die Vordergrundperspektive. Es gibt Situationen, in denen dies wünschenswert ist, etwa wenn eine Pergola den Blick auf eine Aussicht, einen Eingang oder ähnliches lenkt, wie auf der gegenüberliegenden Seite. Aber leider werden in kleinen Räumen die Bodenflächen zu beiden Seiten einer dynamischen Pergola oft zu schlecht nutzbaren Resträumen degradiert.

Dynamische Pergolen, an einer Gebäudeseite angebracht, wirken wie eine Kolonnade und sind nützlich, um einen Eingang zu überdachen oder Innenräume vor Sonne zu schützen. Wenn in heißen Gegenden Pergola und Pflanzen allein nicht ausreichend Schatten spenden, kann man an der Oberseite eine Rollblende anbringen, die bei starker Sonne darüber gezogen wird. Auch mit Rohr- oder Rattanmatten kann eine Pergola

Geschützter Platz (oben und rechts) Die Pergola oben schützt eine Eingangstür in einer Straße (im Mittelmeerraum), die rechts eine Terrasse (in den Vereinigten Staaten). Beide bilden einen Raum, in dem man sich im Sommer aufhalten kann.

Gerichtete Pergola (gegenüberliegende Seite) Diese dynamische Holzpergola wurde über einem Ziegelpflasterweg errichtet.

überdeckt werden. Sie erzeugen nicht nur Schatten, sondern lassen interessante Muster auf dem Boden entstehen, wenn die Sonne hoch am Himmel steht. In kühleren Klimalagen sind Blenden jedoch meist nicht erforderlich, da im Sommer das Laub einjähriger Kletterpflanzen die Sonne vermutlich ausreichend abschirmt, während im Winter der nackte Pergolarahmen das Licht durchläßt.

Statische Pergolen

Statische Pergolen führen nirgendwohin, sondern überdachen eine größere Fläche, wie beispielsweise eine Terrasse oder sogar einen ganzen Garten. Sie bieten die Möglichkeit, die Atmosphäre der Innenräume außen fortzuführen und damit im Freien, zumindest optisch, einen zusätzlichen Raum zu schaffen. Da durch die Auflagehölzer oder Sparren eine Decke entsteht, hat man den Eindruck, sich in einem Raum zu befinden, was auch die Grenzen zwischen drinnen und draußen überspielt.

Solche statischen Pergolen sind selten freistehende Konstruktionen mit Pfosten zu beiden Enden der Auflagehölzer. Auf kleinem Raum ist dafür nicht genug Platz. Statt dessen werden häufig die Sparren an einem Ende mit einer Wand verbunden und verlaufen von dort nach außen, wo Pfosten an den Enden der überdeckten Fläche sie tragen. Mitunter kann auch völlig auf Pfosten

Raumbildung (oben und unten) Die einfache Pergola oben aus Metall, an der sich Rosen emporranken, betont die Form des Weges, während die solide, mit Wein bewachsene Pergola unten aus Holz und Stein eine kleine Ecke umschließt.

verzichtet werden, indem man mit den Sparren einfach eine Lücke zwischen zwei Mauern überspannt, beispielsweise zwischen zwei Grenzmauern oder einer Hauswand und einer Grenzmauer.

Pergolen auf Dächern

Dachgärten liegen oft sehr exponiert und sind nicht nur dem Wind und dem Himmel ausgeliefert, sondern auch umliegenden Gebäuden. Infolgedessen kann man sie nicht immer als einladend bezeichnen. Eine auf einem Dach errichtete Pergola erzeugt aber den Eindruck, der Raum sei geschützt, und wenn sie üppig mit widerstandsfähigen Pflanzen bewachsen ist, schirmt sie ihn auch vor Sonne und Wind ab.

Vor dem Errichten einer Pergola muß unbedingt die Tragfähigkeit des Daches geprüft werden, denn die Pergola kann ein beträchtliches Gewicht erreichen. (Vielleicht brauchen Sie sogar eine Baugenehmigung.) Metallrahmen sind leichter als Holz, und wenn sich zu beiden Seiten des Daches Mauern befinden, kann man auch mit gespannten Metalldrähten oder Seilen eine Pergola entstehen lassen.

Bepflanzung

Pergolen sind - ob freistehend oder an Gebäude angrenzend - wundervolle Stützen für Kletterpflanzen. Besonders reizvoll an einer begrünten Pergola ist die Art und Weise, wie sich das Licht bricht, das durch das Laub fällt. Pflanzen lassen die Konstruktion weicher wirken und sorgen für Schatten und Intimität. Letzteres ist in Städten, wo Gärten oft den Blicken der Nachbarn und Passanten preisgegeben sind, ein großer Vorteil. Pflanzen senkrecht wachsen zu lassen, ist darüber hinaus eine ausgezeichnete Methode, Bodenfläche zu sparen.

Raumerweiterung Diese gestrichene Holzpergola, an der sich eine Glyzine emporrankt, erweitert auf vollkommene Weise das holzverkleidete Haus, an das sie angrenzt.

Berücksichtigen Sie aber unbedingt das Gewicht der geplanten Pflanzung in Beziehung zur Stabilität der Pergola, vor allem wenn Sie diese an Drähten und Schnüren ziehen wollen. Bedenken Sie auch, wie dicht das Laub ist und wie lange die Pflanzen Blätter tragen, denn dies bestimmt, wieviel Schatten sie spenden. Immergrüne Kletterpflanzen beispielsweise können in den Wintermonaten zu viel Schatten entstehen lassen, wenn viel Licht gebraucht wird.

Proportionen schaffen

In vielen Stadtbereichen, in denen die Größe der Gartenräume nicht mit den Dimensionen der umliegenden Gebäude harmoniert, können Pergolen dazu eingesetzt werden, die Höhe eines Raums zu reduzieren und die Proportionen auszugleichen. Wenn der Stil der Pergola den umliegenden Gebäuden angepaßt ist, ist auch die optische Verbindung zwischen überdachter Fläche und der Umgebung harmonisch. Ein weiterer Vorteil jeder Pergola ist, daß die Sparren beziehungsweise der Schatten, den sie werfen, einen optischen Rahmen erzeugen, der bei der Gestaltung des übrigen Gartens sehr hilfreich ist.

Die durch die Sparren geworfenen Schattenmuster können sich in Flächen aus Pflaster, Kies und Pflanzen mit ähnlichen Proportionen wiederholen. Das erweckt den Eindruck, daß alles eine Einheit bildet, was in einem kleinen Gartenraum die beste Lösung ist.

Wahl der Pergola

Es ist wichtig, daß die Pergola als Ganzes mit dem Ambiente und dem Stil der umliegenden Gebäude harmoniert. Wie die Fotos auf diesen Seiten zeigen, können Materialien auf unterschiedliche Weisen behandelt werden, um eine sehr individuelle Wirkung zu erzielen.

Die Sparren einer Pergola können verschieden groß sein und aus einer Vielfalt von Materialien bestehen, abhängig davon, wieviel Licht von oben Sie haben möchten und welcher Eindruck entstehen soll. Die Pfosten müsssen aus einem Material sein, das ausreichend Stabilität hat, um das Gewicht der Sparren zu tragen. Allerdings sollten Sparren optisch erheblich schwerer erscheinen als Pfosten. Die Zeichnungen auf Seite 197 zeigen die verschiedenen Möglichkeiten des Pergolabaus.

Am häufigsten wird Holz für Pergolen verwendet. Weichholz kann gehobelt oder sägerauh verwendet werden, je nachdem, ob eine glatte oder strukturierte Oberfläche gewünscht ist. Hartholz kostet sehr viel mehr, ist aber dauerhafter. Jedes Holz kann gestrichen, gebeizt oder einfach mit einem (umweltfreundlichen) Holzschutzmittel behandelt werden. Und die Enden der Sparren können, wie gegenüber gezeigt, geformt sein und architektonische Elemente der Umgebung wiederholen.

Metall ist ebenfalls geeignet für den Bau von Pergolen. Es ist leichter als Holz und schafft weniger deutliche Teilungen. Noch unauffälliger sind waagrecht zwischen Mauern gespannte Drähte oder leuchtendgefärbte Schnüre.

Sparren aus Weichholz: Der grüne und schwarze sind aus sägerauhem, gebeiztem Holz, der weiße aus gestrichenem und gehobeltem

Ulmenbalken (Hartholz) aus dem 18. Jahrhundert: Seine Enden wurden einfach begradigt

Sparren aus gesägtem Weichholz: Er wurde mit einem Holzschutzmittel dunkler gebeizt

Ein mit einem Spanner gezogener Draht kann ebenfalls für die Konstruktion einer Pergola verwendet werden

In eine dekorative Form gesägtes und gestrichenes Weichholz mit einem gestrichenen Gerüstrohr als Pfosten

Farbiges Kantholz, das von einem Metallpfosten gehalten wird

Pflaster

Ein Bodenbelag, den man im Freien verwendet, sollte mit dem Garten in gleicher Weise harmonieren wie ein Boden im Haus mit den verschiedenen Räumen. Ebenso sollte man, wie bei der Auswahl eines Innenraumbelages, Preis und Eignung der verschiedenen Materialien prüfen.

Zu den empfehlenswerten Materialien für Außenflächen gehören Pflaster in all ihren Variationen. Sie sind widerstandsfähig, so daß auf ihnen Möbel, Töpfe und andere Dinge aufgestellt werden können, brauchen nur wenig Pflege und können sowohl neutraler Hintergrund als auch eigenständiges Element sein.

Pflastergestaltung

Für welches Material Sie sich auch entscheiden, Sie sollten sich zunächst über die Gestaltung klar werden, das heißt, über die Gesamtkomposition der Formen sowie die Position der einzelnen Steine oder Platten innerhalb des Designs. Es ist sehr wichtig, diese Entscheidung frühzeitig zu treffen, denn verschiedene Pflanzentypen können den Charakter eines Raums radikal verändern. Die Zeichnungen auf der gegenüberliegenden Seite zeigen die Wirkung unterschiedlicher Pflastermuster.

Allgemein gesprochen kann man zwischen richtungslosen und gerichteten Mustern unterscheiden. Richtungslose Muster ziehen die Aufmerksamkeit ganz oder teilweise auf sich, während gerichtete das Auge weiterführen.

Einige Pflastergestaltungen haben den Effekt, die Fläche optisch in einzelne Miniaturräume zu unterteilen, andere – meist die, die sehr kleingemustert sind – halten den Blick an einer Stelle fest. Ist ein Pflaster unauffällig oder gar nicht gemustert, wird dadurch die Gesamtform der Fläche betont, die einen neutralen Hintergrund für andere Elemente des Gartendesigns bildet.

Gerichtete oder dynamische Muster

Im Gegensatz zu den oben beschriebenen lassen gerichtete Pflastermuster den Eindruck von Bewegung entstehen und dirigieren das Auge. In einem herkömmlichen, vergleichsweise großen Gartenraum führen meist konventionelle Wege durch Rasenflächen und Pflanzungen. Ihre ausgeprägten Konturen haben dynamischen Charakter und lenken stets den Blick. In einem kleinen Garten hingegen, in dem vielleicht die gesamte vorhandene Fläche gepflastert ist, läßt sich eine dynamische Wirkung nur durch ein Muster innerhalb der Pflasterung erreichen oder durch das Ineinanderübergehen zweier verschiedener Flächen.

Lineare Muster wirken dort schön, wo sie einen befriedigenden Abschluß finden, etwa in einer reizvollen Aussicht oder einem plastischen Element, beziehungs-

weise eine praktische Funktion haben, wie bei einem Weg, der zu einer Eingangstür führt. Eine richtungslose Gestaltung ist im allgemeinen da vorzuziehen, wo man einen umbauten Raum pflastert, in dem es keinen Mittelpunkt gibt, wie beispielsweise eine Terrasse, auf der Mahlzeiten eingenommen werden.

Doch unabhängig davon, ob Sie sich für ein richtungsloses oder dynamisches Muster entscheiden, ein kleiner Raum wirkt stets größer, wenn es schlicht ist und in der Größe mit den anderen Elementen im Garten harmoniert. Eine starkgemusterte Fläche hat im Gegensatz dazu eine unruhige Wirkung und betont die Enge.

Pflasterarten

Bevor Sie Ihre Wahl treffen, sollten Sie sich sowohl über die Struktur als auch die Farbe der verschiedenen Materialien Gedanken machen. Die Atmosphäre eines Ziegelhauses beispielsweise mit einigen Ziegelmauern und einem Holzzaun im Garten wird am besten durch ein Ziegelpflaster oder eine Holzplattform ergänzt. Weniger geeignet ist in diesem Fall ein Natursteinpflaster, das wahrscheinlich optisch mit dem Ziegel kollidiert. Und die Verwendung eines dritten Materials würde das Gesamtdesign zu unruhig erscheinen lassen. Andererseits verlangt ein Raum, der an ein Steingebäude angrenzt und von Mauern aus Stein umgeben ist, vermutlich nach einem Material wie Holz und Stein (oder Betonplatten mit einem entsprechenden Zuschlag), denn Ziegel oder Fliesen wären optisch nicht schwer genug.

Ideale Kombination (links) Pflaster ist eine anpassungsfähige und praktische Alternative zu kleinen Rasenflächen. Hier treffen große graue Betonplatten auf schräg verlegte honigfarbene Ziegel und lassen ein lebendiges Muster entstehen. Pflanzen in Kübeln und Pflasterritzen bilden ein verspieltes Gegengewicht.

Buntes Pflaster (ganz oben) Farbige Betonplatten unterschiedlicher Größe sind hier in einem unregelmäßigen, vitalen Muster verlegt worden.

Gemusterter Weg (oben) Ziegel zwischen Betonplatten sorgen für ein klares geometrisches Muster.

PFLASTERMUSTER

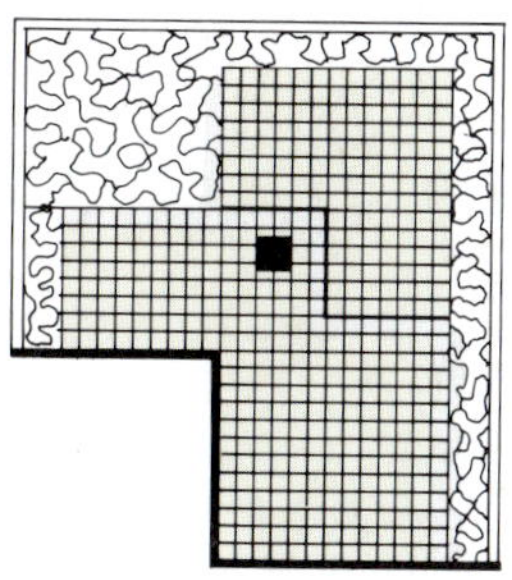

1 Dieses Muster hat einen dynamischen Verlauf zur rechten oberen Ecke.

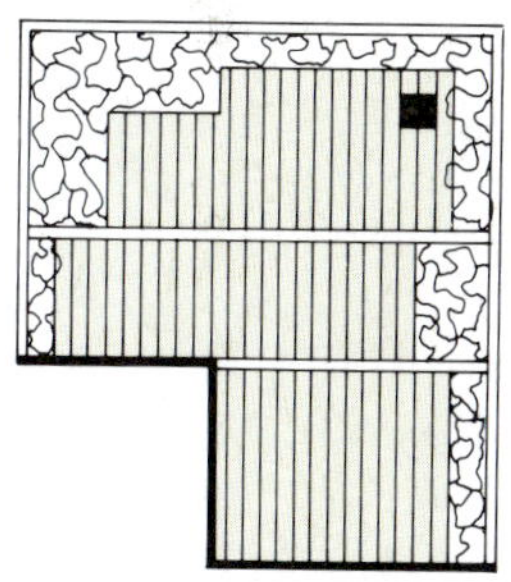

2 Gepflasterte Stufen, die sich durch den gesamten Raum ziehen, lenken den Blick zu dem Gestaltungselement.

Diese Zeichnungen zeigen, wie unterschiedlich die Effekte sind, die sowohl ein Pflastermuster als Ganzes wie die Anordnung einzelner Steine oder Platten innerhalb einer Pflasterung auf kleinem Raum erzeugen können. In der Ecke unten links steht ein Haus; das schwarze Quadrat steht für ein Gestaltungselement.

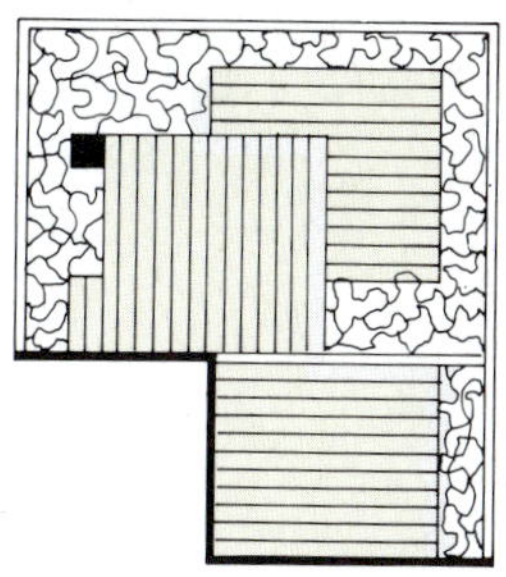

3 Dieses Muster bringt Bewegung in die Fläche.

Wahl des Pflasters

Aus der heimischen Gegend stammende, natürliche Baustoffe sind im allgemeinen am praktischsten und geeignetsten. In ländlichen Gebieten wird dies vermutlich lokales Gestein sein, doch in Städten, wo kaum ein natürliches Material zur Verfügung steht, verwendet man am häufigsten Beton und Ziegel.

Es ist eine Vielzahl von Betonsteinen und -platten im Handel, die von nachgeahmten Keramikfliesen über Platten verschiedenster Formen und Stärken bis zu Elementen in der Größe von Eisenbahnschwellen reichen. Generell gilt: Je schlichter, um so besser. Ein einzelner auffällig und stark strukturierter Stein (oder Platte) kann eine aufregende Wirkung haben, während er, flächig verwendet, einen katastrophalen Effekt hat. Beton kann auch an Ort und Stelle gegossen und vor dem Erhärten gebürstet werden, so daß der Zuschlag freigelegt wird (s. Seite 198).

Neben speziellen Pflasterziegeln können auch Klinker und Verblender benutzt werden, obwohl letztere nicht so hart sind und bröckeln können. Diese und andere kleine Elemente, wie Granitpflastersteine und Kopfsteine, sind ideal, um kleine und selbst ungünstig geformte Flächen zu pflastern (Verlegen von Pflastern s. Seite 198).

Betrachten Sie die verfügbaren Materialien als eine Palette, aus der Sie auswählen können, um einen Kontrast zu den verschiedenen Strukturen in Ihrem Garten zu schaffen oder sie zu ergänzen. Wenn man eine Fläche mit dem Material, aus dem umliegende Mauern errichtet wurden, pflastert, verleiht man einem kleinen Raum Einheit und verbindet gleichzeitig die verschiedenen Elemente des Designs.

Vergessen Sie auch praktische Überlegungen nicht. Einige Materialien, wie etwa glatte Kunststeinplatten, werden bei Regen und Schnee glitschig, andere hingegen, wie Ziegel, geben dem Fuß Halt.

Handelsübliche Betonpflastersteine

Glatte, runde Betonplatte

Klinker werden in vielen Farben hergestellt - sie haben eine frische Wirkung

Zwei Größen von grobbehauenen Granitpflastersteinen

Achteckige Betonplatte

Gemischtes Pflaster Von grobem Kies umgebene Waschbetonplatten und Kopfsteine wurden hier mit glatten Betonplatten kombiniert, um ein Muster mit verschiedenen Strukturen und Farben entstehen zu lassen.

Einfacher Einfassungsstein aus Beton

Gewellter Einfassungsstein

Strangpreßziegel

Glasierter Ziegeleinfassungsstein mit Zopfmuster

Strukturierter blauer Ziegelstein

Abgerundeter Einfassungsstein aus Beton

Weiche Materialien zur Flächengestaltung

Kies jeder Art und andere »weiche« Materialien, wie Splitt und Baumrinde, sind praktisch, vielseitig verwendbar und sehen hübsch aus. Darüber hinaus sind sie preiswerter und einfacher zu handhaben als harte Materialien, wie Beton oder Stein, und eignen sich gut für strukturelle Übergänge, da sie weicher wirken als Pflaster und härter als Gras oder bodendeckende Pflanzen.

Kies und Splitt können lose aufgeschüttet werden und sind deshalb ideale Beläge für enge, ungünstig geformte Flächen, die sich schlecht pflastern lassen. Ein Nachteil ist, daß man unbequem und geräuschvoll darauf läuft, andererseits schreckt dies möglicherweise Einbrecher ab.

Loser Kies ist auch für Bereiche ideal, in denen wenig wächst und ein Pflaster unpraktisch wäre, wie beispielsweise unter Bäumen. Laub kann zusammengeharkt oder mit einem Laubbesen entfernt werden, damit die Fläche ordentlicher aussieht.

Ein halbfester Belag entsteht dort, wo eine Deckschicht gewaschener Kies in eine verdichtete Schicht von ungewaschenem Kies eingewalzt wird. Eine entsprechende Anleitung finden Sie auf Seite 198. Auf diese Weise verwendet, ist Kies ein idealer Bodenbelag neben einer gepflasterten Terrasse, auf den man aus Platzmangel auch einmal ausweichen und in dem abfließendes Wasser versickern kann.

Kleine Räume in der Stadt sehen frisch und aufgeräumt aus, wenn man anstelle von kleinen Rasenbereichen, die erheblich mehr Pflege erfordern, nicht so widerstandsfähig sind und im Winter oft müde wirken, Kiesflächen anlegt. Auf diese Weise verwendeter

»Harte« und »weiche« Bodenbeläge (oben) Die Kombination von hellem Kies mit dunklen Eisenbahnschwellen und den kontrastierenden Blattformen der Pflanzen ergibt ein klares und sehr reizvolles Bild.

Kiesgarten (rechts) Dieser Kies wurde gewalzt, so daß eine widerstandsfähige Fläche entstanden ist, die es auch verträgt, wenn darauf Stühle hin und her gerückt werden. Die helle Farbe und körnige Struktur machen ihn zu einem ausgezeichneten Hintergrund für die glatten, dunkelgrünen Blätter von Palmen *(Trachycarpus fortunei* und *Thamnocalamus spathaceus).*

KIESMUSTER

Kiesgarten In einem von Patrick Watson gestalteten japanischen Garten wurde feiner Kies rund um einen Stein geharkt.

Abstrakte Formen In diesem kleinen mauerumgebenen Garten ist aus verschiedenfarbigem, von Aluminiumbändern unterteiltem Kies ein Flattermuster entstanden.

Strahlenmuster Kies in zwei Farben wurde strahlenförmig von einer Ecke nach außen gelegt. Die Ziegel, die ihn unterteilen, sind ein wichtiger Bestandteil der Gestaltung.

Kies sollte mit einer Kante aus Ziegelsteinen oder irgendeinem anderen Material begrenzt werden.

Pflanzen in Kiesflächen

Sträucher, niedrige Kräuter, Zwiebelblumen und Stauden wachsen problemlos in Kies, solange die Schicht nicht dicker als 10 cm ist. Eine Schicht aus ungewaschenem Kies wirkt wie eine Mulchdecke und ist ideal für die Samenkeimung. Immerhin bestehen auch Steingärten hauptsächlich aus gutdrainierten Kieslagen - dem natürlichen Material für alpine Pflanzen.

Setzt man Pflanzen nicht nur in die nackte Erde von Beeten, sondern auch in Kies, entsteht ein lockerer Eindruck, da die bepflanzten Flächen natürlicher mit denen eines Pflasters oder angrenzenden Weges verbunden werden. Darüber hinaus läßt es einen kleinen Raum größer erscheinen, denn je weniger die Bodenfläche unterteilt wird, um so großzügiger ist ihre Wirkung.

Strukturkombinationen

Japanische Gärtner verwenden seit Jahrhunderten Kies als Oberflächendecke und rechen abstrakte Muster hinein, um Meeresströmungen nachzuahmen und Strudel, die um Inseln aus Gestein und Moos wirbeln.

Wie das Foto oben auf dieser Seite zeigt, ist dies eine Methode, die in kleinen Gärten große Wirkung haben kann. Aber sie macht regelmäßige, wenn nicht tägliche Pflege erforderlich, weil jeder Regenschauer und jeder Schritt das Muster zerstört.

Ebenso wirkungsvoll und weitaus weniger zeitintensiv ist die Kombination von ungeharktem Kies und Steinen oder Findlingen. Auf diese Weise bekommt ein kleiner Garten einen interessanten, abstrakten Charakter.

Steine aus einem Steinbruch sind gewöhnlich kantig, aber beim Sortieren von gewaschenem Flußkies fallen manchmal auch große, runde Steine an.

Gestaltung mit Kies

Im 17. Jahrhundert verwendeten Franzosen und Italiener für die formal angelegten *parterres* (Blumenbeete) neben Buchsbaumhecken Kiesflächen. Auch auf kleinem Raum kann Kies zusammen mit klarumgrenzten Pflanzungen geometrische Muster entstehen lassen.

Kies in verschiedenen Farben und Körnungen kann dazu dienen, Muster zu erzeugen, die von einem strengen Schachbretteffekt bis hin zu lockeren, abstrakteren Formen reichen.

Die beiden Zeichnungen links zeigen verschiedene Gestaltungen mit Kies, die sich für kleine Gartenräume eignen. Zum Unterteilen von Kiesflächen sollte man Ziegel oder schmale Streifen aus Holz oder Aluminium verwenden.

Kiesmuster sind nicht nur eine wirkungsvolle Methode zum Verschönern von Bodenflächen, sondern eignen sich auch gut für Dächer, auf die man von oben herabblickt, oder um dunkle Schächte, in denen Pflanzen nicht gedeihen können, um ein interessantes Element zu bereichern.

Auswahl von Kies und Splitt

Entsprechend der Farbe und Körnung des Kieses können viele verschiedene Wirkungen erzielt werden. Kies besteht aus Brocken natürlichen Gesteins, so daß man ihn theoretisch in ebenso vielen Sorten bekommt wie es unterschiedliche Gesteinsarten gibt. Die Farbpalette reicht von Weiß über Beige bis hin zu Grau, Rot, Braun und Schwarz. Das Farbspektrum von Fluß- und Strandkies, die beide durchs Wasser rundgeschliffen sind, ist nicht ganz so groß.

Kies ist für beinahe alle Situationen geeignet, denken Sie aber daran, daß er beim Schneeräumen leicht mit dem Schnee entfernt wird, und helle Kiesflächen, die intensivem Sonnenlicht ausgesetzt sind, blenden können. Fluß- und Strandkies eignen sich für spielende Kinder besser, da sie keine scharfen Kanten haben.

Am preiswertesten ist wahrscheinlich die Sorte, die aus Gestein Ihrer Gegend hergestellt wird. In Gebirgsregionen kommt sie vermutlich aus einem Steinbruch, in anderen Gebieten vielleicht vom Meer oder von einem Fluß. In Städten muß der Kies aus ländlichen Gegenden herbeitransportiert werden und ist deshalb im Preis unterschiedlich.

Kies und Kieselsteine jeglicher Art sowie Splitt oder Baumrinde können zusammen mit anderen Materialien verwendet werden. Kiesflächen innerhalb eines Ziegel- oder Betonpflasters lockern die Gesamtwirkung auf und bilden einen hübschen strukturellen Kontrast. Neben einem festverlegten Gartenbelag, wie einem Betonpflaster, braucht eine Kiesfläche keine Einfassung. Wenn sie sich jedoch neben einem Rasen oder Beet befindet, ist eine Kante erforderlich, damit die beiden Flächen sauber voneinander getrennt bleiben. Für eine Einfassung können Holz, Ziegel oder Beton verwendet werden (s. Seite 117). Wählen Sie das Material, das am besten zur Gesamtgestaltung des Gartens paßt oder aber mit einem einzelnen Element harmoniert, wie etwa einer Mauerkrone. Auf Seite 198 sehen Sie, wie man eine Einfassung für eine Kiesfläche in Beton versetzt.

Grauer Granitsplitt ist, locker aufgeschüttet, eine Alternative zu feinem Kies

Weißer Kalksteinsplitt (grobe Körnung) hat eine saubere, frische Wirkung

Gewaschener Strandkies (8–16 mm) ist gerundet und für spielende Kinder besser geeignet als Kies mit scharfen Kanten.

Weißer Granitsplitt eignet sich gut, um Muster entstehen zu lassen

Strukturreiches Arrangement Feiner Kies und große Flußkiesel lassen eine schöne, abwechslungsreiche Struktur entstehen, ähnlich wie in einem ausgetrockneten Flußbett.

Feiner gewaschener Flußkies (4–8 mm) ist beim Pflanzen ein guter Ersatz für Erde

Zwischen Bäumen und Sträuchern kann Rinde verteilt werden, die weich und natürlich wirkt

Honigfarbener Splitt ist eine wunderbare Ergänzung zu Ziegeln in gedämpften Farben

Feiner Gärtnergrus kann allein oder mit Kies gemischt als Substrat für Pflanzen dienen

Holzplattformen

Holzplattformen sind seit vielen Jahren bei uns und in den Vereinigten Staaten bekannt, zeitweise in manchen Gegenden aber etwas aus der Mode gekommen, auch wenn sie sich gar nicht so sehr von Holzbalkonen unterscheiden. Tatsächlich kann mit einer Holzplattform dort ein Balkongarten entstehen, wo zuvor kein nutzbarer Raum war. Und sie muß nicht unbedingt mit einem Gebäude verbunden sein, denn sie kann auch als Oberflächenbelag zu ebener Erde dienen.

Verwendung von Plattformen

Eine auf Pfosten stehende Plattform kann das erhöhte Parterre eines an einem Hang gelegenen Gebäudes (auf der dem Hang abgewandten Seite) um eine ebene Fläche erweitern. Zum Erdboden können Stufen hinabführen. In vielen Fällen sind solche Plattformen die einzige Möglichkeit, außerhalb des Hauses einen nutzbaren Raum zu schaffen.

In den Vereinigten Staaten wurde früher das Wohnzimmer oft erhöht gebaut, so daß darunter Raum für einen Keller blieb, und auch heute liegt bei vielen Halbgeschoßhäusern der Wohnbereich weitgehend oberhalb der ebenen Erde. In beiden Fällen bietet eine Plattform die Möglichkeit, die obere Ebene zu erweitern, um einen nutzbaren Außenraum entstehen zu lassen, beispielsweise für eine Eßecke, ein paar Liegestühle und Pflanzen.

Niedrige Plattformen können, wenn sie in Verbindung mit einem Holzzaun verwendet werden, auf kleinem Raum eine einheitliche Wirkung hervorrufen, wie etwa bei dem links gezeigten Durchgang. Sie müssen auch nicht unbedingt die gesamte Fläche überspannen.

Interessante Muster und schöne, kontrastierende Strukturen entstehen, wenn man kleine Plattformflächen mit Stein- oder Ziegelpflastern kombiniert. Auch neben Wasser ist eine solche Fläche reizvoll, etwa

Niedrige Holzplattform (oben) In Bodenhöhe kann eine solche Plattform eine Alternative zu Pflaster sein. Die Kombination von hölzerner Tür, Zaun, Möbeln und Plattform hat eine schlichte, einheitliche Wirkung.

Baumwipfelgarten (rechts) In diese erhöhte Plattform wurden Aussparungen für bereits existierende Bäume gesägt, so daß ein Baumwipfelgarten entstanden ist. Durch die Aussparungen kann Wasser (Regen und Schnee) zu den Wurzeln der Bäume gelangen.

neben einem Schwimmbecken oder einem Teich.

Holz ist auch ideal für Dachgärten in der Stadt. Quadratische Holzroste mit Pflasterplatten gleicher Größe ergeben zusammen einen hübschen Belag, der nicht so schwer wie Beton oder Ziegel ist. Die Roste sollten auf einem Holzunterbau auf dem fertigen Dach verlegt werden, und zwar so, daß das Wasser zum Abfluß gelangen kann.

Im Idealfall besteht die Plattform aus Hartholz, für das kein Holzschutzmittel erforderlich ist. Weichholz ist weniger widerstandsfähig. Es muß nicht nur gehobelt sein, damit es nicht splittert, sondern auch mit einem geeigneten Mittel behandelt werden. Außerdem rutscht man bei feuchtem Wetter leicht darauf aus. Tatsächlich ist das Wetter auch daran Schuld, daß Holzplattformen in Gegenden mit feuchtem Klima nicht so beliebt sind, weil sie nur selten ganz trocknen. Aber überall dort, wo die Temperaturunterschiede größer sind, ist eine Plattform vielleicht im Winter mit einer dicken Schicht Schnee bedeckt, hat aber zumindest während der Sommermonate die Chance zu trocknen.

Konstruktion

Der Bau niedriger Plattformen ist nicht schwierig. Der Holzboden ruht hier auf einer offenen Konstruktion aus Balken und Querhölzern, gestützt von Pfosten, die in Beton eingegossen sind. Die Konstruktion einer einfachen Plattform ist auf Seite 199 gezeigt. Problematischer sind Plattformen, die an einem Hang oder erhöht liegen – hier sind die Fachkenntnisse eines Architekten erforderlich.

Erhöhter Gartenraum Die klaren Linien dieser Holzplattform führen die Atmosphäre des angrenzenden Hauses fort und schaffen eine sehr vorteilhafte Erweiterung des Wohnraums.

Stufen und Treppen

Viele kleine Gärten liegen an Stellen, die nur über eine Treppe erreichbar sind, und in einigen Fällen ist die Treppe der Garten. Stufen können nicht nur zwei Orte verbinden, sondern lassen sich auch so gestalten, daß sie zu einer vorteilhaften Erweiterung des Gartens oder gar zu einem eigenständigen Miniaturgarten werden.

Treppen bauen und verschönern

Mit Töpfen und anderen Gefäßen lassen sich Stufen auf einfache, aber wirkungsvolle Weise verschönern. Wenn sie bepflanzt sind, lockern die weichen Formen von Blumen und Blättern die harten Konturen von Außenanlagen auf und verbinden sie miteinander. Streicht man eine Treppe oder angrenzende Mauer in einer Farbe, die mit den umliegenden Anlagen harmoniert, erstrahlen auch heruntergekommene Stufen wieder in neuem Glanz. Ein Geländer (s. Seite 200) kann eine hübsche und praktische Ergänzung sein, besonders bei steilen, vielbenutzten Treppen. Auch eine gute Beleuchtung macht Treppen reizvoller und bei Nacht sicherer.

Man kann eine neue Treppe bauen oder eine alte erneuern, oder aber mit Stufen ganz andere Zwecke verfolgen. Vielleicht möchten Sie in Ihren Garten durch einige flache Stufen Bewegung in eine starre Fläche bringen oder plastische Elemente schaffen, durch die der Garten größer wirkt, als er tatsächlich ist. (Einzelheiten zum Bau von Treppen und Stufen s. Seite 200).

Abhängig von der Gesamtform und ihrem Winkel zu umliegenden Bauten, können Treppen eine sehr unterschiedliche Wirkung haben. Die drei unten links gezeigten Beispiele eignen sich für vielbenutzte Treppen (die beispielsweise zu einer Eingangstür führen) und für Stufen in einem kleinen Gartenraum.

Maße und Materialien

Die idealen Maße für eine Treppe sind eine maximale Steigung von 20 cm und eine großzügige Trittbreite von 50 cm. Bei geschwungenen oder zickzackförmigen Treppen muß die Trittbreite eventuell größer sein, damit man sie bequem begehen kann.

Treppen, die aus dem gleichen oder einem ähnlichen Material wie die umliegenden Baukörper bestehen, fügen sich gut in die Umgebung ein und werden zu einem reizvollen Bestandteil der Struktur von Garten oder Gebäude. Dennoch muß beim Bau von häu-

Dekorative Stufen (rechts) Diese schlichten Steinstufen, die von weichem *Erigeron karvinskianus* aufgelockert werden, sind eine dekorative Ergänzung für den kleinen Garten.

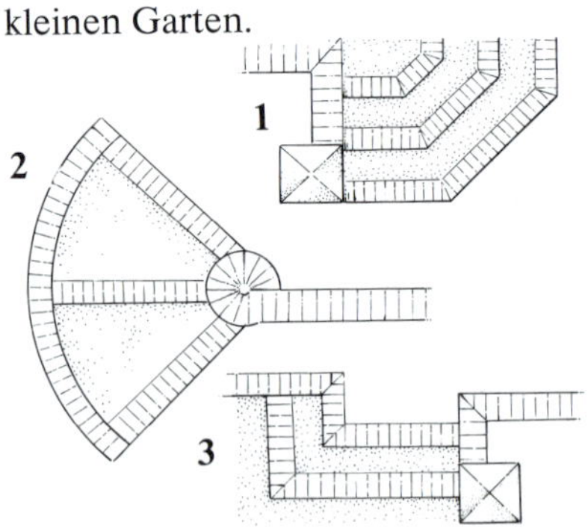

Treppengestaltung (oben) Die hier aufgezeichneten Treppen sind für Eingänge ebenso geeignet wie für die Verbindung unterschiedlicher Ebenen auf kleinem Raum. Durch ihre Formen sind alle drei eigenständige Gestaltungselemente.

1 Stufen mit Winkel von 45 Grad bringen Bewegung in den Raum
2 Breite, kreisförmig verlaufende Stufen sind bequem zu begehen
3 L-förmige Stufen haben eine besonders großzügige Wirkung

Treppengärten (oben und rechts) Tongefäße mit Sukkulenten betonen den Absatz der Eingangstreppe oben, während rechts Geranien den sanften Rhythmus der Mauerabsätze hervorheben.

fig benutzten Treppen in erster Linie auf Sicherheit geachtet werden. Stein und Holz beispielsweise werden nach Regen und Frost rutschig, während Materialien mit strukturierter Oberfläche oder ein glatter Baustoff, wie Beton mit einem rauheren Material als Zuschlag, dem Fuß besseren Halt geben.

Bereits vorhandene Treppen

Bei der Aufteilung geräumiger alter Häuser in kleinere Wohneinheiten werden Treppen, die einmal als Hintertreppe oder Feuertreppe dienten, gelegentlich zum Hauptzugang. Und umgekehrt bilden mitunter grandiose alte Treppen den Zugang zu einer kleinen Wohnung. Eine häßliche alte Metalltreppe wird zum erfreulichen Blickfang, wenn sie einen neuen Anstrich erhält oder von einer Kletterpflanze begrünt wird. Und die Breite einer Treppe läßt sich dadurch verringern, daß man die waagrechten Trittflächen an den Seiten verkürzt und dort Pflanzen hinstellt.

Wenn große Anlagen aufgeteilt werden, erbt mancher Eigentümer eines kleinen Gartenstücks mitunter eine Treppe, die früher einmal zwei Bereiche miteinander verband, für ihn aber jetzt keinen praktischen Nutzen mehr hat. Anstatt solche Treppen zu entfernen, sollte man sie, wenn möglich, als eigenständiges Element in die Gestaltung integrieren, zum Beispiel als Blickfang mit schöner Bepflanzung oder aber, umgewandelt, als zwanglose Sitzgelegenheit.

Wasser

Wasser übt stets einen Zauber aus und kann selbst die kleinsten Räume mit Licht und Leben füllen. Seine Wirkung ist vielfältig und (anders als bei Pflanzen) auch voraussehbar, darüber hinaus fügt es sich in gebaute Anlagen großartig ein.

Wasserflächen jeglicher Art sollten integraler Bestandteil der Gesamtgestaltung eines Gartens sein und ihre Dimensionen in Beziehung mit der Höhe umliegender Mauern oder Zäune stehen.

Kreative Planung mit Wasser

Die Raumknappheit allerdings beschränkt die Größe einer Wasserfläche, die in einen kleinen Garten einbezogen werden kann.

Aber Wasser läßt sich auf verschiedene Weisen integrieren, und wo der Boden wirklich beschränkt ist, muß es nicht unbedingt eine waagrechte Fläche einnehmen, sondern kann senkrecht plätschern, etwa aus einem Wasserspeicher oder sogar als kleiner Wasserfall.

Zwar kann Wasser auch kalt und deprimierend wirken, doch am richtigen Ort besitzt es stets große Anziehungskraft.

Ein sehr wichtiger Faktor, den nur wenige berücksichtigen, ist, daß rauschendes oder plätscherndes Wasser nicht nur optischen Reiz hat, sondern auch den Lärm der Stadt angenehm überspielen kann. An einem heißen Tag hat nicht nur der Anblick fließenden Wassers kühlende Wirkung, sondern auch seine Geräusche.

Eine ebenerdige stille Wasserfläche wird im Garten zu einem Spiegel für umliegende Elemente, was eine dunkle Auskleidung des Beckenbodens noch verstärkt, während hell glasierte Fliesen diesen Effekt verringern. In letzterem Fall werden Sie nicht auf die Oberfläche, sondern in die Tiefe schauen, wodurch Ihr Gartenraum um eine weitere Dimension bereichert wird.

Sonnenlicht, das auf der Oberfläche stehenden Wassers spielt, läßt Muster entstehen, und nahe bei einem Gebäude ist die Spiegelung ähnlich wie Licht, das auf einem Dach tanzt.

Wasserflächen können auch als Hintergrund für Pflanzen dienen, die entweder im Wasser oder daneben wachsen, wie Rohrkolben und Seerosen, oder sich darüberneigen. Auf diese Weise kann man Teile der Grundstruktur eines Gartens mit dreidimensionalen Pflanzenformen verbinden (s. Seite 190ff.).

Wenn Pflanzen gestalterisch in Verbindung mit bewegtem Wasser gebracht werden, wie etwa mit einem Springbrunnen, wird die Beziehung zwischen Baukörper und Pflanzen besonders lebendig.

Wasseroase (links) Ein kleiner Teich bildet den Mittelpunkt dieses kleinen umzäunten Gartens.

Wasserspiegelungen (oben und rechts) Üppige Pflanzen, die am und im Wasser wachsen, lockern die harten Konturen des L-förmigen Teiches auf, der an die Terrasse dieses Stadthauses in Washington D. C. angrenzt.

Gestaltungsprinzipien Diese Zeichnungen zeigen, wie man in einem kleinen umschlossenen Raum einen kleinen Teich anlegen kann.

Ein traditionelles, in den Boden eingelassenes Becken, das in der Größe mit den umliegenden Mauern harmoniert.

Ein erhöhtes Bekken verstärkt die Beziehung zu den umliegenden Mauern

Die Wasserflächen werden zu gestalterischen Elementen, wenn zwei Becken miteinander verbunden werden

Auch Pflanzen können eine Verbindung zu einer Grenzmauer herstellen

Bei diesem originellen Entwurf bildet eine Pflanzengruppe ein optisches Gegengewicht zu zwei teilweise übereinanderliegenden Becken

Wasser als schmückendes Element Flache, wassergefüllte Gefäße können zu einem schönen Arrangement zusammengestellt werden - eine einfache Möglichkeit, Wasser in einen kleinen Garten zu integrieren, durch die funkelnden Spiegelungen das Licht einzufangen und Vögel anzulocken.

Wasserflächen können sich in verschiedenen Höhen befinden, um eine optische Verbindung zwischen Boden und Grundstücksgrenze herzustellen. Einen Blickfang kann Wasser bilden, das von einer Ebene zur anderen fließt, oder man läßt auf kleinem Raum einen Wasserfall vor einer Mauer entstehen.

Wasser muß aber nicht unbedingt ein integraler Bestandteil der Gartenanlage sein, sondern kann als skulpturales Element eingesetzt werden. Da Wasser dominierende Eigenschaften hat, sollten dekorative Wasserflächen nur in Gartenanlagen einbezogen werden, deren Bild dann nicht von Wasser beherrscht wird.

Ein plätschernder Wandbrunnen kann ein skulpturales Schmuckelement darstellen, ebenso eine Gruppierung wassergefüllter Gefäße, die entweder freistehen oder, wie oben, miteinander verbunden sind.

Zierteiche

In der Enge der Städte sind Naturteiche gewöhnlich fehl am Platz. Und wenn ich auch japanische Wassergärten außerhalb ihrer traditionellen Umgebung nicht mag, so ist ihre Gestaltungsweise für das städtische Milieu besser geeignet als ein unbefestigter Gartenteich, der nur in eine echte ländliche Umgebung paßt.

Abgesehen von besonders originellen und gelungenen Entwürfen, gilt im allgemeinen die Regel: je schlichter die Gestaltung eines Teichs, desto effektvoller. Man mag da an einen winzigen Hof in Südfrankreich denken, mit einem flachen Teich, dessen Fliesen mit einem Fischdekor verziert sind - ein zwar einfaches, aber wunderschönes Gartenelement, das nie seinen Reiz verliert.

In einem solchen Fall muß das Wasser jedoch absolut sauber sein. Der Handel bietet hier viele Geräte zur Wasserreinigung an, für deren Installation aber möglicherweise ein Fachmann erforderlich ist (s. Seite 201).

Wasser für Entspannung und Sport

Bei Gesundheitsbewußten kommen Lap Pools (für Bahnenschwimmen) immer mehr in Mode. Sie brauchen nicht breiter als 3 m zu sein, sollten aber mindestens 7 m Länge haben.

Es spricht nichts dagegen, ein solches Becken in einen kleinen Garten zu bauen, allerdings sollte man sich im klaren darüber sein, daß dann nur noch wenig Platz für anderes bleibt.

Auch Schwimmbecken sollten sich harmonisch in die Gesamtgestaltung des Gartens einfügen. Häufig aber wird die Wechselwirkung zwischen Form und Größe des Beckens und dem übrigen Garten zu wenig bedacht.

Beispielsweise werden die bei ihren Herstellern offenbar sehr beliebten birnen- oder nierenförmigen Becken in viereckige Flächen einbezogen, mit dem Ergebnis, daß die sie umgebenden Flächen weder in Beziehung zum Becken noch zum übrigen Grundstück stehen.

Eine Alternative für sehr kleine Gärten ist ein kleiner Plunge Pool (mit einer Gegenstromanlage). Er sollte groß genug sein, um den Körper eintauchen zu können. Mit einer eingebauten Wellenmaschine kann man in einem Plunge Pool sogar schwimmen. Darüber hinaus bildet er während der Sommermonate einen hübschen Blickfang.

Noch kleiner sind Hot Tubs (Warmwasserbecken), die an einer geschützten Stelle im Garten liegen sollten. Und falls sie sich nahe beim Haus befinden, kann man sie auch im Winter benutzen. Ein warmes Bad im Freien bei Temperaturen unter null Grad kann ein anregendes, ja großartiges Erlebnis sein.

Für ein Warmwasserbecken ist irgendeine Form der Abdeckung erforderlich, damit die Heizkosten nicht ins Unermeßliche steigen. Und auch hier gilt wieder: Je schlichter die Form eines Beckens, um so leichter läßt es sich abdecken. Es gibt hier automatische Vorrichtungen, die sich auf Knopfdruck über die Wasserfläche schieben. Durch Abdecken des Beckens bleibt das Wasser auch länger sauber.

Schwimmbecken drinnen und draußen Glasschiebetüren machen es möglich, dieses Becken im Winter drinnen und im Sommer draußen zu benutzen. Eine gute Möglichkeit, auf begrenztem Raum ein Schwimmbecken in die Gestaltung mit einzubeziehen.

Pflanzgefäße

Töpfe und andere Pflanzgefäße spielen bei der Gestaltung eines Außenraums eine sehr große Rolle. Ich spreche hier ganz bewußt nicht von Gärten, weil diese Bezeichnung nicht für all jene Orte zutrifft, für die sich Pflanzgefäße im besonderen Maß eignen. Schöne Pflanzgefäße bieten die besten Möglichkeiten, Dächer, Balkone und Fenster oder auch herkömmliche ebenerdige Flächen zu verschönern.

Pflanzgefäße und ihre Funktion

Gefäße geben einem Garten durch Form, Farbe und Dekor nicht nur Stil, sie sind auch Teil der Außenraumstruktur oder sogar Mittelpunkt, wenn man sie sorgfältig plaziert (Plazierung von Gartenelementen s. Seite 135). Oft stellen Pflanzgefäße die einzige Möglichkeit dar, auf einer beschränkten oder ungünstig gelegenen Fläche Pflanzen zu ziehen (Pflanzvorschläge s. Seite 168-171).

Viele denken bei Pflanzgefäßen an Töpfe im mediterranen Stil, in denen üppige Einjahresblumen wachsen. Aber es gibt viele Möglichkeiten, Gefäße und Pflanzen in Beziehung zueinander zu setzen. Das richtige Gefäß kann auch ohne Bepflanzung die Funktion einer Skulptur übernehmen.

Wenn Sie ein Pflanzgefäß auswählen, müssen Sie sich fragen, was das wichtigste Element ist: Topf, Kübel oder Trog, oder die Pflanzen, die Sie hineinsetzen wollen. Ein hübscher Ölkrug beispielsweise hat aufgrund seiner dekorativen Form auch ohne Pflanzen optischen Reiz. Oder brauchen Sie im Grunde nur einen Behälter für die Erde, weil allein die Pflanzen im Mittelpunkt des Interesses stehen? Möglicherweise soll auch Pflanzen und Gefäß die gleiche Bedeutung zukommen. Aber welche Beziehung zwischen Gefäß und Pflanze auch hergestellt werden soll, sie müssen sich beide in einem optischen Gleichgewicht befinden.

Lockere Gruppierung Diese scheinbar willkürliche Ansammlung von Töpfen innerhalb einer schlichten dauerhaften Pflanzung hat sehr viel Charme.

Größe und Stil

Bedenken Sie auch, wie Form und Größe des gewählten Gefäßes vor seinem Hintergrund zur Wirkung kommen. Achten Sie darauf, daß das Arrangement zur Atmosphäre des Gartens paßt. Eine Ansammlung von Töpfen kann in der richtigen Umgebung viel Charme haben - aber Vorsicht! Zwischen einer scheinbar willkürlichen Ansammlung und einem Durcheinander liegt ein schmaler Grat. Eine klassisch geformte Urne wirkt, auch wenn sie aus Kunststein oder Fiberglas besteht, imposant und eignet sich nicht unbedingt für eine Umgebung mit dezenter Atmosphäre. Wenn ein Gefäß weder in der Form noch in der Größe zum Raum oder zur Gesamtgestaltung paßt, kann es die gesamte Wirkung zunichte machen.

Materialien

Zu den natürlichen Materialien, aus denen Gefäße hergestellt werden, gehören Stein, Kunststein (zerkleinerter Naturstein, der mit Beton und Bindemitteln vermischt und geformt wurde), Ton, Holz und gelegentlich auch Schiefer. Andere Materialien, die am richtigen Ort nicht weniger hübsch wirken, sind Beton (möglicherweise strukturiert), Metall und eine hohe Bandbreite an Kunststoffen, darunter Fiberglas und Plastik.

Gefäße, die in kälteren Klimalagen das ganze Jahr hindurch draußen stehen, sollten aus einem frostbeständigen Material wie Stein sein.

Glücklicherweise gedeihen Pflanzen in fast allen Gefäßen, solange die richtige Erde verwendet wird und für eine ausreichende Drainage gesorgt ist. Wäh-

Skulpturale Formen (oben) Dieses Arrangement aus unbepflanzten Gefäßen - mit einem alten Taufbecken (rechts) - ist von klassischer Einfachheit.

Töpfe am Teich (unten) Hier bilden Pflanzen, Kiesel und Tontöpfe eine aufregende Komposition mit kontrastierenden Formen, Farben und Strukturen.

len Sie deshalb stets das Gefäß, das am besten in Ihren Garten paßt, und dann die Pflanze. Für eine moderne Umgebung entscheiden Sie sich vielleicht für die klaren, schlichten Formen von Palmlilien oder Kakteen, zu denen am besten schlichte Gefäße passen.

Wahl eines Gefäßes

Auch wenn die Wahl durch ökonomische Überlegungen mitbestimmt wird, sind doch viele Gartenfreunde bereit, einen relativ hohen Preis für Pflanzgefäße zu zahlen. Und es kann sich lohnen, bei einer schönen Urne nicht zu sparen, wenn sie auf lange Sicht ein wichtiges Element sein soll. Warum aber sollte man einen teuren Topf kaufen, der später unter einem Meer Fleißiger Lieschen verschwindet? In diesem Fall erfüllt ein billiger, einfacher Tontopf die Aufgabe ebensogut.

Wenn Sie ein Gefäß brauchen, das Sie im Garten umstellen und im Winter ins Haus bringen können, müssen Sie berücksichtigen, daß zu seinem Gewicht noch das des feuchten Pflanzsubstrates kommt. Achten Sie vor allem darauf, daß auf Dächern und Balkonen keine zu schweren Gefäße aufgestellt werden. Im Zweifelsfall sollten Sie einen Statiker zu Rate ziehen. Wo die Gefahr einer Überbelastung besteht, dürfen Sie nur leichte Pflanzgefäße verwenden, die am Rand plaziert werden sollten, damit ihr Gewicht möglichst auf den Seitenwänden ruht.

Denken Sie dabei aber daran, daß dies bei heftigem Wind gefährlich werden kann, und sichern Sie die Töpfe entsprechend ab.

Das Aufstellen bepflanzter Gefäße

Da alle Pflanzen leben und atmen, brauchen sie Pflege. Sorgen Sie dafür, daß die Gefäße an einem Platz aufgestellt werden, an dem sie genug Licht bekommen und bequem zu erreichen sind. Pflanzen, die auf heißen Dächern oder einem exponierten Fenstersims stehen, benötigen vielleicht zweimal täglich Wasser und rechtfertigen möglicherweise die Installation eines Wasseranschlusses.

Anmutiges Arrangement Stellt man eine helle Steinurne auf einem schlichten Sockel vor den Hintergrund eines lebendigblauen Himmels, ist das ein überwältigender Anblick. Die klassische Form der Urne wird hier durch die Blütenstände der Aloe wunderbar ergänzt.

Bei einem konventionelleren Arrangement dagegen (unten) heben weiche Kräuter die runden Formen der Urne hervor, die vor dem neutralen Hintergrund eines weißen Zaunes optimal zur Geltung kommt.

Gefäße im Blickpunkt

Töpfe und andere Gefäße eignen sich ausgezeichnet für die Belebung sehr kleiner und besonders ungünstig gelegener Räume. Ein einzelnes Gefäß kann einen aufregenden Mittelpunkt bilden und eine auf eine Türschwelle gesetzte Gruppe bepflanzter Gefäße einen Minigarten entstehen lassen. Die Auswahl beschränkt sich dabei nicht auf die vom Handel speziell für Pflanzen angebotenen Gefäße, denn im Grunde ist fast jeder Behälter geeignet (solange ausreichende Abzugslöcher vorhanden sind), und das läßt viel Spielraum für die phantasievolle Verwendung von Gegenständen – vom Kaminaufsatz bis zum alten Stiefel.

Im Mittelmeerraum und in Mexiko beispielsweise dienen alle Arten von bunt bepflanzten Töpfen und Tiegeln dazu, Farbe und Leben auf Fenstersimse und Türschwellen wie in Durchgänge und Hinterhöfe zu bringen. Hier wurde eine Auswahl von Gefäßen und Pflanzungen von ähnlich phantasievollem Reiz zusammengestellt.

Kräftige Formen Diese beiden schönen Tongefäße von Diana Princeloo sind mit zwei Aloen bepflanzt, deren spitze Blätter die lebendigen Gefäßornamente hervorheben statt von ihnen abzulenken.

Bepflanzter Kaminaufsatz Ein solider alter Kaminaufsatz und eine Bepflanzung mit zarten blaßrosa Fuchsien (*Fuchsia*-Hybriden) lassen vor einer Wandmalerei mit warmen Erdtönen einen ausgewogenen Kontrast entstehen.

Platzeinsparung Dieser alte Ölkrug aus der Provence wurde halb in die Wand eingelassen. Seine geschwungene Form wird durch die schlichten Efeupelargonien (*Pelargonium-Peltatum*-Hybriden) nicht verdeckt.

Dekorative Töpfe Unbepflanzte handgetöpferte Keramikgefäße hängen vor einer mit Clematis bewachsenen Wand. Eine originelle Abwechslung zu den sonst üblichen Ampeln.

Verblaßte Pracht Tiefrote Blüten ziehen den Blick auf diesen alten, herrlichen Krug mit Blumendekor, der in einer sonnendurchfluteten Ecke auf einem pastellfarbenen Pflasterbelag steht.

Bodenständigkeit Ausgediente alte Stiefel, aus denen Kakteen und andere Sukkulenten hervorsprießen, schmücken in einer lustigen Prozession die Stufen dieses üppig bepflanzten Gartens.

Skulpturale Elemente

Ein kleiner Garten sollte unbedingt ein Element beherbergen, das optisch einen deutlichen Akzent setzt oder einen Mittelpunkt bildet. Das kann Wasser sein, aber ebenso eine Sitzgelegenheit oder sogar Menschen, doch wenn sich in Ihrem Garten nichts dergleichen befindet, sollten Sie sich etwas anderes einfallen lassen.

Welche Elemente passen in Ihren Garten?

Ist die Gartengestaltung modern, kann eine moderne oder abstrakte Skulptur verwendet werden, ist sie traditionell, kommt zum Beispiel eine Statue in Frage. Viele suchen aber nach einem Kompromiß, weil erstere oft zu teuer und letztere zu imposant ist. Man kann statt dessen aber ein Gefäß oder eine Gruppe von Gefäßen wählen, wie die unten gezeigten, einen Topf mit Pflanzen, einige große Steine, eine Wandnische oder eine kleine Aussicht, die vielleicht von einem falschen, in die Mauer eingelassenen Fenster mit Läden umrahmt wird. Doch für was immer Sie sich entscheiden, es sollte den Blick auf sich ziehen und allein durch seine Ästhetik den Außenraum rechtfertigen.

Klare Aussagen

Die meisten von uns zeigen bei der Auswahl von Gartenelementen wenig Mut, was zur Folge hat, daß deren Ausdruckskraft innerhalb der Gartenanlage nicht

Ein origineller Blickfang (oben) Diese üppigblühende Fetthenne in einer ausgestreckten steinernen Hand ist ein hübscher Kontrast zum satten Dunkelgrün des Laubes im Hintergrund.

Skulptural geformte Gefäße (unten) Scharfe Schatten verleihen dieser von Diana Princeloo geschaffenen Sammlung von Gefäßen einen zusätzlichen Reiz. Ihre klaren Formen, die sich von der Wandnische abheben, werden durch die schlichte Bepflanzung noch hervorgehoben.

Garten mit Skulpturen (links)
Diese außergewöhnliche Sammlung von Objekten bietet vor dem anmutigen grünen Hintergrund ein faszinierendes Bild. Die Objekte sind bei dieser Gestaltung nicht die krönenden Elemente, sondern prägen vielmehr den Charakter des Gartens.

Dekorative Schlichtheit (unten)
Zwei großartige Bronzekraniche von Robin Lewis recken sich graziös zwischen zwei Sandbirken *(Betula pendula)* vor einem schlichten Hintergrund.

klar genug ist, oder sie von Pflanzen erdrückt werden. Das ist schon deshalb häufig der Fall, weil ein Objekt zu tief plaziert wird und deshalb vom Haus aus nicht sichtbar ist, wenn man sitzt. Es sollte unbedingt beherrschende Position einnehmen, muß aber nicht unbedingt dominieren, denn das halbe Geheimnis der richtigen Plazierung liegt in der Art und Weise, wie man das Objekt mit anderen Gegenständen zusammensetzt oder aber ein Gegengewicht zu ihnen schafft - etwa zu einem Baum, zu einer Sitzgelegenheit oder sogar zum Blick auf ein Nachbarhaus.

Früher plazierte man ein solches Element, im allgemeinen eine Statue, in die Mitte des Gartens. Heute aber besitzen nur wenige Außenräume jene Symmetrie, die für diese Art der klassischen Aufteilung erforderlich ist. Setzt man dagegen eine Element an eine Seite der Fläche, entsteht dadurch in der Anlage Bewegung, so klein sie auch sein mag.

Größenverhältnisse

Allgemein gilt die Regel: Je größer ein Gegenstand, um so besser erfüllt er seine Aufgabe; denn er sollte nicht nur einen Mittelpunkt im Garten bilden, sondern auch vom Haus aus sichtbar sein. Das ist besonders in Räumen wichtig, die zu klein und zu ungünstig geformt sind, um genutzt werden zu können, und lediglich einen schönen Anblick durch eine Tür oder ein Fenster des Hauses bieten (s. Seite 36f.). Strahler, die bei Nacht (Beleuchtungstechniken s. Seite 136) draußen ein interessantes skulpturähnliches Element erhellen, geben dem Wohnraum im Haus eine völlig neue Dimension und verbinden Innen- und Außenraum.

Die Auswahl

Allzuleicht fällt die Wahl auf ein Element, das zu klein ist, und wenn es dann im Garten steht und man bemerkt, daß etwas nicht stimmt, setzt man vielleicht noch einen Topf dazu oder einen panaschierten Strauch, was zur Folge hat, daß alles nur noch schlimmer wird. Denn dann haben Sie die Aufmerksamkeit auf eine Gruppe von unvereinbaren Elementen gelenkt und das in den Hintergrund treten lassen, was ursprünglich als Blickfang dienen sollte.

Natürlich ist es nicht leicht, ein Element so zu wählen, daß es in der Größe mit seiner Umgebung harmoniert, wenn man es weitab vom vorgesehenen Standort aussuchen muß. Deshalb sollte man bemüht sein, sich die maximale Breite und Höhe so gut wie möglich einzuprägen.

Beleuchtung

Die Außenbeleuchtung kann maßgebend dafür sein, wie groß die Freude ist, die Sie an Ihrem Garten haben. Das Licht ermöglicht es Ihnen, an warmen Frühjahrs-, Sommer- und Herbstabenden im Freien zu essen, zu lesen oder einfach zu faulenzen und den Garten - wenn er vom Haus aus sichtbar ist - das ganze Jahr hindurch nachts auch von innen zu genießen, da er dem Raum, in dem Sie sich aufhalten (innen oder außen), eine neue Dimension verleiht.

Außenbeleuchtung ist dort wichtig, wo die Dunkelheit früh hereinbricht oder die Hitze des Tages das Verlangen weckt, in die kühle Abendluft flüchten zu können. Aber selbst wenn die Sommerabende lang und hell sind, kann eine sanfte Außenbeleuchtung während einer Mahlzeit oder einem Fest auf der Terrasse eine stimmungsvolle Atmosphäre entstehen lassen und es Ihnen ermöglichen, sich auch noch im Freien aufzuhalten, wenn die Dämmerung längst der Dunkelheit gewichen ist.

Dekorative und funktionelle Beleuchtung

Viele Menschen schmücken in ihrem Garten einen Weihnachstbaum mit Lichtern. Warum läßt man aber nicht das ganze Jahr über Lampen in einem schönen Baum erstrahlen, um eine Gruppe von Gefäßen zu beleuchten oder eine Statue, und das auch im Winter und bei Schnee. Machen Sie aus den Elementen Ihres Gartens stets das Beste, insbesondere dann, wenn sie sich an einem Platz befinden, den man sonst nicht nutzen kann. Falls Sie auf dem Land leben, läßt Beleuchtung etwas von der Natur erahnen, die sich jenseits Ihres kleinen Grundstückes erstreckt. In anderen Fällen dienen Lampen weniger dekorativen als vielmehr praktischen Zwecken: etwa um den Weg von der Garage zur Eingangstür zu erhellen.

Einen gewünschten Effekt erzielen

Die unterschiedlichen Beleuchtungsmethoden erfordern bei der Planung auch verschiedene Überlegungen. Zuerst sollten Sie genau feststellen, was beleuchtet werden soll und welche Wirkung Sie erreichen möchten. Denken Sie vor allem praktisch. So reizvoll gedämpftes Licht auch sein mag, wenn Sie grillen oder Getränke einschenken, sollten Sie gut sehen können. Für diese Situationen wie für die Beleuchtung von Wegen und Stufen sind direkte Lichtquellen erforderlich. Bringen Sie die Lampe nahe dem Bereich an, der beleuchtet werden soll, aber nicht zu

Klare Sicht Der gesamte Gartenraum wird durch einen starken Punktstrahler erhellt, der sich hoch oben am Haus befindet. Diese Beleuchtung bietet vom Haus aus eine gute Sicht auf den Garten, doch wenn man sich im Garten aufhält, kann sie sehr störend wirken.

Licht- und Schatteneffekte Die Lichtquelle ist hier durch die Trennmauer abgeschirmt und erzeugt, vom Haus aus gesehen, einen aufregenden kulissenartigen Effekt. Wird im vorderen Bereich gegrillt oder gegessen, ist eine zusätzliche Beleuchtung durch kleine Lampen oder Kerzen notwendig.

Sanfte Beleuchtung Eine nach oben gerichtete Lampe unter dem Baum erleuchtet dessen Krone und gibt genügend Licht, um die ganze Fläche nutzen zu können. Um verschiedene Effekte zu erzielen, kann man auch die hier gezeigten Beleuchtungsarten kombinieren.

hoch, damit das Licht nicht kalt oder sogar unheimlich wirkt. In der Wand sitzende runde Lampen sind ideal. Um im Freien essen oder lesen zu können, reicht eine einfache Tischlampe für draußen aus. Setzen Sie an verschiedenen Stellen Feuchtraumsteckdosen, damit Sie die Lampe an verschiedenen Stellen plazieren können. Mitunter gibt es nichts Reizvolleres als Kerzenlicht. Und kombiniert man es mit der Innenbeleuchtung des angrenzenden Raums, ist vielleicht gar nicht mehr erforderlich, um eine kleine Fläche nahe beim Haus zu erhellen.

Lampen und Anschlüsse

Wählen Sie Lampen, die praktisch sind und der Gestaltung Ihres Außenraums entsprechen. Im Zweifelsfall ist immer ein einfaches, klares und unaufdringliches Design die beste Lösung. Wichtig ist, daß man spezielle Außenlampen verwendet. Bei kleinen Flächen ist es einfacher, die Stromleitung innerhalb des Hauses mitzubenutzen, als eine neue zu legen. Lampen, Kabel und Anschlüsse müssen alle für Feuchträume geeignet sein und brauchen dort besonderen Schutz, wo sie beschädigt werden können.

Nächtliche Effekte (links und unten) Der Spitzbogen links wird von einem Strahler beleuchtet, während unten Innenbeleuchtung und Außenlampen zusammen eine geräumige Terrasse in warmes Licht tauchen.

Stoffe

Luxuriöse Umgebung Das elfenbeinfarbene Sonnensegel schafft eine exklusive Atmosphäre, die durch die dezenten Farben der Möbel und Kissen noch betont wird.

In einem großen Raum wird die Wirkung von Stuhlbezügen, Kissen, Sonnenschirmen und Sonnendächern durch die üppige Vegetation und räumliche Abstände abgeschwächt, in einem kleinen Garten dagegen stellen Stoffe ein eigenständiges Element dar und lassen eine weiche, luxuriöse Atmosphäre entstehen, die den Mangel an Pflanzen ausgleicht und eine gemütliche und einladende Umgebung schafft.

Außenanlagen und Ausstattung

Ein Dach aus Stoff kann Sie sowohl vor Sonne schützen als auch einen Aufenthalt im Freien ermöglichen, wenn der Himmel grau ist. Und sollte man Sie von oben beobachten können, sorgt es darüber hinaus für die Wahrung Ihrer Privatsphäre. Kleine handelsübliche Sonnendächer werden entweder an einer Wand befestigt oder frei aufgestellt. Ist der Außenraum aber ungeschickt geschnitten, brauchen Sie möglicherweise eine Spezialanfertigung (Konstruktionsanleitungen s. Seite 198). Eine weitere Möglichkeit ist, unterhalb der Auflagehölzer einer Pergola Stoff zu befestigen.

Für kleine Gärten sind große Schirme als tragbare Dächer ideal. Man kann sie genau an der richtigen Stelle über einem Tisch oder einer Sonnenliege öffnen, wieder schließen und forträumen. Senkrechte Wandschirme aus Stoff schützen Sie nicht nur vor den Blicken der Nachbarn, sondern auch vor Seitenwind (s. Seite 198).

Während der wärmeren Jahreszeiten werden in Außenräumen oft Stuhlbezüge, Kissen, Teppiche und Tischdecken verwendet, die eine stärkere Wirkung haben können als Pflanzen. An einem sonnigen Tag nach draußen gebrachte und um einen Teppich plazierte große Kissen verwandeln einen Balkon, ein Dach oder einen ebenerdigen Garten in einen einladenden und gemütlichen Raum, in dem man sich wunderbar entspannen kann.

Die Wahl der Stoffe

Im Freien verwendete Stoffe sollten robust und leicht zu reinigen sein und mit der Gartengestaltung harmonieren. Auf gemusterten Stoffen fällt Schmutz weniger auf als auf einfarbigen, deshalb sind sie für staubige Städte besonders empfehlenswert.

Nehmen Sie Muster nach draußen, und stellen Sie sich vor, wie der betreffende Stoff auf einer Sitzfläche oder als Schirm in Bezug zu den Farben der Außenanlagen und Ausstattungsgegenständen wirken würde. Für die Oberseite von Sonnendächern sollte ein widerstandsfähiges Material wie Zeltleinwand oder Segeltuch verwendet werden, die Unterseite kann man mit zarterem Stoff - glatt oder leicht drappiert - füttern, um eine originellere Wirkung zu erzielen. Denken Sie beispielsweise an die bunten, mit Stickereien und Spiegelchen versehenen Sonnendächer, die auf indischen und persischen Gemälden dargestellt sind.

Abschirmung aus Zeltleinwand (oben und links) Eine an einem Metallrahmen befestigte Zeltleinwand schützt dieses kleine Dach seitlich und von oben. Die dreieckige Fläche an der Seite sorgt für Intimität und schützt vor Zugluft. Das obere Segel schirmt Teile des Daches vor der Sonne ab.

Praktische Gestaltung (rechts) Diese robusten und beweglichen Leinenschirme sind ein ausgezeichneter Schutz vor Sonne und leichtem Regen und benötigen nur wenig Raum zur Lagerung. Darüber hinaus lassen sie sich, wie hier gezeigt, hübsch arrangieren.

Freistehende Möbel

Unabhängig von der Größe Ihres Gartens sollten Möbel, die darin aufgestellt werden, bereits im Planungsstadium in die Gesamtgestaltung einbezogen und nicht nachträglich hinzugefügt werden. Vor allem dort, wo der Platz begrenzt ist, ist das von besonderer Bedeutung.

Überlegen Sie daher alle Fragen, die auftauchen könnten, vorher: Arbeiten oder schreiben Sie manchmal im Freien? Benötigen Sie Möbel, die es vertragen, wenn Kinder sie zweckentfremdend strapazieren? Wünschen Sie sich eine Bank, auf der Sie sich im Schatten ausruhen können, oder brauchen Sie einen Tisch nahe bei der Küchentür, an dem Sie draußen das Essen vorbereiten und servieren können?

Formen aufeinander abstimmen

Die Art und Weise, in der Formen und Dimensionen einer Möbelgruppe oder auch einer einzelnen Sitzbank in Verbindung mit dem übrigen Garten stehen, ist ebenso wichtig wie die Planung der Bepflanzung. Beides ist Teil des optischen Gleichgewichtes im Garten. Berücksichtigen Sie bei den Möbeln nicht nur praktische Aspekte, sondern auch, wie deren Stil mit dem Ihres Gartens und Hauses harmoniert, und welche Wirkung ihre Formen und Farben haben.

Wichtig ist außerdem, ob die Möbel das ganze Jahr hindurch im Garten bleiben und damit zu einem ständigen Bestandteil der Gartenanlage werden, oder ob man sie nur vorübergehend aufstellt, vielleicht für wenige Monate oder sogar nur an bestimmten Tagen. Möbel, die immer im Garten stehen, sollten beständigen Charakter haben und in Größe und Beschaffenheit auf ihre Umgebung abgestimmt werden. Dieses Ziel erreicht man oft am besten durch integrierte Möbel (Design-Beispiele s. Seite 144). Ein Möbelstück, das die Blicke auf sich zieht, kann zu einem eigenständigen Element werden und vielleicht die Wahl von Materialien sowie andere Aspekte der Gartengestaltung beeinflussen.

Mobiliar, das nur vorübergehend in den Garten gebracht wird, sollte nicht zusammengewürfelt sein oder wirken. Und achten Sie auch darauf, daß ein Bereich, wie etwa eine Terrasse, wo nur zeitweise Möbel aufgestellt werden, nicht vernachlässigt und abweisend aussieht, wenn sie leersteht. Versuchen Sie, sich den Garten mit und ohne Möbelstücke vorzustellen.

Große Farbflächen (unten) Möbelstücke können dazu dienen, innerhalb eines kleinen Raums ausgeprägte Formen gegeneinanderzusetzen.

Moderne Metallmöbel (rechts) Die Struktur dieser schwarzen Metallmöbel wiederholt sich in dem filigranen Astwerk der Baumkrone.

Bequemlichkeit und Nützlichkeit auf der einen Seite und stilvolles Design auf der anderen müssen sich gegenseitig nicht unbedingt ausschließen, auch wenn dies bei einem Blick auf das Gartenmöbelangebot vielleicht so scheinen mag. Es lohnt sich, nach Stükken zu suchen, die sowohl funktionell wie schön sind. Polster aus grellen, kräftig gemusterten Stoffen mögen in praller Sonne oder vor einem azurblauen Meer effektvoll sein, aber in einem Vorstadtgarten unter grauem Himmel wirken sie meist deplaziert. Überlegen Sie daher stets, wie die Farben der Möbel unter den natürlichen Lichtverhältnissen in Ihrem Garten aussehen.

Die richtige Wahl

Möbel aus natürlichen Materialien mit Polstern in neutralen Tönen sowie ausgewogenen Konturen harmonieren im allgemeinen am besten mit natürlichen Formen. Aber ein natürlicher Eindruck muß nicht unbedingt zu dem Standort Ihres Außenraums, der Architektur Ihres Hauses oder dem Stil Ihrer Inneneinrichtung passen.

Im folgenden sehen Sie, daß jedes Material seinen eigenen Charakter hat, und es mag sein, daß das strenge Erscheinungsbild schlanker Metallstühle der Atmosphäre Ihres Stadtbalkons und der modernen Einrichtung des Raums, mit dem er verbunden ist, besser gerecht wird.

Möbel als optisches Bindeglied

Wenn ein wunderschöner Stuhl zum Bindeglied zwischen drinnen und draußen wird, lohnt sich eine größere Investition. Auf kleiner Fläche hat die optische Verbindung zwischen Innen- und Außenraum besondere Bedeutung. Die Trennung zwischen den beiden kann entweder durch Möbel aufgehoben werden, die im Stil zur Inneneinrichtung passen, oder durch die Farben und Strukturen von Polstern.

Beim Arrangieren von Möbeln im Freien muß auch berücksichtigt werden, wie sie von innen gesehen wirken.

Bequemlichkeit

Wählen Sie Möbel, die ihren Zweck erfüllen, aber auch hübsch anzusehen sind. Ein Stuhl, auf dem man sich zum Essen an einen Tisch setzt, sollte nicht nur dem Rücken Halt geben und eine geeignete Höhe haben, sondern auch so bequem sein, daß man wirklich gemütlich darauf sitzt, denn sommerliche Mittagessen und Abendmahlzeiten auf der Terrasse können sich in die Länge ziehen.

Dekorative Eisenmöbel oder Imitationen aus Aluminium haben selten diese Bequemlichkeit, empfehlenswerter sind da schon Regiestühle mit Leinen oder Küchenmöbel aus Kiefernholz.

Um draußen die Zeitung oder ein Buch lesen zu können, benötigt man einen tieferen Sessel. Auch Hollywoodschaukeln (nach meiner Ansicht unglückliche Vorrichtungen, für die sich im Winter nie Platz findet) sind zweifellos bequem. Leichte Klappstühle dagegen lassen sich zwar gut lagern und sind als Provisorium ideal, bieten aber keinerlei Sitzkomfort. Einfache Sonnenliegen, wie man sie häufig an französischen und italienischen Stränden sieht, finde ich praktisch, bequem und hübsch, ganz im Gegensatz zu jenen mit Rädern, Griffen und verstellbaren Lehnen, die sehr viel Lagerraum beanspruchen und unendliche Geduld, um sie richtig aufzustellen. Auch zu den Konturen eines kleinen Schwimmbeckens passen schlichte Möbel am besten.

Natürliche Farben Das Weiß dieser in einer Reihe aufgestellten Korbstühle bildet einen erfrischenden Kontrast zu der warmen Terrakottafarbe der Mauer. Die grüne Umrahmung der Sessel wiederholt das tiefe Grün der dahinterliegenden Fensterläden und des Rasens.

Versuchen Sie, Gartenmöbel zu finden, die Ihrem Lebensstil entsprechen, auch wenn dies bei dem normalen Angebot der Gartencenter nicht einfach ist, das überwiegend unbehagliche Eleganz sowie auf alt und rustikal Getrimmtes zu bieten hat.

Materialien

Gut abgelagertes Holz hält ein Leben lang und verträgt pralle Sonne, Regen und Frost. Es ist auch das einfachste Material für den Eigenbau von Möbeln. Wenn man sie nur mit einem farblosen (und umweltfreundlichen) Holzschutzmittel behandelt, fügen sie sich gut in die natürlichen Formen des Gartens ein. Gestrichen können sie den Garten optisch erweitern, indem sie die Farbe einer angrenzenden Mauer oder Tür fortführen.

Metall ergänzt gut eine moderne Gestaltung, allerdings verträgt es keine Nässe. Wenn es nicht mit Kunststoff überzogen ist, muß es regelmäßig und sorgfältig behandelt werden, damit es nicht rostet und verwahrlost.

Kunststoff bedarf keiner Pflege und ist für alle Klimalagen geeignet.

Er ist leicht und ideal für transportable Möbel, aber im Gegensatz zu Materialien wie Stein wird er beim Altern nicht gerade schöner.

Eine wundervolle Oase Dieses ungezwungene Arrangement aus Kissen und Teppichen hat die Atmosphäre zum Entspannen und gibt dem Außenbereich die Intimität eines Innenraums. Die Grüntöne der Pflanzen und das helle Braun von Korb und Stuhl harmonieren gut mit den neutralen Farben der Kissen.

Gartenbank Farben und fließende Formen von Bank und Bepflanzung verleihen diesem zum Verweilen einladenden Plätzchen viel Charme.

Reine Farben Der zentrale Standort dieser schlichten weißen Holzbank lenkt das Auge durch eine Fülle anmutiger goldgelber *Coreopsis verticilliata.*

Integrierte Möbel

Die Anpassung von Möbeln an den Grundriß und die Struktur des Gartens ist der einfachste Weg, einen vorhandenen Raum sowohl optisch wie praktisch optimal zu nutzen. Der große Vorteil dabei ist, daß das Mobiliar, das ganz in das Gesamtdesign integriert ist (und aus einem Material besteht, das gut mit umliegenden Gebäuden harmoniert), einer kleinen Fläche ein einheitliches Erscheinungsbild verleiht, durch das sie größer wirkt. Mit integrierten Möbeln kann das Durcheinander vermieden werden, das oft durch freistehende Stühle und Tische entsteht, und darüber hinaus erledigt sich hier das Problem der Lagerung. Selbst ein ganz kleiner freistehender Tisch, mit je einem Stuhl zu beiden Seiten, benötigt mindestens zwei Meter Platz – und das ist auf engem Raum sehr viel.

Berücksichtigung bereits vorhandener Elemente

Vorhandene Elemente lassen sich mitunter zu Sitzgelegenheiten umgestalten, und neue Elemente kann man so bauen, daß sie eine zweifache Funktion erfüllen. Wenn man beispielsweise die Mauer eines existierenden Teiches erhöht, entsteht eine Fläche, auf der man sitzen oder Töpfe aufstellen kann. Auch die Stützmauern von Beeten lassen sich so gestalten, daß sie sich als Sitzgelegenheiten eignen. Ziegel- oder Betonsockel, als dauerhafte Elemente in das Gartendesign einbezogen, können als niedrige Tische oder Sitze dienen. Und wenn sie nicht benutzt werden, fügen sie sich natürlich in den Garten ein.

Bäume und Spielbereiche

Vorhandene Bäume, die in einem kleinen Garten oft einen großen Teil des Raums beanspruchen, können helfen, Bodenfläche einzusparen, wenn man dort eine Hängematte oder Lampen anbringt. Große Bäume lassen sich auch für Kinder gut nutzen. Sie können ein Baumhaus beherbergen, oder man befestigt an ihnen eine Strickleiter, eine Schaukel oder ein Kletterseil. Dergleichen Spielgerät läßt sich auch leicht wieder entfernen, wenn die Kinder älter werden. Bei der Einrichtung von Spielbereichen ist es ratsam, die eventuelle spätere Nutzung im Auge zu behalten. Ein erhöht liegender Sandkasten beispielsweise kann später in ein Wasserbecken umgewandelt werden und seine Ränder zu Sitzgelegenheiten.

Materialien

Damit ein einheitliches Erscheinungsbild entsteht, sollte man Materialien wählen, die den übrigen Garten ergänzen. Entscheidet man sich für Holz, eignet sich Hartholz am besten, weil Weichholz leicht splittert. Beton ist preiswert und haltbar, aber wenig reizvoll. Seine Wirkung kann jedoch beispielsweise durch Hängepflanzen oder eine Kombination mit anderen Materialien, wie Holz, aufgelockert werden. Ziegel gehören zu den nützlichsten Materialien, denn aufgrund ihrer geringen Größe kann man mit ihnen auch an den ungünstigsten Stellen Möbel errichten.

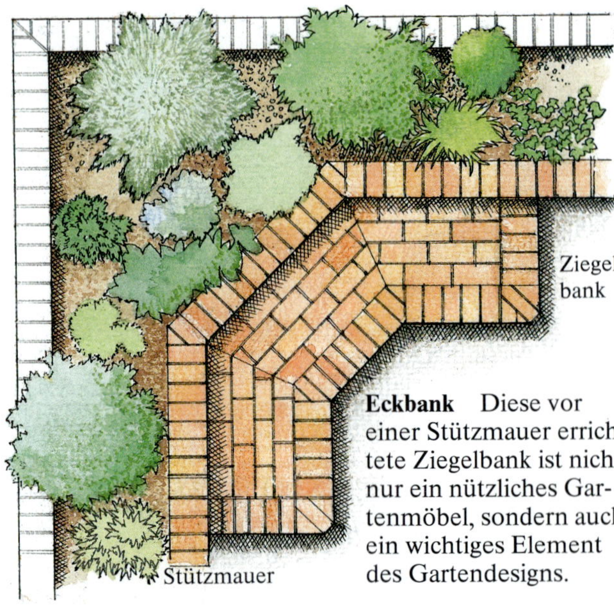

Eckbank Diese vor einer Stützmauer errichtete Ziegelbank ist nicht nur ein nützliches Gartenmöbel, sondern auch ein wichtiges Element des Gartendesigns.

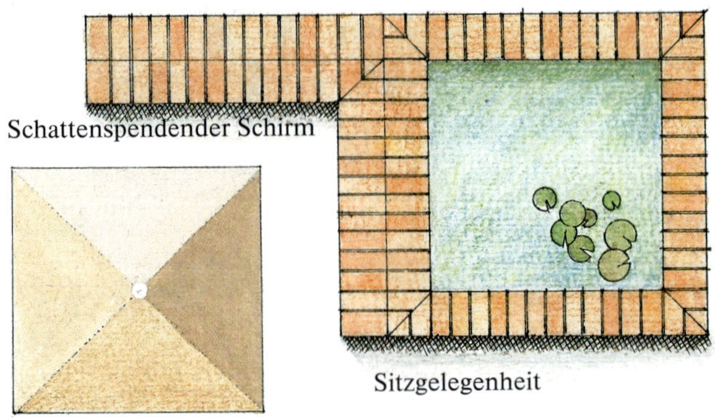

Sitzfläche beim Wasser Die Mauern, die diesen kleinen Teich umgeben, wurden erhöht, um bequeme Sitzplätze zu schaffen. Die Anlage kann auch als Sandkasten benutzt werden, aber dann sollte sie mit Maschendraht vor Katzen geschützt werden.

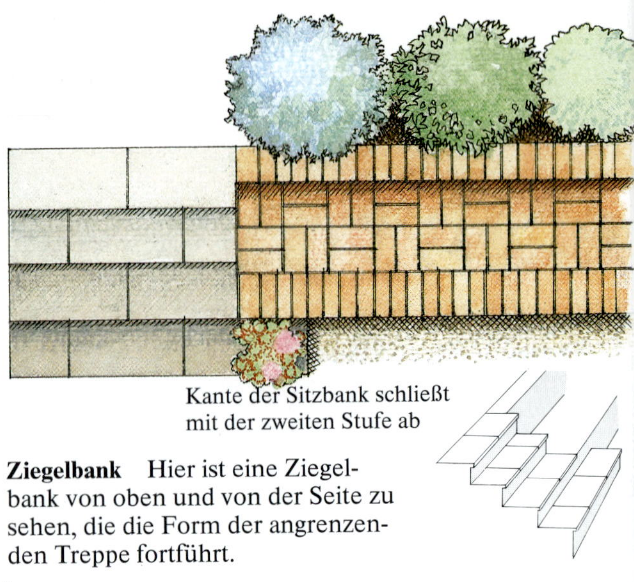

Ziegelbank Hier ist eine Ziegelbank von oben und von der Seite zu sehen, die die Form der angrenzenden Treppe fortführt.

BEPFLANZUNG

Allein die Vielzahl der Pflanzen, die heute angeboten wird, kann die Auswahl der Gewächse, die sich sowohl für die Lage wie die Gestaltung des Ihnen zur Verfügung stehenden Außenraums eignen, zu einer schwierigen Aufgabe machen.

Das folgende Kapitel beschäftigt sich unter anderem mit der Planung von Pflanzungen, wie der kreativen Kombination von Formen, Farben und Strukturen, sowie beispielsweise der Auswahl eines Strauches für einen windigen Balkon oder einer duftenden Kletterpflanze zum Begrünen einer Pergola.

Raumgestaltung mit Pflanzen

Obgleich ich der Meinung bin, daß Gärten für Menschen da sind, darf die Bedeutung von Pflanzen nicht unterschätzt werden, denn durch sie werden Außenräume zu Orten, an denen man den Belastungen des Alltags entfliehen kann. Der Anblick, die Geräusche und die Gerüche von Pflanzen sind ungemein belebend, und für viele Menschen ist das Gärtnern eine wunderbare Entspannung.

Pflanzen, die dazu dienen, Gestaltung und Stimmung eines Außenraums zu betonen, werden am besten als Bestandteil des Designs betrachtet. So sollten beispielsweise die Form des Beetes und die Anordnung der bepflanzten Gefäße mit den Maßen einer gepflasterten Fläche und die Farben der Pflanzen mit denen der Umgebung harmonieren.

Es ist ein Irrtum zu glauben, daß kleine Räume mit kleinen Dingen und winzigen Zierpflanzungen gestaltet werden müssen. Ganz im Gegenteil. Am wirkungsvollsten sind fast immer klare, schlichte Pflanzungen mit einer begrenzten Zahl von Gewächsarten.

Bei der Gestaltung mit Pflanzen geht es darum, große Mengen Pflanzenmaterials zu arrangieren. Und erwarten Sie nicht gleich beim ersten Versuch, daß Ihr Erfolg denen großer Meister gleichkommt. Zu den Gartenfreuden gehört, zu beobachten, wie sich eine harmonische Balance entwickelt, und jeden Herbst Pflanzen so umzusetzen, bis die Komposition geschaffen ist, die einem vorschwebt.

Klare Formen (oben) Die Stärke dieser Pflanzung liegt in dem Arrangement klarer, linearer Pflanzenformen.

Aufregende Farben (rechts) Eine kleine Auswahl gelber und grüner Pflanzen wurde hier zu einer faszinierenden Kombination zusammengefügt.

Planung von Pflanzungen

Viele Besitzer von kleinen oder großen Gärten sind zufrieden, wenn sie ein Sortiment ihrer Lieblingspflanzen ziehen können, die sie wie Soldaten aufreihen. Dabei verdienen es diese meist sorgfältig geplanten Anlagen, durch Pflanzen ergänzt zu werden, die nicht nur in der Größe harmonieren, sondern auch Leben in den Garten bringen.

Auswahl der Pflanzen

Die erste Regel lautet: Verwenden Sie nur Pflanzen, die Ihnen vertraut sind. Suchen Sie sie in einem Katalog oder Gartenbuch aus, und schauen Sie sie sich in einer Gärtnerei oder in einem Gartencenter zuerst einmal an. Auf diese Weise wird die Auswahl vermutlich schon stark beschränkt, und das ist gut so; denn eine zu große Vielfalt an Pflanzen kann zu einem wilden Durcheinander führen, statt zu einer harmonischen Mischung von Pflanzenformen und -farben, die Sie sich wünschen. Als nächstes ordnen Sie das Pflanzenmaterial nach Gruppen, wobei man mit den größten beginnt und bei den kleinsten aufhört.

Die verschiedenen Aufgaben der Pflanzen

Entscheiden Sie zuerst, wo die dominierenden Pflanzen (oder die, die Sie für einen bestimmten Zweck ausgesucht haben) hinkommen sollen. Vielleicht dienen sie als optische Verbindung zwischen Bepflanzung und umliegenden Bauten, wie etwa eine Hängekirsche, die sich über den Rand eines Teiches neigt. Oder eine Palmlilie bildet auf einer kleineren Fläche innerhalb einer Gruppe von Stauden einen immergrünen Mittelpunkt.

Dann wählen Sie die Pflanzen, die sozusagen das Gerüst der Pflanzung bilden. Sie sollten immergrün sein und das ganze Jahr über als Hintergrund für die übrigen Gewächse dienen. Ihr Volumen sollte die Gesamtgestaltung des Gartens betonen und, wo notwendig, für Bewohner und Pflanzen Schutz bieten. Beim Pflanzen ist es wichtig, langfristig zu planen. Dies gilt ganz besonders für immergrüne Sträucher, von denen viele eine lange Entwicklungszeit haben. Versuchen Sie, sich vorzustellen, wie die Pflanzen in fünf Jahren einmal aussehen werden, und pflanzen Sie sie dann mit dem entsprechenden Abstand ein. Wenn Sie einen Gartenplan machen und die Immergrüne darin einzeichnen, erhalten Sie einen genauen Überblick, wieviel Platz übrigbleibt. Lücken können Sie immer mit schnellwachsenden Pflanzen füllen, während sich die dauerhafte Bepflanzung entwickelt.

Dekorative Lückenfüller

Nachdem Sie die Pflanzen für das strukturelle Gerüst ausgewählt haben, können Sie überlegen, welchen Stil oder welche Stimmung die Pflanzung erhalten soll. Dementsprechend wählen Sie dann die Ziersträucher aus (wobei Sie wiederum mit den großen beginnen und bei den kleinen aufhören). Gruppieren Sie Sträucher so, daß sie in der Größe mit der Gartenanlage harmonieren, etwa mit der Breite einer angrenzenden Terrasse oder der Höhe eines dahinterliegenden Zaunes oder Baumes. Verwenden Sie zum Füllen nicht zu viele einzelne Pflanzen, weil diese sonst die Wirkung der optischen Leitpflanzen schmälern.

Das Tüpfelchen auf dem I

Diese Wirkung haben meist kleinere strauchige Gewächse, etwa *Santolina*, verschiedene *Hebe*-Arten sowie alle Stauden und zahlreiche Kräuter. Außer in ganz kleinen Gärten sollten auch sie flächig gepflanzt werden, wobei darauf zu achten ist, daß insbesondere Struktur und Farbe ihres Laubes (das ihre Blüten überdauert) einen Bezug zu den umliegenden Pflanzen haben. Ganz zuletzt kommen dann noch Zwiebelblumen wie Tulpen und Iris, sich selbst aussamende Zweijährige, Einjahresblumen und Bodendecker wie Funkien und Günsel dazu.

Einen Pflanzplan erstellen Der Pflanzplan sollte in Beziehung zum Umfeld und zur Gesamtgestaltung der Anlage gebracht werden, um die Konturen von Außenanlagen und Bauten aufzulockern und zu begrünen. Am besten trägt man die Standorte und die voraussichtliche Ausdehnung der vollentwickelten Pflanzen in einen maßstabgetreuen Plan ein. Der hier gezeigte Pflanzplan gehört zu dem Garten, der auf Seite 62–67 als Beispiel für eine Raumplanung gezeigt wird.

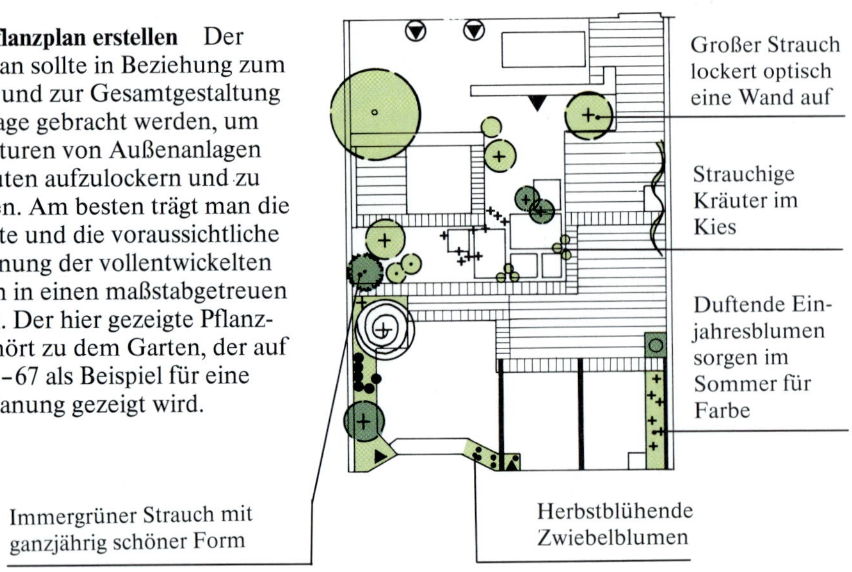

Symbole Die hier verwendeten Symbole können für jeden Pflanzplan benutzt werden.

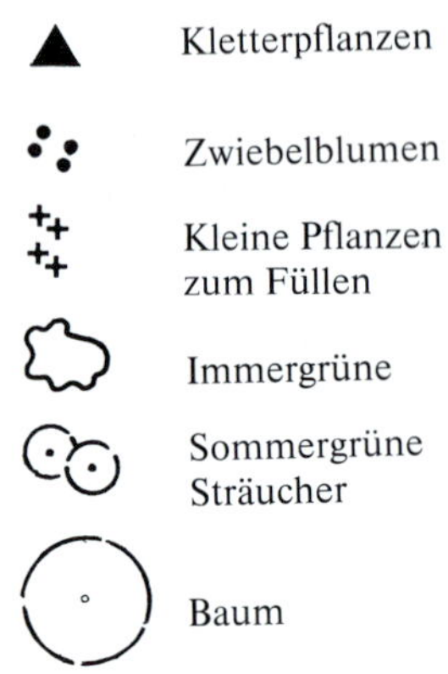

Pflanzung in Silber und Grau Es gibt viele Gewächse mit grauem und silbernem Laub, die, kombiniert, sehr leichte, lockere Pflanzungen bilden. Die Intensität ihrer Farben ist von Struktur und Dichte des Laubes abhängig, und man kann sie so anordnen, daß einige Bereiche der Pflanzung eine zarte und andere eine kräftigere Wirkung haben.

Das zentrale Element der hier abgebildeten Pflanzung ist eine Palmlilie. Ihre klare, plastische Form findet ein Gegengewicht in zwei grauen *Ozothamnus*. Die Farbe des Laubes reicht von hellem Silber bis Graugrün.

Auch die Blütenfarben wurden aufeinander abgestimmt – die Blüten von *Senecio laxifolius* sind gelb, die von *Anthemis cupaniana* haben gelbe Mitten, das silberblättrige *Erysimum* hat violette und *Ozothamnus* zartrosa Blüten.

Gesamtwirkung (oben) Auf kleinem Raum ist es die Vielfalt der Strukturen von grauem und silbernem Laub, die das ganze Jahr über reizvoll ist.

Auspflanzen (links) Diese Pflanzen (s. auch Seite 150/151) wurden in kleine quadratische Beete gesetzt. Oben sind sie zwei Jahre später zu sehen.

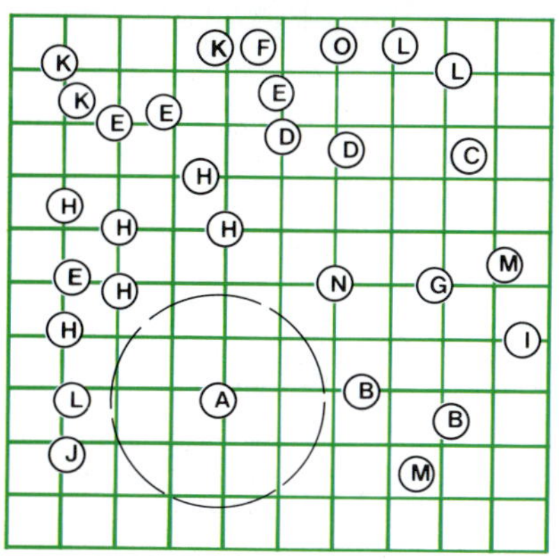

A *Yucca*
B *Senecio laxifolius*
C *Ozothamnus*
D *Artemisia* ›Powis Castle‹
E *Ruta graveolens* ›Jackman's Blue‹
F *Achillea filipendulina* ›Gold Plate‹
G *Verbascum bombyciferum*
H *Erysimum variegatum*
I *Hosta tokudama*
J *Hedera helix*
K *Lamium maculatum*
L *Anthemis cupaniana*
M *Digitalis grandiflora*
N *Senecio*
O *Artemisia*

Pflanzung mit violetten Farbtönen
Violett ist eine dominante Farbe, die man bei Blättern häufiger findet als bei Blüten, und sie läßt sich nur schwer in eine gemischte Pflanzung einbeziehen. Doch eine Pflanzgruppe mit verschiedenen Violettönen hat eine großartige Wirkung und schafft eine stimmungsvolle Atmosphäre.

Von den wenigen immergrünen Sträuchern mit violettem Laub gehören die meisten zur Gattung *Berberis*. In dieser Pflanzung wurde *B. gagnepainii* ›Wallichiana Purpurea‹ und Schwarzer Holunder (*Sambucus nigra* ›Purpurea‹) als Hintergrund für die riesigen Blätter der *Ligularia dentata* ›Desdemona‹ verwendet. Fenchel (*Foeniculum vulgare*) bildet einen weichen, fedrigen Kontrast zu den festen, fleischigen Blättern von *Sedum telephium* ›Atropurpureum‹.

Zu den Bodendeckern, die die Pflanzung ergänzen, gehören bronzeblättriger *Ajuga reptans* ›Atropurpurea‹ und *Saxifraga*.

Das Gesamtbild
(oben) Kräftige Farbtöne und starke Kontraste von Formen und Strukturen verleihen dieser Pflanzung ein aufregendes Flair.

Schwerpunkte (links)
Auch die Pflanzen, die später Schwerpunkte dieser Komposition bilden, wirken zum Zeitpunkt des Setzens noch klein und unscheinbar.

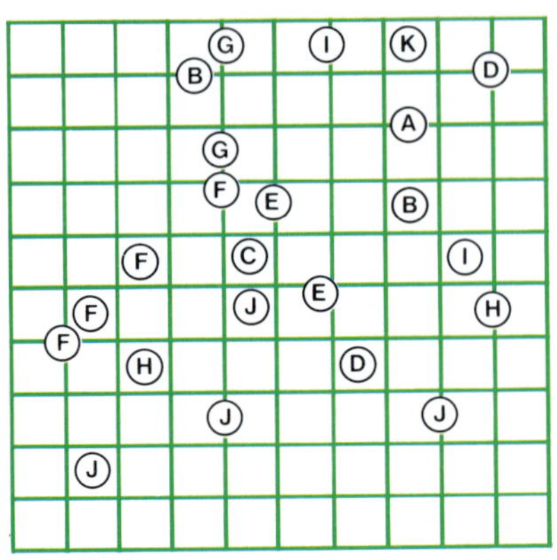

A *Sambucus nigra* ›Purpurea‹
B *Weigela*
C *Ligularia dentata* ›Desdemona‹
D *Berberis gagnepainii* ›Wallichiana Purpurea‹
E *Foeniculum vulgare*
F *Sedum* ›Ruby Mantle‹
G *Saxifraga*
H *Ajuga reptans* ›Atropurpurea‹
I *Euphorbia amygdaliodes robbiae*
J *Erysimum linifolium* ›Bowles Mauve‹
K *Sedum maximum* ›Atropurpureum‹

Pflanzung in Gold und Silber Gold ist eine Farbe mit warmer, sonniger Ausstrahlung, die selbst an trüben Tagen jede Fläche aufheitert. Goldenes Laub paßt gut zu grünen, cremeweißen, zitronenfarbenen und gelben Blüten – wobei auch einige blaue Tupfer einen reizvollen Akzent setzen können.

Zwei panaschierte Sumpfschwertlilien *(Iris pseudacorus)* bilden den reizvollen Mittelpunkt dieser Pflanzung. Ihre auffälligen vertikalen Formen sind ein hübscher Kontrast zu den kleinblättrigen Sträuchern *Lonicera nitida* ›Baggesen's Gold‹ und *Symphoricarpos orbiculatus* ›Foliis Variegatis‹, die einen Hintergrund in gedämpften Goldtönen entstehen lassen und der Komposition Fülle verleihen. Goldblättriger Holunder (*Sambucus nigra* ›Aurea‹) und *Physocarpus* geben Höhe, und ihre klaren Blattformen sind ein schöner Gegensatz zu den weichen des goldenen Salbeis *(Salvia)*. Im Sommer sorgen unter anderem Fingerhut und Mutterkraut für Farbe.

Gesamtwirkung (oben) Die Farben und Strukturen des Laubes, die Basis dieser Pflanzung, werden im Sommer durch die Farben der Blüten ergänzt.

Auspflanzen (links) Die ausdauernden Pflanzen wurden so gesetzt, daß noch Raum für Einjahres- und Zwiebelblumen bleibt, die für Farben sorgen.

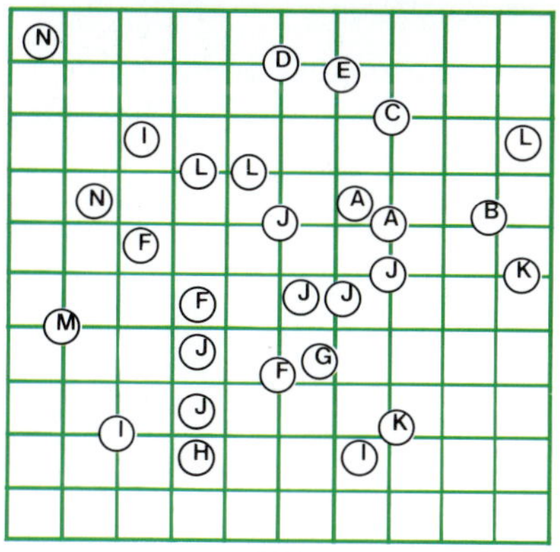

A *Iris pseudacorus*
B *Lonicera nitida* ›Baggensen's Gold‹
C *Sambucus nigra* ›Aurea‹
D *Physocarpus*
E *Symphoricarpus orbiculatus* ›Foliis Variegatis‹
F *Euonymus fortunei* ›Emerald 'n' Gold‹
G *Salvia officinalis*
H *Sedum spectabile* ›Variegatum‹
I *Chrysanthemum parthenium*
J *Digitalis grandiflora*
K *Melissa officinalis* ›Aurea‹
L *Salvia officinalis* ›Icterina‹
M *Primula bulleyana*
N *Lysimachia nummularia*

Begrünung vertikaler Flächen

Kletterpflanzen sind für den kleinen Garten ganz besonders wichtig, weil sie trotz ihrer Größe nur kleine Bodenflächen wegnehmen und sich darüber hinaus wunderbar eignen, um harte Linien von Bauten optisch aufzulockern oder häßliche Mauern zu verbergen. Und in Verbindung mit einer Pergola oder einem durchbrochenen Zaun sorgen sie für Intimität, Schatten und Schutz.

Geeignete Kletterpflanzen

Einige Kletterpflanzen, wie Efeu *(Hedera)*, haben Haftwurzeln, mit denen sie sich an senkrechte Flächen heften, so daß sie keine zusätzlichen Stützen benötigen. Andere, beispielsweise die wohlriechende Gartenwicke *(Lathyrus odoratus)* und *Clematis*, besitzen kleine Ranken, die sich an Stützen, wie Spaliere, Zäune und Wirtspflanzen, klammern.

Neben diesen echten Kletterpflanzen gibt es noch Gewächse wie *Cotoneaster horizontalis*, die sich an senkrechten Flächen emporschieben, ohne große Bodenflächen einzunehmen. Sie können wunderbar durch hängende Pflanzen, wie *Cotoneaster dammeri*, ergänzt werden – eine äußerst wirkungsvolle optische Auflockerung von Grenzmauern. Auch viele Sträucher, die sich an freien Standorten wohl fühlen, wie *Magnolia grandiflora*, wachsen aufrecht gut in die Höhe, wenn man sie, gestützt und in Form geschnitten, vor eine senkrechte Fläche setzt.

Kletterpflanzen stützen

Zum Stützen von Kletterpflanzen können Spaliere und Drähte verwendet werden. Drähte fallen am wenigsten auf (Anleitungen zum Anbringen s. Seite 202), eignen sich aber nicht für schwere Gewächse. Spaliere, die nur als Stützen dienen, sollten weder Mauer noch Pflanze dominieren, doch sie können auch selbständige dekorative Elemente bilden, die mit Pflanzen geschmückt werden. In diesem Fall sollten sie ins Auge fallen und beispielsweise leuchtend gestrichen oder im Vergleich zur Pflanze groß sein.

Vertikaler Garten
Verschiedene Kletterpflanzen haben diesen Eingangsbereich in einen üppigen kleinen »Garten« verwandelt. Die immergrüne Basis bildet Efeu *(Hedera)*, zu dem die grauen Rosetten von *Echeveria* einen reizvollen Kontrast bilden. An der Seite wächst Sternjasmin *(Trachelospermum jasminoides)*, und um die Tür rankt eine fruchttragende Rebe *(Vitis)*.

Gelbbunter Efeu
Hedera helix ›Goldheart‹

Der immergrüne Gemeine Efeu ist besonders geeignet, um kleine vertikale Flächen zu begrünen. (›Persian Ivy‹ mit seinen großen Blättern ist zu wuchsfreudig). ›Goldheart‹ gedeiht auch im Schatten gut und kann Mauern in dunklen Ecken beleben.

Jungfernrebe
Parthenocissus tricuspidata

Auf die leuchtenden Herbstfarben der Jungfernrebe darf man nicht verzichten. Sie klettert üppig an jeder Wand bis zu 8 oder 9 m in die Höhe. Und da sie unempfindlich gegen Stadtklima ist, eignet sie sich besonders gut für Stadtgärten. Auch Cultivare von *P. quinquefolia* haben schöngefärbtes Laub.

Kletternder Nachtschatten
Solanum crispum ›Glasnevin‹

Die violettblauen Blüten von *Solanum crispum* halten vom Frühsommer bis zur Herbstmitte und sorgen in kleinen Gärten lange für Farbtupfer, ohne wertvolle Bodenflächen einzunehmen. Richtig gestützt, erreicht die Pflanze beachtliche Höhen.

Scharlachgeißblatt
Lonicera brownii ›Dropmore Scarlet‹

Mit Hilfe von Stützen begrünen alle Sorten des Geißblatts (mit Ausnahme der strauchigen immergrünen *Lonicera pileata*) Mauern, Zäune und Pergolas oder können um Fenster und Türen gezogen werden. Die Sorte ›Dropmore Scarlet‹ bringt vom Frühjahr bis zum Spätsommer ein Meer leuchtender Blüten hervor, die jedoch nicht duften. Am wohlsten fühlt sie sich in leichtem Schatten.

Strahlengriffel

Actinidia kolomikta

Die ausgefallenen Blattspitzen der *Actinidia kolomikta* wirken, als seien sie vorsichtig in rosa und weiße Farbe getaucht worden. An Drähten gezogen, bewächst *A. kolomikta* Mauern mit einer Fülle pastellfarbener Blätter, die aber im Herbst abfallen. Am farbenprächtigsten gedeiht die Pflanze in kalkreichem Boden.

Gelber Hopfen

Humulus lupulus ›Aureus‹

Dieser goldgelb blühende Hopfen wächst in einer einzigen Wachstumsperiode bis zu 10 m und kann einen kleinen Garten bereits in kurzer Zeit in einen »Dschungel« verwandeln, obwohl er nur wenig Bodenfläche einnimmt. Er gedeiht an allen Mauern gut.

Säckelblume

Ceanothus-Hybriden

Zart duftende rauchblaue Blüten schmücken vom Hochsommer bis in den Herbst die Sorte ›Gloire de Versailles‹. Sie hat eine strauchige, offene Wuchsform, und obwohl sie ungestützt wachsen kann, muß sie (nach der Blüte) geschnitten und aufgebunden werden, falls sie senkrechte Flächen begrünen soll. An einen geschützten, sonnigen Platz pflanzen.

Fremontie

Fremontodendron ›Californian Glory‹

Dieser Strauch kann - wenn kein Beet vorhanden ist - auch in einen Kübel gepflanzt und an einer geschützten, sonnigen Wand gezogen werden. Die kräftigen graugrünen Blätter bilden einen ausgezeichneten Hintergrund für die hellgelben Blüten, die sich im Spätfrühjahr bis in den Spätsommer entwickeln. Das Laub ist ungewöhnlich dicht.

Kletterrose

Rosa ›Mme. Alfred Carrière‹

Die duftenden Blüten von Kletterrosen sind ebenso reizvoll wie die von Strauchrosen, aber die Pflanzen nehmen weniger Bodenfläche ein. *R.* ›Mme. Alfred Carrière‹ ist relativ unempfindlich gegen Abgase und eignet sich daher für Stadtgärten besonders gut.

Ackerwinde

Convolvulus tricolor

Die großartigen tiefvioletten Blüten dieser einjährigen Kletterpflanze haben gelbe Mitten und sorgen von Hochsommer bis Frühherbst für leuchtende Farbtupfer. Die Pflanze klettert, an Spalieren und Drähten gezogen, an allen sonnigen Flächen empor oder windet sich um die Stengel und Zweige von Wirtspflanzen. Die Blüten verströmen einen leichten Duft.

Schnellwachsende Anpflanzungen

Im folgenden werden Pflanzen behandelt, die bereits nach einer Wachstumsperiode großen Effekt erzielen. In diese Kategorie fallen alle Einjahresblumen, einige zweijährige Pflanzen sowie schnellwüchsige Sträucher und Kletterpflanzen.

Große Wirkung in kurzer Zeit

Selbst in sehr sorgfältig geplanten Pflanzenarrangements entstehen mitunter Lücken, und dann kann man auf Einjahresblumen nicht verzichten. Aber es gibt auch viele andere Situationen, in denen einjährige Pflanzen sehr zweckmäßig sind. So ist man in der Stadt völlig auf Einjahresblumen angewiesen, wenn man Farbe auf kleine Flächen, wie Dächer und Fenstersimse, bringen will, insbesondere dort, wo Sträucher aufgrund schlechter Bedingungen nicht überwintern können. Darüber hinaus sind sie für Häuser geeignet, die nur während einer kurzen Saison bewohnt werden und deren Gärten in kurzer Zeit gestaltet werden sollen.

Lückenfüller für längere Dauer

Einjährige Pflanzen sind auch für diejenigen unverzichtbar, die einen Baum oder eine Strauchgruppe setzen und »Lückenbüßer« benötigen, die die freien Stellen füllen, bis die langsamer wachsenden Pflanzen groß genug geworden sind. Zu den niedrigen Gewächsen gehören hier die Ringelblume *(Calendula)* und Vergißmeinnicht *(Myosotis)*. Immergrüne Pflanzen brauchen besonders lang, um sich zu etablieren. In diesem Fall kann man schnellwachsende sommergrüne Sträucher, wie Ginster *(Cytisus)*, pflanzen, die Lükken dauerhafter füllen und wieder entfernt werden, sobald es sinnvoll erscheint. Sonnenblumen *(Helianthus)* und einjährige Kletterpflanzen, wie Stangenbohnen *(Phaseolus)*, Hopfen *(Humulus lupulus)* und Glockenrebe *(Cobaea scandens)*, sind ideal, um einer heranwachsenden Pflanzung Höhe zu geben oder einen vorübergehenden Sichtschutz zu bilden, während Heckenpflanzen, wie beispielsweise Buchsbaum oder Eibe, heranwachsen.

Zweijährige Pflanzen

Wo zweijährige Gewächse den Zweck schnellwüchsiger Pflanzen übernehmen sollen, ist etwas mehr Planung erforderlich, denn sie blühen erst ein Jahr nach dem Pflanzen. Zu denen, die beachtliche Höhen erreichen, gehören Fingerhut *(Digitalis)* und Königskerze *(Verbascum)*.

Ein auffälliges Arrangement Leuchtendgefärbte Einjahresblumen fallen dann besonders ins Auge, wenn man sie in größeren Gruppen vor einen schlichten Hintergrund setzt, wie hier vor dunkelgrüne Sträucher.

Ziertabak
Nicotiana sanderae

Tabak ist eine äußerst dankbare Einjahresblume. Er wird während des Sommers etwa 1 m hoch und eignet sich ausgezeichnet als Füller für sonnige Flächen. *N. sanderae* ›Domino Mixed‹ hat einen wunderbaren, schweren Duft.

Schwarzer Holunder
Sambucus nigra

Die Gartenformen des Schwarzen Holunders sind schnellwüchsige Sträucher, die im Herbst zurückgeschnitten werden können, damit sie im Frühjahr wieder kräftig austreiben. Es gibt panaschierte, goldene und violette Typen mit sehr unterschiedlichen Blattformen und -größen.

Sommerflieder
Buddleja davidii ›Peace‹

Sommerflieder wächst in einer Saison bis zu 3 m und eignet sich gut als Füllelement zwischen neugepflanztem schwachwüchsigem Immergrün. Nach etwa fünf Jahren kann man ihn dann wieder entfernen. Wenn die Blüte vorüber ist, hart zurückschneiden, damit er sich optimal entwickelt.

Kapuzinerkresse
Tropaeolum majus nanum

Kapuzinerkresse wächst außerordentlich rasch und kann am Boden kriechen oder an einer vertikalen Fläche emporklettern. Die Form ›Jewel Mixed‹ hat wunderbar klare Blütenfarben und einfache tellerförmige Blätter. Kapuzinerkresse blüht von Frühsommer bis Herbst. Einziger Nachteil: Auf begrenztem Raum ist *T. majus nanum* anfällig für Blattläuse.

Gewöhnliche Sonnenblume
Helianthus annuus

Sonnenblumen haben riesige Korbblüten von bis zu 30 cm Durchmesser, die prallen Sonnenschein mögen. Die Pflanzen können bis 3 m hoch werden, und da sie diese Größe in nur einer Wachstumsperiode erreichen, eignen sie sich vorübergehend als Lückenfüller oder Sichtschutz. Die Blüten sind meist goldgelb.

Schlingknöterich
Polygonum baldschuanicum

Der Schlingknöterich eignet sich sehr gut als Sichtschutz. Er ist äußerst wuchsfreudig und kann in einem Jahr bis zu 3 m wachsen. Man sollte jedoch bedenken, daß er dies jedes Jahr tut. Die weißen Blüten halten vom Hochsommer bis in den Herbst.

Elfenspiegel
Nemesia strumosa

Alle Cultivare dieser einjährigen Blume gedeihen am besten in fruchtbarem, feuchtem Boden. Setzt man sie in einen Kübel, sollte man deshalb Erde verwenden, die die Feuchtigkeit hält, und die Pflanzen regelmäßig düngen. Die Sorte ›Triumph Mixed‹ gibt es in vielen bunten Farben.

Elfenbeinginster
Cytisus praecox

Schneidet man den Elfenbeinginster nach der Blüte zurück, wachsen die seidiggrünen Triebe in der folgenden Wachstumsperiode sehr kräftig. Der *C. praecox* ist daher ein ideales Füllelement für Gruppen aus langsamer wachsenden immergrünen Sträuchern. Er ist darüber hinaus stadtklimafest.

Fleißiges Lieschen
Impatiens walleriana ›Red Star‹

In den letzten Jahren entstanden robuste niedrigbleibende Sorten des *I. walleriana* für den Garten. Sie sind meist einjährig und tragen von Frühjahr bis Herbst unzählige Blüten, so daß sie als farbenfrohe, raschwüchsige Füllelemente in gemischte Pflanzungen einbezogen werden können. Sie eignen sich für alle Arten von Pflanzgefäßen und gedeihen in Sonne und Schatten.

Passionsblume
Passiflora caerulea

Die Passionsblume wächst sehr rasch, und ihre immergrünen Blätter bilden das ganze Jahr hindurch einen hübschen Sichtschutz, den im Sommer exotische Blüten beleben. Mit Ranken klammert sie sich an Spaliere und Drähte. Man kann sie auch in Kübel pflanzen. Sie wächst an jedem Platz, der sonnig oder leicht schattig liegt.

Roter Fingerhut
Digitalis purpurea

Fingerhut ist zweijährig und erreicht bis 1,5 m Höhe. Im Sommer entwickelt er Trauben aus glockenförmigen Blüten, und innerhalb kürzester Zeit bringt er Höhe und Farbe in eine Pflanzung. Er bevorzugt feuchten Boden und gedeiht in Sonne und Schatten.

Levkoje
Matthiola ›Giant Excelsior‹

Levkojen mit ihren weichen Farben und ihrem schweren Duft dürfen in keinem ländlichen Garten fehlen. Sie blühen im Sommer und sind weiche Füllelemente für kleine gemischte Pflanzungen. Darüber hinaus eignen sie sich gut für den Schnitt, so daß man ihren Duft auch im Haus genießen kann. Es gibt eine große Zahl ein- und zweijähriger Cultivare.

Gartenringelblume
Calendula officinalis

Die Ringelblume ist eine der unkompliziertesten einjährigen Pflanzen, und ihre festen, leuchtenden Blüten passen in eine Vielzahl von Gärten. Die hier gezeigte Sorte ›Fiesta Gitana‹ ist kleiner als die traditionelle Ringelblume und hat einen niedrigeren, breiteren Wuchs.

Duftsteinrich
Lobularia maritima

Der Duftsteinrich ist eigentlich mehrjährig, wird aber häufig einjährig gezogen und ist eine problemlose Gartenpflanze. Er hat einen dichten, kissenartigen Wuchs und entwickelt bereits sehr früh im Jahr bis zum ersten Frost im Herbst ein Meer von Blüten. Zwischen Ritzen von Pflastersteinen sieht er besonders reizvoll aus.

Farbgestaltung mit Pflanzen

Farben wirken belebend und anregend, deshalb lieben viele Stadtbewohner leuchtende Pflanzungen, um das monotone Grau und Braun ihrer Umgebung aufzuheitern. Bei der Auswahl der Pflanzen sollte aber nicht nur der vorübergehende Blütenschmuck berücksichtigt werden, sondern auch Laub, Stämme, Zweige und Rinde, die länger sichtbar sind. Die Farben der Blätter reichen von vielfältigen Grüntönen über Gold und Bronze bis Violett und Silber, während Stämme und Zweige in Gelb-, Grün-, Braun- und Rottönen gefärbt sind. Sie sollten so kombiniert werden, daß sie einen ganzjährigen schönen Hintergrund bilden.

Farben verbinden

Auch wenn Ihr »Garten« nur aus einigen Töpfen auf einem Balkon oder einigen Gefäßen vor einem Tiefparterreeingang besteht, so sollten Sie die Wahl der Pflanzen doch so treffen, daß deren Farben mit der Umgebung harmonieren. Denken Sie daran, daß auf begrenztem Raum alle Elemente - von Mauern und Pflastern bis zum Bezugsstoff von Stühlen - zusammenwirken. Verwendet man auf einer kleinen Fläche viele kontrastierende Farben, die nicht in Verbindung miteinander stehen, ist die Wirkung unharmonisch. Schafft man dagegen durch das Verbinden von Farben eine ausgeglichene Komposition, erhält der Raum Einheit und erscheint größer.

Die Wirkung von Farben

Die Wirkung der Farbe einer Pflanze innerhalb einer Pflanzung hängt von deren Größe ab. Deshalb sollte man bei der Planung daran denken, wie groß eine Pflanze wird und wie sich dies auf die Anteile der verschiedenen Farben auswirkt.

Versuchen Sie, sich den Effekt von Schatten oder strahlendem Sonnenschein auf die verschiedenen Farben vorzustellen, denn sie können ihren Charakter erheblich verändern. Rot beispielsweise ist eine dominierende Farbe, die sich im Freien, und insbesondere in heller Sonne, nur schwer integrieren läßt, doch in einem schattigen Bereich kann sie wirkungsvoll mit Grau, Purpur- und Rosatönen kombiniert werden.

Farbkombination
Blaßblaue Petunien und Lobelien, graue *Helichrysum petiolatum* und *Chrysanthemum maximum* bilden hier vor einer hellblauen Tür einen großartigen Blickfang. Auf kleinem Raum, vor einem natürlichen Hintergrund, lassen sich kaum mehrere farblich kontrastierende Pflanzen verwenden, deshalb sollte man sich von den Farben des Umfelds inspirieren lassen.

Korkspindelstrauch
Euonymus alata

Die dunkelgrünen Blätter dieses sommergrünen Strauches färben sich im Herbst leuchtendrot. Gleichzeitig erscheinen kleine violette und rote Früchte. Da der Spindelstrauch maximal 2,5 m hoch wird, eignet er sich ausgezeichnet für kleine Gärten.

Weißer Hartriegel
Cornus alba ›Sibirica‹

Die korallenroten Stämme von *Cornus alba* ›Sibirica‹ sehen im Winterlicht großartig aus. Junges Holz ist am intensivsten gefärbt, deshalb schneidet man die Triebe im Frühjahr zurück, bevor die Blätter erscheinen. Der Strauch mit seiner schönen Wuchsform erreicht knapp 2 m Höhe. Ein Rückschnitt verhindert auch, daß er für kleine Gärten zu groß wird.

Tulpe
Tulipa ›Queen of Night‹

Wenige Pflanzen besitzen eine so ungewöhnlich tiefe Färbung wie *Tulipa* ›Queen of Night‹. Ihre herrlichen Blütenblätter glänzen wie Satin. Mit etwas Phantasie lassen sich mit dieser ausgefallenen Tulpe die schönsten Kombinationen zusammenstellen.

Lilienblütige Tulpe
Tulipa ›White Triumphator‹

Eine ungewöhnliche Kombination mit spektakulärer Wirkung bilden diese reinweiße lilienblütige Tulpe und die großartigen dunkelvioletten Blätter von *Tulipa* ›Queen of Night‹ (oben).

Zierkohl
Brassica oleracea

Einen aufregenden Anblick bietet diese purpurfarbene *Coleus-Blumei*-Hybride ›Autum Splendour‹ mit dem kräftig strukturierten Zierkohl, den es in vielen verschiedenen Formen gibt.

Die Wahl der Farben

Mit Pflanzen, die – anstatt stark zu kontrastieren – eine harmonische Farbkombination bilden, erhalten auch kleinste Flächen räumliche Ausgewogenheit. Versuchen Sie, aus dem unermeßlichen Pflanzenangebot eine sorgfältige Auswahl zu treffen. Das Arrangement auf dieser Seite besteht aus warmen Orange- und Rosatönen und einem kräftigen Gelb sowie einigen Tupfen Creme und Reinweiß, die verhindern, daß die Farben aggressiv wirken. Eine Einbeziehung von Blau beispielsweise hätte die Farbharmonie gestört. Bedenken Sie, daß Sie auch nicht alle Farben gleichzeitig tragen oder Ihre Wohnung kunterbunt dekorieren. Und warum sollten Sie bei Pflanzungen anders vorgehen?

Häufig sind es die Farben einjähriger Blumen, die den Gesamteindruck verderben. Meiden Sie nach Möglichkeit »Mischungen« verschiedener Töne (die so oft in Pflanzenkatalogen angepriesen werden), denn sie bestehen häufig aus grellen Kombinationen, die eine ansonst harmonische Komposition stören.

Die Wirkungen von Farben

Wählen Sie eine Farbkombination, die zu der Stimmung Ihres Gartens paßt. Vielleicht besitzen Sie einen Hinterhof mit dunkler, geheimnisvoller Atmosphäre, die durch die Verwendung von grünen, rotbraunen und bronzefarbenen Tönen noch stärker hervorgehoben würde. Auf einer kühlen, luftigen Terrasse dagegen würden sich frische Creme-, Rosa- und Silberschattierungen gut ergänzen. Um auszuprobieren, welche Wirkung verschiedene Farben aufeinander haben, können Sie Stücke farbigen Kartons in unterschiedlichen Kombinationen arrangieren. Einige Farben sind vielseitiger als andere, wie etwa Zitronengelb. Gelb oder Orange zum Beispiel wirken wärmer, Blaßblau, Grau oder Weiß dagegen kühler. Wenn Sie dann eine Farbzusammenstellung gefunden haben, die Ihnen zusagt, können Sie mit der Auswahl der Pflanzen beginnen.

Zusammenspiel der Farben Gelb-, Rosa-, Creme- und Orangetöne wurden hier zu einer harmonischen Kombination zusammengefügt. Die warmen, in leuchtendem Gelb gipfelnden Farben erhalten eine kühlere Wirkung durch etwas frisches Weiß, das die Gruppe belebt.

Rosatöne Das weiche Rosa dieser *Pelargonium-Zonale*-Hybride verbindet sich mit den warmen Tönen der hohen Lilien im Hintergrund.

Harmonie Die großartige aprikosenfarbige Blüte dieser *Hibiskus*-Hybride enthält Elemente der Farben ihrer unmittelbaren Nachbarn.

Cremefarbenes Bindeglied Die Blüten der Begonie bilden Kontrast zu Weiß und ergänzen die warmen Töne der übrigen Pflanzen.

Warm und stark Die warmen Töne des übrigen Arrangements bilden einen Mittelpunkt mit dem Orange von *Lilium* ›Enchantment‹ und den gelben Blüten von *Lilium* ›Golden Clarion‹.

Kühles Weiß Das kräftige Gelb des hohen *Chrysanthemum frutescens* ›Aurea‹ und der Begonie vorn wirkt durch das Weiß kühler.

Duftpflanzen

Es gibt nichts Aufregenderes und Sinnlicheres als ein in der Luft hängender zarter Duft. Etwas, worauf man auch in einem kleinen Garten nicht verzichten muß; denn viele Duftpflanzen klettern und nehmen nur wenig Bodenfläche ein oder können, in Gefäße gepflanzt, an jedem beliebigen Platz aufgestellt werden. Je kleiner ein Garten, desto intensiver ist der Duft.

Duftende Pflanzen erfreuen nicht nur im Freien, ihr Duft dringt auch durch offene Türen oder Fenster ins Haus. Ein besonderes Vergnügen bereitet man sich, wenn man Rosen vor das Schlafzimmerfenster pflanzt, aromatische Kräuter in einem Gefäß auf dem Sims des Küchenfensters setzt oder duftende Lilien in einem Kübel auf der Türschwelle zieht. Jede Jahreszeit hat ihre eigenen Düfte. Im Frühjahr ist es der frische Duft der Hyazinthen *(Hyacinthus orientalis)* und Narzissen *(Narcissus)*, die sich beide gut für Gefäße eignen, wie auch der süße Duft von *Wisteria, Clematis montana* und Fliederblüten *(Syringa)*, die sich bereits mit den zarten Sommerdüften von Strauchrosen und Nelken *(Dianthus)* vermischen.

Letztere wiederum machen den schwerduftenden Lilien *(Lilium auratum* und *L. regale* können in Gefäßen gezogen werden) und *Buddleja* Platz. Die exotischen Düfte von Jasmin *(Jasminum officinale)*, Gladiolen *(Gladiolus)* und Tabak *(Nicotiana)* überlagern sich mit denen von Herbstblumen.

Während des Winters bleiben uns dann blütentragende Sträucher, wie etwa Niedrige Fleischbeere *(Sarcococca humilis)* und *Daphne ordora* und das aromatische Laub immergrüner Kräuter wie Rosmarin *(Rosmarinus officinalis)*.

Sommerdüfte An Düften kann man sich auch auf kleinstem Raum erfreuen. Hier wurden gelbe Rosen neben eine Bank gepflanzt, um eine sonnenbeschienene Ecke mit sommerlichem Duft zu erfüllen.

Seidelbast
Daphne retusa

Im Spätsommer trägt *Daphne retusa*, wie viele andere Mitglieder dieser Gattung, ein Meer von wundervoll duftenden Blüten. Diese Art hat glänzendes immergrünes Laub und leuchtende Herbstbeeren - eine lohnende Ergänzung in jedem kleinen Garten.

Rosmarin
Rosmarinus officinalis

Der Rosmarin mit seinen zahlreichen Formen hat starkduftende immergrüne Blätter, die auch als Gewürz verwendet werden. Um diesen Duft das ganze Jahr hindurch genießen zu können, zieht man Rosmarin am besten nahe an einer Bank unter einem Fenster oder in einem Pflanzgefäß bei der Küchentür, stets griffbereit für die Köchin oder den Koch.

Levkoje
Matthiola incana ›Brompton Mixed‹

Die Sommerlevkoje verströmt einen schweren, süßen Duft, wenn sich im Hochsommer die Blüten öffnen. Am besten setzt man sie in einen Topf nahe bei einem Fenster oder einer Tür, damit man den Duft an warmen Sommerabenden genießen kann. Oder man verwendet sie als farbenfrohes Füllelement in einem kleinen Beet.

Duftschneeball
Viburnum carlcephalum

Die Blüten, die *Viburnum carlcephalum* im Frühling entwickelt, duften süß. Im Herbst trägt der Strauch hübsche Beeren und leuchtendgefärbtes Laub.

Ginster
Cytisus battandieri

Im Hochsommer verströmen die Blüten einen süßen ananasähnlichen Duft. Die Pflanze hat einen ausladenden Wuchs, kann aber an einer Mauer gezogen werden.

Bodendeckende Pflanzen

Bodendeckende Pflanzen bieten sich dort an, wo ungünstig geschnittene oder »übriggebliebene« Flächen, die in kleinen Stadtgärten häufig zu finden sind, sich schlecht oder gar nicht für einen Bodenbelag eignen und auch nicht in der üblichen Weise bepflanzt werden können. Bodendecker sind eine hübsche Alternative zu kleinen Grasflächen, die im Laufe des Jahres über lange Zeiten häßlich aussehen und viel Pflege brauchen. Darüber hinaus unterdrücken Sie unerwünschte Wildkräuter, sofern der Boden vor dem Pflanzen gründlich davon gesäubert wurde.

Bodendecker können höhere Pflanzengruppen mit kleinen gemischten Pflanzungen verbinden oder, allein, einen Kontrast zu harten Bodenbelägen oder Kiesflächen bilden. Wer die bodendeckenden Pflanzen auf einen bestimmten Bereich beschränken möchte, sollte auf Arten verzichten, die als wuchsfreudig oder wuchernd beschrieben werden, da sie nur schwer unter Kontrolle zu halten sind. Zu dieser Kategorie gehören Pflanzen wie Großes und Kleines Immergrün *(Vinca major* und *V. minor).*

Als Bodendecker eignen sich niedrige Pflanzen wie auch höhere kissenbildende Arten. Unter ersteren finden sich Stauden wie Günsel *(Ajuga)*, der einen dichten Teppich aus kleinen Blättern bildet, *Bergenia* mit ihren großen, auffälligen Blättern, und der pelzige ›Silver Carpet‹ (Wollziest [*Stachys byzantina*]). Für eine ganzjährige Begrünung wählt man immergrüne Sträucher, wie den niedrigen *Cotoneaster dammeri.* Man kann aber auch hohe immergrüne Gewächse pflanzen, die einen dichten Unterwuchs haben, wie etwa *Choisya ternata.*

Reichstrukturierter Pflanzenteppich Auf dieser kleinen Fläche breiten sich drei verschiedene Bodendecker aus, die für eine harmonische, sanfte Atmosphäre sorgen und einen hübschen Kontrast zu dem rautenförmigen Pflastermuster bilden. Über *Ajuga reptans* ›Burgundy Glow‹ im Vordergrund wachsen die bronzegrüne *Acaena microphylla* sowie *Geranium endressii*, ein weißblühender Storchschnabel.

Großes Immergrün
Vinca major ›Variegata‹

Sowohl *V. major* als auch *V. minor* sind schöne Bodendecker, die schattige Stellen ganzjährig begrünen. Sie eignen sich aber nur für relativ große Flächen, denn sie sind wuchsfreudig und nur schwer zu kontrollieren. Die hier abgebildete Sorte trägt im Sommer anmutige blaue Blüten.

Kletterspindelstrauch
Euonymus fortunei

Das leuchtende immergrüne Laub von *E. fortunei* ›Emerald and Gold‹ wirkt das ganze Jahr hindurch freundlich. Ebenso wie die Sorte ›Silver Queen‹ bildet diese Pflanze Kissen und ist ein formschöner Bodendecker. Beide Sorten sind stadtklimafest.

Kriechender Günsel
Ajuga reptans ›Atropurpurea‹

Diese niedrige schattenliebende Staude läßt sich leicht unter Kontrolle halten. Im Frühjahr erscheinen zahlreiche blaue Blüten, die vor den leuchtendbronzefarbenen Blättern großartig wirken. Günsel paßt sehr gut zu schattenliebenden Primeln *(Primula)*.

Gefleckte Taubnessel
Lamium maculatum ›Beacon Silver‹

Die Taubnessel gehört zu den von mir bevorzugten Bodendeckern. Die Sorte ›Beacon Silver‹ hat herzförmige, silbrige Blätter, die schattige Stellen aufheitern (sie wächst aber auch in der Sonne), und im Spätfrühjahr entwickelt sie leuchtendrosa Blüten. Sie wächst rasch, wuchert aber nicht so wie ihre Verwandte *L. galeobdolan*.

Pflanzen für Gefäße

Töpfe und andere Pflanzgefäße haben in kleinen Gärten große Bedeutung, denn sie ermöglichen, Pflanzen jeder Größe an jedem beliebigen Platz zu ziehen. Darüber hinaus lassen sie sich leicht umstellen, so daß man sie zu jeder Jahreszeit neu arrangieren und ihren Standort nach Belieben wechseln kann.

Pflege der Pflanzen

Von kleinen Bäumen bis zu Gemüsen und Kräutern können fast alle Pflanzentypen in Gefäßen gezogen werden, sofern Ihre Wurzeln genügend Platz haben und man sie ausreichend wässert und düngt.

Abzugslöcher in den Gefäßen sind notwendig, damit die Pflanzenwurzeln nicht in dem Wasser faulen, das sich am Boden geschlossener Behälter ansammelt und im Winter außerdem friert, wodurch Wurzeln, und wahrscheinlich auch das Gefäß, Schaden nehmen. Über den Abzugslöchern verteilt man eine Schicht poröses Material, wie etwa Kiesel oder Scherben (Einzelheiten zum Pflanzen siehe Seite 206).

Je mehr Erde einer Pflanze zur Verfügung steht, um so besser gedeiht sie (ausgenommen Arten, die mageren Boden bevorzugen), da auch die Menge an Feuchtigkeit und Nährstoffen entsprechend größer ist. Für Topfpflanzen sollte man stets eine gute Erde verwenden - wer daran spart, muß mit Enttäuschungen rechnen. In großen Gefäßen kann man im Frühjahr die obere Erdschicht austauschen. Pflanzen, die an exponierten Stellen oder in Ampeln wachsen, sollten noch regelmäßiger gedüngt und gewässert werden als am Boden stehende Gewächse, denn die Erde wird vermutlich vom Wind stärker ausgetrocknet. Das betrifft besonders Pflanzen auf Balkonen und in Fensterkästen.

Besonderheiten bei Topfpflanzen

Da Tongefäße rasch austrocknen, sollte man sie vor Gebrauch eine Weile in Wasser stellen und nach Möglichkeit die Innenwände mit Folie ausschlagen, damit die Feuchtigkeit nicht so rasch verdunstet. Ampeln kleidet man am besten mit Folie oder einer (nicht artgeschützten) Moosschicht aus. Stoßen Sie Löcher in die Folie, damit überschüssiges Wasser abfließt und die Pflanzenwurzeln atmen können.

Großartige Komposition Die Wirkung dieses zwanglosen Arrangements von Pflanzgefäßen beruht auf der gelungenen Kombination von zarten, lockeren Pflanzen (einer rosablühenden *Pelargonium-Peltatum*-Hybride und silbergrauem *Helichrysum microphyllum* im Hintergrund) mit plastisch stark ausgeprägten Formen (verschiedene Sukkulenten).

Wildtulpe
Tulipa whittallii

Tulpen eignen sich für Pflanzgefäße besonders gut. Ihre Farben und Blütenformen sind so mannigfaltig, daß sich für beinahe jedes Gefäß und jede Umgebung die passenden finden. Die Zwiebeln sollten im Spätwinter in durchlässigen Boden gesetzt werden.

Geflügelter Tabak
Nicotiana alata

Die Blüten dieser anmutigen Tabakpflanze haben einen schweren Duft. Wird sie in Gefäße nahe einer Tür oder eines Fensters gepflanzt, kann man den Duft drinnen und draußen genießen. Die Farben von *N. alata* reichen von Pink über Weiß bis Grün.

Fleißiges Lieschen
Impatiens walleriana

Fleißige Lieschen blühen vom Frühjahr bis in den Herbst und sind ideal, um in Gefäßen immergrüne Pflanzungen durch Farbtupfer zu beleben oder eine Türschwelle beziehungsweise ein Fensterbrett hübsch zu gestalten. Die Blütenfarben von *Imaptiens* umfassen viele Töne von Rosa über Weiß bis Rot, und die Palette wird immer größer.

Felicie
Felicia bergeriana

Dieser kleine Korbblütler eignet sich besonders für Pflanzgefäße an exponierten Standorten, wie Dächern, Balkonen und Fensterbrettern, denn er gedeiht auch in Sonne und Wind. Seine zarten blauen Blüten mit den gelben Mitten kommen zusammen mit den goldenen Blättern von *Helichrysum* ›Limelight‹ sehr schön zur Geltung.

Hauswurz
Sempervivum tectorum

Die Hauswurz, die zumeist in Steingärten beheimatet ist, sieht in schlichten Gefäßen besonders reizvoll aus, denn dort kommen ihre herrlichen Rosetten am besten zur Wirkung. Am liebsten mag sie volle Sonne, und sie wächst auch in magerem Boden, was sie zu einer idealen Balkonpflanze macht. Ihre Formen bilden einen schönen Kontrast zu lockeren Pflanzen.

Pflanzen- und Gefäßtypen

Bei der Wahl von Pflanzen und Pflanzgefäßen für den Garten sollte man stets optische Ausgewogenheit anstreben.

Proportion und Farbe

Die erste Überlegung sollte der Größe der Pflanze (oder Pflanzen) im Verhältnis zum Gefäß gelten. Ein kleiner Topf mit Dekor beispielsweise würde von einer auffälligen Pflanze wie *Phormium* dominiert werden und mit Lobelien unordentlich wirken. Dagegen ließe das schlichte *Helichrysum* optisch vollkommene Ausgewogenheit entstehen. Dann sollten Sie überlegen, welche Farbe Pflanze und Gefäß haben sollten, und ob Sie einen aufregenden Kontrast oder eine zarte Kombination bervorzugen.

Es gibt verschiedene Arten von Pflanzungen. Eine buntgemischte Pflanzgruppe hat einen ungezwungenen Charme, der vor allem mit älteren Gebäuden harmoniert. Strenge moderne Umgebungen dagegen werden gewöhnlich besser durch wirkungsvolle Pflanzungen aus vielleicht nur ein oder zwei Gewächsen mit auffälligen kräftigen Konturen ergänzt, wie *Clivia* und *Cordyline*.

Auch die Gruppierung der Gefäße spielt eine Rolle. Bei zwanglosen Zusammenstellungen sollten die Pflanzen dennoch so kombiniert werden, daß kein unordentlicher Gesamteindruck entsteht. Für strenge Arrangements, wenn etwa zwei Gefäße rechts und links von einer Tür aufgestellt werden - eignen sich symmetrische Pflanzungen besonders gut.

Für Ampeln oder Gefäße, die auf hohe Mauern gestellt werden, sollte man Pflanzen wählen, die von unten oder der Seite wirkungsvoll aussehen. Am schönsten sind solche, deren Stengel und Blätter sich anmutig winden (wie etwa bei *Ballota*) oder elegant ausschwingen (wie bei *Polystichum*).

Zarter Kontrast
Die violette *Berberis* ›Red Pillar‹ bildet einen zarten Farbkontrast zu dem roten Tongefäß.

Gemischte Kräuter
Dieser Tontopf, in dem blühender Schnittlauch, Thymian und Winterbohnenkraut wachsen, ist auf einer Terrasse ebenso dekorativ wie nützlich. Im Frühjahr kann man die Kräuter durch Krokusse ersetzen.

Lockerer Wuchs
Das Steingefäß hat die Form eines korinthischen Kapitells und bildet zusammen mit dem goldenen *Helichrysum* eine interessante Komposition.

Duftender Kletterer *Trachelosperum jasminoides* ist eine immergrüne Kletterpflanze, die hier in einer eindrucksvollen Kegelform gezogen wurde. Ihre reizvollen jasminähnlichen Blüten duften.

Auffallende Formen Das Nebeneinander kräftiger, kontrastierender Formen kann, wie hier, eine aufregende Wirkung haben.

Felicia amelloides Diese bedingt winterharte Staude hat anmutige blaue Korbblüten und weißbuntes Laub.

Schattenpflanzen

Klein und schattig Die Fülle des Laubes läßt auf dieser kleinen Schattenfläche eine üppige, fast tropische Atmosphäre entstehen. Große Blätter dominieren das Bild. Zu den auffälligsten gehören die der Hanfpalme *(Trachycarpus fortunei,* rechts vom Stuhl).

Viele kleine Gärten liegen im Schatten hoher Gebäude, Mauern oder überhängender Bäume. In einigen herrscht Dauerschatten, andere bekommen im Laufe des Tages für kurze Zeit Sonne, und viele haben einfach bestimmte Schattenbereiche. Das Spektrum der Pflanzen, die auf kleinen, schattigen Flächen (sowohl in feuchtem als auch trockenem Boden) gedeihen, ist weit größer, als vielerorts vermutet wird, denn häufig spenden genau die Elemente, die den Schatten erzeugen, gleichzeitig Schutz. (Eine Liste der Pflanzen, die trockenen beziehungsweise feuchten Schatten bevorzugen, finden Sie auf Seite 208.) Schattenliebende Pflanzen haben häufig große Blätter (die das schwache Licht viel besser aufnehmen). Ihre Blütenfarben sind meist gedämpft, und wo der Raum abgeschlossen ist, verbreiten sie schweren Duft. Gartenbereiche mit Schattenpflanzen können sehr viel Atmosphäre besitzen - etwa wenn üppiges Laub eine schattige Wasserfläche umgibt oder blasse Blüten den Blick in eine dunkle Ecke lenken.

Auswahl von Schattenpflanzen

Immergrüne Sträucher sind als Füller für Schattenflächen von unschätzbarem Wert. Schattige Gartenplätze in der Stadt, die geschützt, frostfrei und relativ feucht sind, eignen sich ideal für Kamelien *(Camellia)*, deren glattes Laub das ganze Jahr hübsch glänzt. Ihre flachen Blüten sorgen für lebendige Farbtupfer.

Zu meinen Lieblingsstauden gehören *Bergenia cordifolia* mit ihren kräftigen Formen und großen, ledrigen Blättern, *Iris foetidissima* und *Liriope muscari,* die ich besonders wegen ihres grasähnlichen immergrünen Laubs schätze. An trockenen, geschützten Schattenplätzen gedeiht Rundgras *(Arundinaria)* gut. Seine hohen, vertikalen Formen bilden einen interessanten Kontrast zu den ausschwingenden Wedeln von Farnen. Zarter wirken Herbstanemonen *(Anemone*-Hybriden) mit ihren feinen Blüten und ihrem ausladenden Wuchs. Lilien *(Lilium)* können in Töpfen gezogen werden. Ihre exotischen Blüten erfüllen Schattenoasen mit herrlichem Duft.

Sollte ein schattiger Bereich ständig feucht sein, etwa weil er sich unter einem alten Baum befindet, von dem Feuchtigkeit herabtropft, dann können Sie den großblättrigen *Rheum palmatum* und *Gunnera manicata* pflanzen, um das Ambiente eines tropischen Regenwaldes zu erzeugen. Andere geeignete Sträucher für feuchte Flächen sind Hortensien *(Hydrangea),* ferner *Viburnum davidii* und *V. rhytidophyllum.* Die Gattung *Hosta* braucht sehr viel Feuchtigkeit und gedeiht im Schatten ausgezeichnet (sofern Schnecken ferngehalten werden).

Weicher Schildfarn
Polystichum setiferum

Farne sind Schattenliebhaber, deren ausladende Wedel selbst dem trostlosesten Winkel Reiz verleihen. Empfehlenswert sind vor allem immergüne Arten wie *Polystichum setiferum.*

Aukube
Aucuba japonica ›Salicifolia‹

Die glänzenden grünen Blätter und leuchtendroten Beeren dieser *Aucuba japonica* beleben auch die tristesten und schattigsten Ecken. (Panaschierte Formen wie *Aucuba japonica* ›Variegata‹ gedeihen jedoch in lichtem Schatten besser.) Da sie abgasresistent ist, eignet sie sich gut für Stadtgärten.

Herbstanemone
Anemone-Hybriden ›Honorine Jobert‹

Herbstanemonen gehören zu meinen Lieblingsblumen, denn ich mag ihre schlichte Blütenform, die hohen anmutigen Stengel und das hübsche Laub. Sie gedeihen im lichten Schatten und sind langlebig. Einmal angewachsen, möchten sie nicht mehr gestört werden.

Maiglöckchen
Convallaria majalis

Maiglöckchen lieben einen feuchten, schattigen Standort und erfüllen im Frühjahr die Luft mit herrlichem Duft. Das Laub ist kräftiggrün, die Blüten sehr zart.

Mandelblättrige Wolfsmilch
Euphorbia amygdaloides var. robbiae

Diese Wolfsmilch gedeiht gut in trockenem Schatten, und ihre Blattrosetten bilden einen immergrünen Teppich, der im Frühjahr von gelben Blüten bedeckt ist.

Bergenie
Bergenia ›Abendglut‹

Mitten im tiefsten Winter beginnt *Bergenia* ›Abendglut‹ ihre dicken Blütentriebe zu entwickeln, an denen im Frühjahr dann rosafarbene Glockenblüten stehen. Ihr Laub macht sie zu einem ausgezeichneten Bodendecker für schattige, trockene Stellen.

Gewöhnliche Mahonie
Mahonia aquifolium

Dieser kleine, widerstandsfähige immergrüne Strauch trägt im Frühjahr goldgelbe Blüten und im Herbst blauschwarze Beeren. Er ist ein schöner Bodendecker für trockene Schattenplätze und hart genug, um auch an exponierten Stellen, wie Balkonen, zu wachsen.

Liriope
Liriope muscari

Liriope muscari kann, in Gefäßen gezogen, die kleinsten Schattenflächen beleben, aber sie ist auch ein ausgezeichneter Bodendecker. Im Frühherbst schieben sich hohe Stengel aus dem anmutigen Laub, an denen winzige, tropfenförmige Blüten sitzen.

Korsische Nieswurz
Helleborus lividus corsicus

Das graugrüne Laub und die blaßgrünen Blüten dieser immergrünen Staude beleben während trüber Tage im Spätwinter oder zu Frühjahrsbeginn schattige Ecken. Am besten steht sie vor einer dunkelblättrigen immergrünen Pflanze wie *Aucuba japonica*.

Hortensie
Hydrangea macrophylla serrata

Vor den beschatteten Blättern leuchten die blaßmalvefarbenen Blüten der Hortensiensorte ›Bluebird‹ (rechts). Hortensien sind für den urbanen Bereich sehr geeignet, denn sie können in Kübeln wachsen und sind stadtklimafest. Am besten stellt man sie an einen geschützten, leicht schattigen Platz. Die Blüten von Hortensien werden in saurem Boden blau und in alkalischem rosa.

Pflanzen für exponierte Standorte

Ein Dachgarten Stabile Holzrahmen, die mit Bambusmatten bespannt sind, schützen dieses Dach vor Wind, so daß Pflanzen wie die auffallend geformte *Fatsia japonica* (beim Windschutz) und *Euphorbia characias wulfenii* (vorn) dort überleben können.

Pflanzen auf Dächern, Balkonen und hochgelegenen Fenstersimsen haben weit stärker unter Temperaturschwankungen zu leiden als Pflanzen zu ebener Erde. Der Wind zerrt an ihnen und trocknet die Erde aus, in der sie wachsen - ein Effekt, der durch die Sonne noch verstärkt wird. Dennoch gibt es ein recht breites Spektrum an Pflanzen, die unter solch unwirtlichen Bedingungen gedeihen (eine Liste finden sie auf Seite 208ff.), und viele andere überleben eine Wachstumsperiode und länger, wenn sie durch einen Zaun, einen Segeltuchschirm oder einen robusten Strauch, etwa Wacholder, geschützt werden.

Allen Pflanzen, die in Gefäßen wachsen, steht nur eine beschränkte Menge an Nährstoffen und Wasser zur Verfügung, so daß man hier stets eine möglichst nährstoffreiche, feuchtigkeitshaltende Erde verwenden und häufig wässern sollte.

Robuste Dauerpflanzungen

Widerstandsfähige Sträucher können das ganze Jahr hindurch interessant wirken und für einen eventuellen Sitzbereich wie für weniger robuste Pflanzen als Windschutz dienen. Suchen Sie Pflanzen aus, die auch in der Natur an exponierten Orten wachsen, etwa in der Heide, auf Bergen oder am Meer. Sehr widerstandsfähig sind viele Vertreter der Ginsterarten *(Cytisus, Genista, Spartium* und *Ulex)*, Heidekraut und Besenheide, immergrüne und »immergraue« Kräuter, die meisten Koniferen und zahlreiche Gräser. Kletterpflanzen haben an exponierten Plätzen wahrscheinlich erheblich unter Wind zu leiden, deshalb sollte man sommergrüne Arten verwenden (sie sind von Natur aus robuster als Immergrüne), wie Jungfernrebe *(Parthenocissus)* und Heckenkirsche *(Lonicera)* oder unverwüstliche Immergrüne, wie beispielsweise Efeu *(Hedera)*.

Pflanzungen auf Zeit

Viele Pflanzen können auf einem Balkon, Fenstersims oder Dach eine Wachstumsperiode überleben, insbesondere dann, wenn sie geschützt und gut gepflegt werden. Setzen Sie große Mengen Frühlings- und Sommerzwiebelblumen wie auch Einjahresblumen in Gefäße, die dann zu ihrer Saison für leuchtende Farbtupfer sorgen. Gewöhnlich sind Korbblütler sehr widerstandsfähig. Zu ihnen gehören die kleine blaue *Felicia* ebenso wie die üppige gelbe *Rudbeckia* und das allseits bekannte und beliebte weiße *Chrysanthemum maximum*.

Sanddorn
Hippophae rhamnoides

Der natürliche Lebensraum dieses robusten grauen Strauches ist die Küste, daher eignet er sich für Balkone und Dächer, die starkem Wind ausgesetzt sind. Wenn eine männliche Pflanze in Windrichtung vor eine weibliche gesetzt wird, entwickeln sich dort attraktive rote Beeren.

Hauswurz
Sempervivum hirtum

Diese Steingartenpflanze gedeiht in magerem, durchlässigem Boden, daher sollte dem Substrat Sand zugegeben werden. Am besten kommen mehrere Exemplare in einer flachen Schale zur Geltung. Es gibt viele Arten von Sempervivum mit winzigkleinen bis untertassengroßen Rosetten.

Schneeball
Viburnum betulifolium

V. betulifolium eignet sich für exponierte Stellen und gedeiht gut in durchlässigem Boden. Diese Form wächst aufrecht und trägt im Frühsommer weiße Blüten. Sollen sich im Herbst möglichst zahlreiche rote Beeren entwickeln, müssen zwei oder mehr Sträucher zusammengesetzt werden.

Schwarzer Ginster
Cytisus nigricans

Diese *Cytisus*-Art hat ungewöhnlich lange, schlanke, gelbe Blüten, die im Spätsommer erscheinen; die anderen Vertreter dieser Gattung blühen dagegen schon zu Frühjahrsende. Alle sind winterhart und können in magerem Boden und bei kräftigem Wind überleben. Sie sind daher ideal für Fensterkästen und Balkone. Nach der Blüte zurückschneiden.

Heiligenkraut
Santolina pinnata

Dieser winterharte immergrüne Strauch gedeiht in praller Sonne, in trockenen Böden und bei starkem Wind. Er hat tiefgeteilte grüne Blätter und winzige cremefarbene Blüten. Man kann ihn auch in Kübeln als niedrige Hecke ziehen (mit etwa 25 cm Abstand pflanzen).

Pflanzungen im ländlichen Stil

Ländliche Komposition Eine stille Harmonie der Farben Grün, Grau und Gelb bestimmt das Bild dieses ländlichen Gartens. Ein Steintrog, eine Holzbank und eine hohe Stockmalve *(Alcea rosea)* strukturieren dieses Pflanzschema, das unter anderem *Alchemilla mollis* und *Santolina chamaecyparissus* (ganz rechts) einschließt sowie cremefarbenes *Sisyrinchium* (links).

Die meisten Menschen haben eine bestimmte Vorstellung von ländlichen Gärten, nämlich von Gärten mit runden, wogenden Konturen, sanften Farben, zarten Düften und einer Atmosphäre der Ruhe, die viele in ihre kleinen Gärten zwischen Apartmentblocks, verkehrsreichen Straßen und der allgemeinen Hektik der Stadt holen möchten.

Es gibt zahlreiche Pflanzen, die die Stimmung eines ländlichen Gartens heraufbeschwören, und auf den folgenden drei Seiten finden sich einige meiner persönlichen Favoriten. Zusammengesetzt bilden sie einen hübschen Pflanzenteppich ländlichen Stils, oder man setzt nur ein oder zwei Pflanzenexemplare in Gefäße, um einer Türschwelle, einem Fenstersims oder einem Balkon eine ländliche Note zu verleihen.

Ländliche Stimmungen

Auch wenn der echte ländliche Garten auf den ersten Blick das Resultat ungezwungener, beinahe willkürlicher Pflanzungen zu sein scheint, finden sich in ihm Wege, Mauern, Bogen und andere feste Elemente sowie ein Grundgerüst an strukturierenden Pflanzen, die verhindern, daß der Garten zu einem Durcheinander wird. Selbst in einem kleinen Stadtgarten müssen bei Pflanzungen im ländlichen Stil, die beispielsweise aus Jungfer im Grünen *(Nigella damascena)*, Lupinen *(Lupinus)* und Rittersporn *(Delphinium)* bestehen können, einige feste Elemente einbezogen werden, wie eine Bank, eine Skulptur und/oder Pflanzen mit ausgeprägten Formen. Bei letzteren bieten sich immergrüne Sträucher an, wie die Orangenblume *(Choisya ternata)*, Rosmarin *(Rosmarinus officinalis)* und Gartensalbei *(Salvia officinalis)*. Die Pflanzenelemente verleihen ländlichen Pflanzungen Ruhe und Stabilität, wenn die Einjahresblumen und Stauden ihre Blüten öffnen, und sorgen während der Wintermonate für interessante Formen und Blickfänge.

Der Charme eines ländlichen Gartens beruht nicht zuletzt auf seiner Üppigkeit, die durch Pflanzen entsteht, die Mauern überwuchern und aus ihren Beeten ausbrechen. Dieser Effekt kann auch im kleinsten Garten erzielt werden, wenn sich Pflanzen auf Kiesflächen und in Pflasterspalten selbst aussamen und Kletterpflanzen Mauern und Zäune schmücken.

Erliegen Sie nicht der Versuchung, in der Stadt einem »ländlichen Garten« durch alte Gegenstände einen nostalgischen Touch oder Charme verleihen zu wollen, denn sie lassen sofort einen unnatürlichen, starren Eindruck entstehen. Nutzen Sie vielmehr die Farben, Düfte und Strukturen »ländlicher« Pflanzen und den Stil heimischer Elemente.

Weicher Frauenmantel
Alchemilla mollis

Der Frauenmantel gedeiht in der Sonne wie im Schatten. Mit seinen zahllosen hellgrünen Blüten verleiht er auch dem kleinsten Stadtgarten eine natürliche ländliche Atmosphäre. Nach einem Regen stehen auf seinen Blättern glitzernde Wasserperlen.

Zierhimbeere
Rubus ›Benenden‹

Anmut und Charme dieses mittelgroßen sommergrünen Strauchs, der bis zu 3 m hoch wird, sind für ländliche Gärten charakteristisch. Seine lockere Form ähnelt der eines Rosenstrauchs. Vom Spätfrühjahr bis zum Frühsommer erscheinen an den schlanken Zweigen auffällige weiße Blüten.

Engelwurz
Angelica archangelica

Die riesigen grünen Blütenköpfe dieses im Sommer blühenden Krautes bilden ein Gegengewicht zu dem üppigen duftenden Laub.

Besonders reizvoll sieht *Angelica archangelica* neben Fenchel *(Foeniculum vulgare)* aus, der bis zur Herbstmitte blüht.

Schachbrettblume
Fritillaria meleagris

F. meleagris braucht möglicherweise zwei bis drei Wachstumsperioden, bis sie heimisch ist, doch belohnt sie Ihre Geduld mit wunderschönen nickenden Blüten.

Sommermargerite
Chrysanthemum maximum

Diese schlichte, herrliche Blume ist für den kleinen ländlichen Garten sehr empfehlenswert. Sie blüht während des Sommers für etwa zwei Monate.

Schlafmützchen
Eschscholzia californica

Zu einer ländlichen Atmosphäre im Stadtgarten tragen auch Blumen bei, die sich in Kies selbst aussäen können. Hier wachsen zarte orangefarbene Schlafmützchen in einer ungezwungenen Gruppe – eine Idee, die auch auf kleinsten Kiesflächen zu verwirklichen ist.

Flieder
Syringa villosa

Wenn sich im Frühjahr die Fliederblüten öffnen und ihren Duft verströmen, ist der Sommer nicht mehr weit. In durchlässigen Boden an einen sonnigen Platz setzen.

Jungfer im Grünen
Nigella damascena

Die von Blau bis Weiß herrlich getönten zarten Blüten und feinen Blätter von *Nigella damascena* ›Persian Jewel‹ haben optisch einen sehr weichen Effekt.

Königskerze
Verbascum ›Gainsborough‹

Die schlanken, kräftigen Stengel von *Verbascum* ›Gainsborough‹ erreichen bis zu 1,2 m Höhe und tragen den Sommer hindurch aprikosengelbe Blüten. Pflanzt man sie mit frühjahrsblühenden Zwiebelblumen, wie *Narcissus poeticus*, zusammen, so ist im Verlauf des Jahres für Abwechslung gesorgt.

Strauchrose
Rosa ›Constance Spry‹

Die üppige Blütenpracht der *Rosa* ›Constance Spry‹ über einer weißen Gartenbank verbreitet ländliche Hochsommerstimmung. Dieser Abkömmling der Kohlrose verleiht auch dem kleinsten Stadtgarten Frische und Duft, und er wächst ebenso als ausladender Busch wie vor einer Mauer gezogen. Und wenn diese Rose auch nur im Sommer blüht, es lohnt sich das Warten.

Pflanzen mit architektonischem Charakter

Pflanzen mit architektonischem Charakter bilden in Gärten Mittelpunkte und Blickfänge. Durch ausgeprägte Blatt-, Stamm- oder Zweigformen haben sie eine sehr eindrucksvolle Gesamterscheinung und lenken als Solitärpflanzen den Blick auf sich, oder aber geben einer lockeren gemischten Pflanzung strukturellen Halt.

Die Wirkung solcher Pflanzen kann, abhängig von ihrer Form, sehr unterschiedlich sein. So hat die Echte Zypresse *(Cupressus sempervirens* ›Stricta‹*)* schmale, anmutige Umrisse, die vor Stadtlandschaften und offenem Horizont sehr eindrucksvoll wirken. Ähnliches gilt für die Säuleneibe *(Taxus baccata* ›Fastigiata‹*)*, obwohl sie etwas kräftiger ist. Zu den Sträuchern mit ausgeprägten architektonischen Formen gehören unter anderem *Fatsia japonica* und *Fatshedera lizei.* Beide können in Kübeln wachsen und haben großartiges Laub, das für städtische Standorte besonders geeignet ist. Eine hübsche runde Gesamtform hat *Choisya ternata,* und eine stachelige Silhouette besitzen *Yucca* und *Phormium.*

Unter den Stauden mit architektonischem Charakter finden sich die Gattung *Hosta* und Sorten von *Bergenia cordifolia.* In großen Mengen gepflanzt, strukturieren und stabilisieren sie lockere Gruppen aus anderen Stauden, deren flüchtiger Charme auf ihren Blüten beruht.

Kletterpflanzen mit kräftigen Blattformen, wie die wuchsfreudige Scharlachrebe *(Vitis coignetiae)* und alle großblättrigen Vertreter der Gattung *Hedera* eignen sich ausgezeichnet, um vertikale Flächen optisch aufzubrechen und zu beleben.

Architektonische Kontraste
Zwischen Pflanzen mit weichen Formen bilden die robusten, zackigen Umrisse der Agaven deutliche Schwerpunkte. In größeren Mengen gepflanzt, ergänzen die kräftigen, skulpturalen Formen der Agaven großartig die groben Konturen von Steingebäuden, wie etwa in diesem mediterranen Garten.

Essigbaum
Rhus typhina ›Laciniata‹

Die Blätter des Essigbaums sitzen paarweise an den geweihförmigen Zweigen, die erst nach dem Laubfall zur Geltung kommen.

Wolfsmilch
Euphorbia characias wulfenii

Euphorbia characias hat eine kräftige, aber lockere Wuchsform. Die Blüten von ›Lambrook Gold‹ sind leuchtendgelb.

Schaublatt
Rodgersia podophylla

Diese Staude hat dekorative, bis zu 30 cm breite Blätter und filigrane cremefarbene Blütenrispen. Sie gedeiht unter feuchten Bedingungen gut und bildet einen hübschen Kontrast zu Wasserpflanzen mit vertikalem Wuchs, wie *Iris laevigata* (s. Seite 185).

Orangenblume
Choisya ternata

Dieser immergrüne Strauch hat eine sanft gerundete Form, die er das ganze Jahr hindurch behält. Im Spätfrühjahr erscheinen vor dem glänzenden grünen Laub dicke Büschel duftender weißer Blüten. Man kann die Orangenblume in Sonne oder lichten Schatten setzen, aber sie braucht Schutz vor starkem Wind.

Keulenlilie
Cordyline australis

C. australis ›Atropurpurea‹ hat eine eindrucksvolle vertikale Form und lange, schwertförmige Blätter, die vor einem neutralen Hintergrund gut zur Geltung kommen.

Bärenklau

Heracleum mantegazzianum

Bärenklau ist zumeist zweijährig und samt sich selbst aus. Über seinen mächtigen Blättern erheben sich riesige Blüten. Einzelne Exemplare sind auf kleinem Raum sehr wirkungsvoll. Die Samenstände müssen rechtzeitig entfernt werden, damit die Pflanze sich nicht unkontrolliert ausbreitet.

Lauch

Allium rosenbachianum

Die runden, dichten Blütenstände sind dunkelrosa und erscheinen im Hochsommer. Sie verleihen diesem Gewächs eine sehr ausgeprägte Form. *A. rosenbachianum* erreicht bis 80 cm Höhe und wirkt besonders schön, wenn es mit einer Pflanze wie *Dorotheanthus bellidiformis* zusammensteht, die einen niedrigen, sich ausbreitenden Wuchs hat.

Funkie

Hosta

Eine Liste skulptural geformter Pflanzen wäre ohne Funkien nicht vollständig. Ihre gerippten, kräftig strukturierten Blätter haben selbst im kleinsten, schattigsten Garten eine starke plastische Wirkung. *Hosta sieboldiana elegans* (ganz oben) hat größere, dunklere Blätter als ihre panaschierte Verwandte *Hosta fortunei* ›Albaspicta‹ (darunter).

Chinesischer Rhabarber

Rheum palmatum

Riesige, auffällige Blätter mit bis zu 1 m Durchmesser und bis zu 2 m hohen rostroten Blütenständen, die im Hochsommer erscheinen, verleihen dieser Staude eindrucksvolle Konturen. Am besten kommt sie als Solitärpflanze zur Geltung. Da die Blätter in der Sonne leicht welken, sollte man sie an einen feuchten, schattigen Platz pflanzen.

Sumpfschwertlilie

Iris laevigata

Die senkrechten, starren Blätter dieser Schwertlilie bilden einen aufregenden Hintergrund für die tiefvioletten Blüten, die im Frühsommer erscheinen. Die *I. laevigata* gedeiht am besten in flachem Wasser oder in sehr feuchter Erde.

Binsenlilie

Sisyrinchium striatum

In Mengen gepflanzt, bilden die anmutigen Blätter und zarten cremefarbenen Blüten der Binsenlilie einen erfrischenden Kontrast zu Sträuchern mit ausladendem Wuchs, wie hier *Eleagnus pungens,* oder zu einem schlichten Hintergrund, wie einer getünchten Mauer. Diese Staude samt sich selbst aus, wächst in fast jedem Boden, bevorzugt aber Sonne.

Formschnitt

In phantastische Formen geschnittene Bäume und Sträucher rufen Erinnerungen an ländliche Gärten aus dem 17. Jahrhundert wach, in denen grandiose Eibenpyramiden und Buchsbäume in Pfauenform wuchsen.

Stilrichtungen

Gruppen aus Pflanzen, die in kontrastierenden Formen geschnitten wurden (Techniken s. Seite 188f.), lassen vor einem schlichten Hintergrund, wie einer getünchten Wand, effektvolle Blickfänge entstehen, während einzelne Exemplare in der Gesamtanlage des Gartens Schwerpunkte bilden. Für kleine Flächen sind schlichte, geometrische Formen besser geeignet als komplizierte Figuren. In den Formen zugeschnittener Pflanzen nahe bei Gebäuden können sich auch architektonische Elemente (sogar Fensterformen) wiederholen. Zu Beginn des 20. Jahrhunderts war es in skandinavischen Gärten üblich, Hecken so zu schneiden, daß kräftige, klare Linien entstanden, die einen Kontrast zu dem natürlichen, lockeren Wuchs anderer Pflanzen bildeten. Gemäß dieser Tradition können Sie auf kleinen Flächen eine Heckenpflanze, wie etwa einen Buchsbaum, schlicht formen, um zu einem einfarbigen Hintergrund, beispielsweise einer hellen Kiesfläche oder weicheren Pflanzenformen, einen Kontrast zu setzen.

In Form geschnittene Pflanzen sehen in schlichten Gefäßen immer am wirkungsvollsten aus (ein Dekor lenkt ab) und verleihen auch kleinsten Räumen - wie etwa einer Türschwelle oder einem schmalen Durchgang - ein aufregendes Flair.

Pflanzenpflege

Viele der für den Formschnitt geeignete Pflanzen brauchen ohnehin reichlich Nährstoffe, aber ihr Bedarf erhöht sich noch, wenn sie zurückgeschnitten werden und neu austreiben. Deshalb sollte man stets eine fette Erde verwenden und die Pflanzen regelmäßig düngen und wässern. Damit sie optimal gedeihen, stellt man sie an einen sonnigen Platz, der vor starkem Wind geschützt ist.

Klare Formen (oben und rechts) In Form geschnittene Pflanzen sind ideal für kleine Gärten. Die klaren Linien dieser Hecken bilden skulpturale Elemente, die hier im reizvollen Kontrast zu den schlichten Konturen und neutralen Tönen der Natursteinmauer und der efeuumrankten Löwenstatue stehen.

Pflanzenformen

Die Pflanzen, die sich für einen Formschnitt am besten eignen, wachsen langsam und dicht und gedeihen, obwohl sie ständig zurückgeschnitten werden. Bei den Immergrünen sind Buchsbaum *(Buxus sempervirens)*, Stechpalme *(Ilex)* und Säuleneibe *(Taxus baccata)* zu nennen, bei den sommergrünen Gehölzen Buche *(Fagus)*, Weißdorn *(Crataegus)* und einige Ligusterarten *(Ligustrum)*. Auch eine kleine Zahl von Koniferen läßt sich gut in Form schneiden, wie etwa die Lawsons Scheinzypresse *(Chamaecyparis lawsoniana)* und Bastardzypresse *(Cupressocyparis leylandii)*. Unter den Pflanzen mit lockerem Wuchs eignen sich für Formschnitte zum Beispiel *Fuchsia, Olearia* und *Hibiscus* (vollständige Liste s. Seite 216).

Junge Pflanzen mit dichtem Wuchs sollten drei- bis viermal pro Jahr geschnitten werden, ältere Pflanzen ein- bis zweimal jährlich. Wer komplizierte Formen entstehen lassen will, biegt um die jungen Pflanzen Drahtgeflecht in der gewünschten Form zurecht und schneidet dann alle neuen Triebe, die durch den Draht wachsen, zurück.

Bei Pflanzen mit lockerem Wuchs, wie *Olearia* und *Fuchsia* (unten), können Hochstämmchen gezogen werden, indem man den Haupttrieb ausknipst, um die Entwicklung von Seitentrieben anzuregen, und alle Triebe am Stamm entfernt (Techniken s. Seite 205f.).

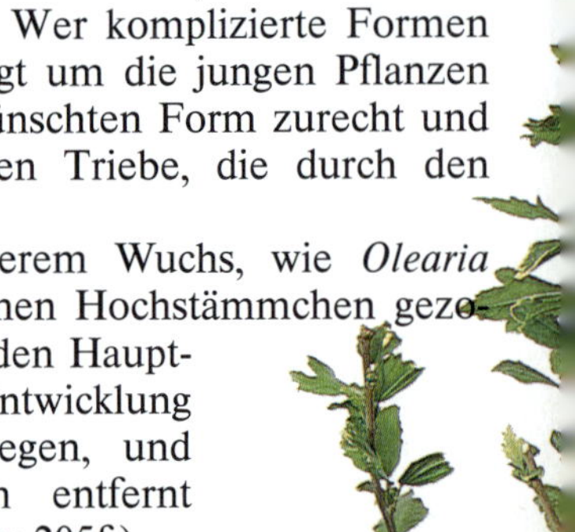

Fuchsienbäume *Fuchsia* ›Mission Bells‹ sieht am schönsten aus, wenn sie während der Wachstumsperiode in voller Blüte steht.

Runder Buchsbaum *Buxus sempervirens* in Kugelform bildet einen hübschen Kontrast zu Töpfen mit Einjahresblumen.

Ausgefallene Formen Hier wurde aus *Ligustrum* und *Helichrysum* kunstvoll ein Korb geformt, der in einem schlichten weißen Gefäß wächst. Das dunkle Grün des *Ligustrum*, das um einen Draht gezogen und geschnitten wurde, bildet einen auffälligen Kontrast zu der lockeren Form des blaßsilbernen *Helichrysum.*

Sommerlicher Anblick Ein in Form geschnittenes *Chrysanthemum frutescens.*

Formschöner Hibiskus Der glatte Stamm dieses *Hibiscus syriacus* betont die Form seiner vertikalen Zweige.

Buchsbaum in Kegelform Er bildet einen strengen Kontrast zu der Chrysantheme im Hintergrund.

Wasserpflanzen

Auch die kleinsten und konventionellsten Teiche können durch Pflanzen im Wasser wie auch am Ufer verschönert werden. Es ist jedoch nicht empfehlenswert, in einem kleinen Garten einen Naturteich anzulegen (und dies gilt sowohl für die Wasserfläche als auch für die Bepflanzung), da er gekünstelt und dominant wirken würde. (Anlegen verschiedener Teiche s. Seite 201).

Pflanzen für das Wasser

Je kleiner die Wasserfläche ist, desto weniger Pflanzen und Arten sollte man verwenden. Es kann ein großartiger Eindruck entstehen, wenn man nur einen Pflanzentyp in das Wasser setzt. Stehen wassergefüllte Fässer oder Tonnen zur Verfügung, pflanzt man jeweils eine Art in ein Gefäß. Die vertikalen Stengel und Blätter von Schwertlilien, Binsen und Rohrkolben bilden einen herrlichen Kontrast zu der glatten Oberfläche stehender Gewässer, Pflanzen mit Schwimmblättern hingegen wirken ruhiger. Wo es der Platz erlaubt, kann man auch vertikale und horizontale Pflanzenformen kombinieren. Uferzonenpflanzen mit senkrechtem oder ausschwingendem Wuchs bilden optisch ein wirkungsvolles Gegengewicht zu Wasserspeiern und ähnlichen Vorrichtungen. Pflanzen mit Schwimmblättern, wie etwa Seerosen, sollten in Körben oder Töpfen wachsen. Dies gilt auch für Randzonenpflanzen (sie wachsen im flachen Wasser), die man dann im Gefäß in geeigneter Tiefe ins Wasser setzt (detaillierte Pflanzanleitungen s. Seite 207).

Pflanzen für das Ufer

Mit Pflanzen kann der abrupte Übergang von einer formalen Wasserfläche zum übrigen Garten hübsch gestaltet werden, beispielsweise, indem die Bepflanzung des Teichs nach außen fortgeführt wird und sich im Wasser spiegelt. Üppigbelaubte Arten, wie Funkien, Farne und Bambusgräser, lieben Feuchtigkeit und bieten sich von selbst als Nachbarn für Gewässer an. Falls der Boden um die Wasserfläche nicht von Natur aus feucht ist, setzt man die Pflanzen in Töpfe und wässert reichlich.

Pflanzen und Wasser
Die starren Konturen dieses kleinen Teiches wurden durch Pflanzen, die im Wasser und an seinen Rändern wachsen, aufgelockert. Im Kontrast zu der glatten Wasserfläche stehen die vertikalen Formen des Kalmus *(Acorus calamus* ›Variegatus‹) und der Zimmerkalla *(Zantedeschia aethiopica)*, die sich aus dem Wasser erheben. Das üppige grüne Blattwerk am Teich und die kühlen Blütenfarben schaffen eine beruhigende Atmosphäre.

Gelbe Scheinkalla
Lysichiton americanus

Diese hübsche Uferzonenpflanze hat leuchtendgelbe Blüten, die zu Frühjahrsbeginn erscheinen. Ihre großen, glatten Blätter folgen den Blüten und erreichen 1,2 m Höhe. Wegen ihrer Größe und Dominanz sollte die attraktive Scheinkalle immer allein stehen.

Funkie
Hosta lancifolia

Funkien benötigen feuchte Erde und leichten Schatten, um üppig zu gedeihen und einen Teich schön einzurahmen. *H. lancifolia* hat kleinere und anmutigere Blätter als viele andere Vertreter dieser Gattung. Ihre tieflila Blüten erscheinen gegen Sommerende, wenn nur wenige andere Pflanzen am und im Wasser blühen. Meist halten sie bis tief in den Herbst hinein.

Seerose
Nymphaea ›Virginalis‹

Die reinweißen Blütenblätter von *N.* ›Virginalis‹ bilden einen kühlen Kontrast zu ihren dunkelgrünen Blättern. Obgleich sie nur langsam anwächst, lohnt sich Geduld, denn *N.* ›Virginalis‹ gehört zu den Seerosen mit der längsten Blütezeit. Oft blüht sie über vier Monate.

Wassermohn
Hydrocleys nymphoides

Einen erfrischenden Anblick bietet der gelbblühende Wassermohn in einem Holzkübel, der zu drei Vierteln mit Erde und zu einem Viertel mit Wasser gefüllt ist.

Kalmus
Acorus calamus ›Variegatus‹

Der grasartige senkrechte Wuchs dieser Pflanze bildet einen klaren Kontrast zu der glatten Oberfläche stehender Gewässer. Der Kalmus wächst in flachem Wasser.

Dotterblume

Caltha polypetala

Diese Dotterblumenart ist größer als die bekanntere *C. palustris.* Sie hat tellerförmige Blätter, und an den verzweigten Stengeln erscheinen im Frühjahr reingelbe Blüten, die bis in den Frühsommer halten. In feuchte Erde oder flaches Wasser setzen.

Froschlöffel

Alisma plantago-aquatica

Die langen Stengel dieser Pflanze, die in flachem Wasser heimisch ist, tragen zugespitzte grüne Blätter, die weit aus dem Wasser herausragen. Die zarten Blütenrispen erheben sich im Sommer bis in eine Höhe von 60 cm und bestehen aus zahllosen winzigen, weißen Blüten, die vor den kräftigeren Blättern wie ein Schleier wirken.

Seerose

Nymphaea ›Escarboucle‹

Wegen ihrer grandiosen Färbung (hellrote Blütenblätter, tiefgelbe Staubbeutel und dunkelgrünes Laub) wächst diese Seerose besser allein als in Gemeinschaft mit anderen Wasserpflanzen. Ein mittelgroßer Teich ist geeigneter als ein kleiner, denn eine einzelne Pflanze breitet sich durchschnittlich 2 m aus. Sie wächst in bis zu 45 cm tiefem Wasser und entwickelt von Sommer bis Frühherbst zahlreiche Blüten. Seerosen sind starkwüchsig und müssen unter Kontrolle gehalten werden. (Siehe auch Pflanzanweisungen Seite 207.)

ANLEITUNGEN ZUM BAUEN UND PFLANZEN

Auf den folgenden Seiten finden Sie detaillierte Anleitungen für den Bau von Außenanlagen, die von der Konstruktion einer Pergola bis hin zur Anlage eines Teiches reichen, sowie Anweisungen für den Umgang mit Pflanzen, wie Schneiden und Bewässern.

Konstruktionsanweisungen

Die Konstruktionsdetails auf diesen Seiten werden in jedem Fall für Sie nützlich sein, ob Sie nun ein Bauelement selbst planen oder bauen, oder ob Sie Plan und Kostenvoranschlag von jemand erhalten, den Sie mit der Ausführung beauftragen wollen. Die Anweisungen zeigen nicht nur, wie man eine Baukonstruktion sicher und praktisch anlegt, sondern auch, wie sie sich passend zu Ihrem Außenraum gestalten läßt.

Bei begrenzter Fläche kann der Raum gut dadurch ausgenutzt werden, daß ein Element so konstruiert wird, daß es eine Doppelfunktion hat. Eine niedrige Stützmauer zum Beispiel kann so angelegt werden, daß sie in der Höhe für ein Pflanzbeet geeignet ist und gleichzeitig als niedrige Sitzgelegenheit genutzt werden kann; oder eine Pergola, in erster Linie gedacht zur räumlichen Definition einer gepflasterten Fläche, wird so vorbereitet, daß im Sommer ein Sonnensegel angebracht werden kann.

Um Ihrem kleinen Garten ein einheitliches Aussehen zu geben, das ihn größer erscheinen läßt, sollte die Gestaltung und Materialwahl eines jeden neuen Bauelementes, sei es eine Wasseranlage oder eine Reihe von Stufen, denen Ihres Hauses und seiner Umgebung angepaßt sein. Bevor Sie ein neues Bauteil errichten, überprüfen Sie die örtlichen Satzungen und Bauvorschriften, vor allem, wenn das Teil weithin sichtbar ist, wie zum Beispiel eine Dachterrasse. Falls Sie irgendwelche Zweifel wegen der Sicherheit einer Konstruktion haben, beispielsweise der Stärke einer Mauer oder des Gewichtes, das ein Balkon tragen kann, suchen Sie den Rat eines Fachmannes, denn im Falle eines Einsturzes hätten Sie die Folgen zu verantworten.

MAUERN

Ziegelmauern

Klinker und Verblender sind am besten für eine Verwendung im Freien geeignet. Einfache Ziegelsteine sind ebenfalls geeignet, müssen jedoch mit Putz oder Stuck überzogen werden, weil sie keine vergütete Oberfläche haben und verwittern. Alle Arten von Mauern erfordern starke Fundamente; ihre Tiefe hängt ab von der Höhe der Mauer und ihrer Funktion, von der Bodenart und der Tiefe, in die der Frost reicht.

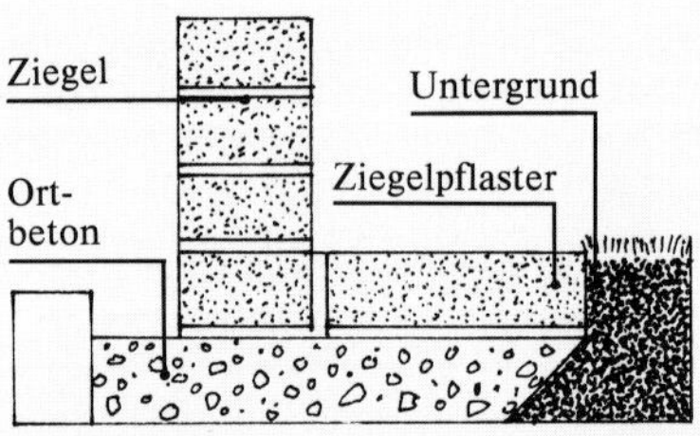

Ein-Stein-dicke Mauer (oben) Mauer und Pflasterung sind auf Beton versetzt.

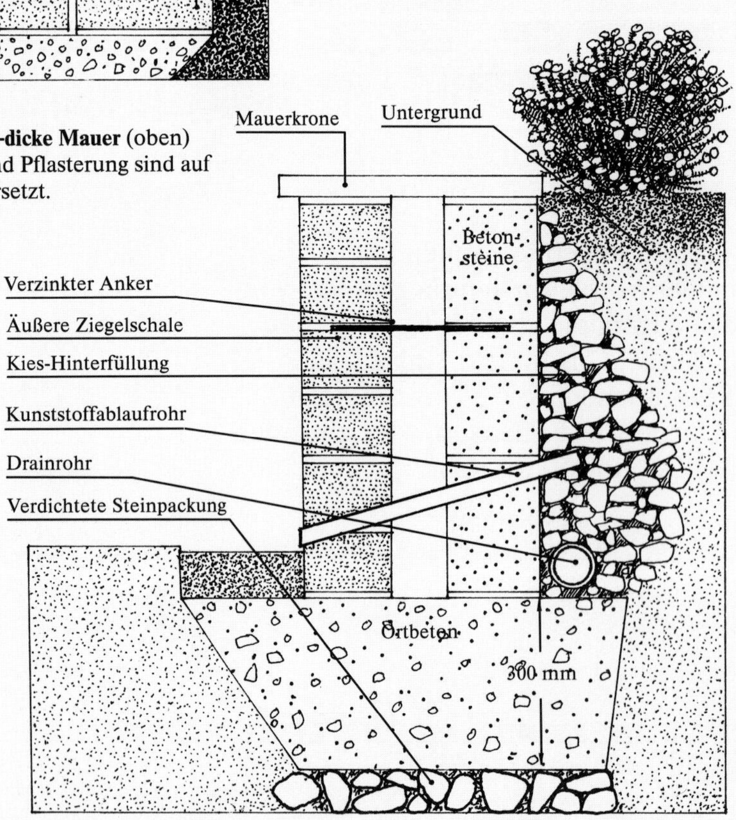

Niedrige Stützmauer (unten) Stützmauern erfordern grundsätzlich ein Drainagesystem.

Hohlblockstein-Mauer

Betonsteine sind billiger als Ziegel und in zahlreichen Abmessungen und Formaten erhältlich. Verwendet man sie für eine Stützmauer, sollten Bewehrungsstäbe eingebaut und die Hohlräume der Blocksteine zur Verstärkung mit Beton ausgefüllt werden.

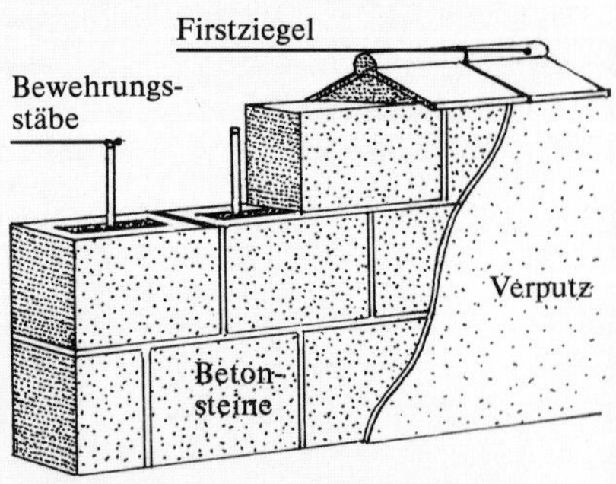

Hohlblockstein-Mauer in einheitlicher Dicke Betonsteine können angestrichen werden.

Abdeckungen

Abdeckungen (oder Mauerkronen) sind notwendig, damit das Regenwasser nicht in die oberen Teile der Mauer einsickert. Dazu kann man die Mauersteine selbst verwenden, oder ein kontrastierendes Material.

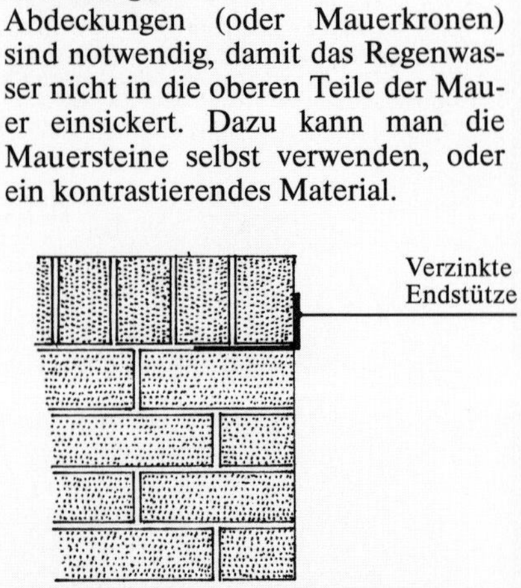

Abdeckung aus hochkant gestellten Ziegeln (Rollschicht) Klinker sind dafür besonders gut geeignet.

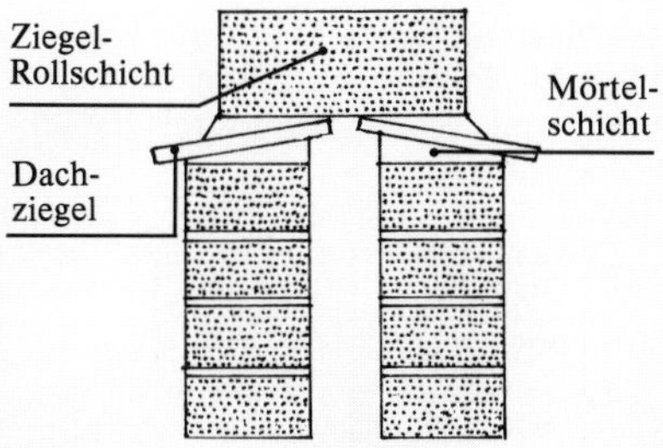

Abdeckung aus Dachziegeln und Ziegelsteinen Dachziegel unter der Ziegel-Rollschicht geben erhöhten Schutz.

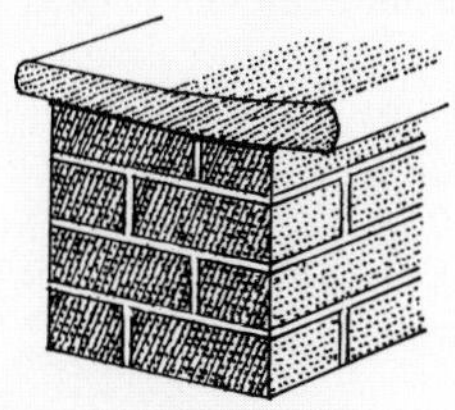

Vorgefertigte Einfassung eines Swimmingpools Die Einfassung kann als Sitzgelegenheit genutzt werden.

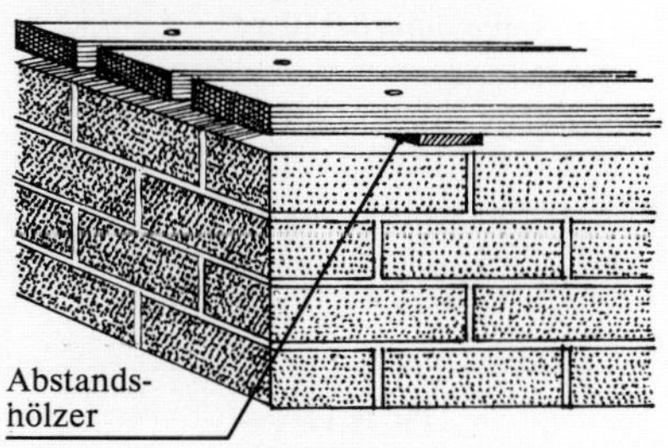

Hölzerne Sitzbank auf einem Mauersockel Der Abstand zwischen Holzbrett und Mauer beugt Verwitterung vor.

ZÄUNE UND RANKGERÜSTE

Spaliere und Drähte
Ein Spalier kann als freistehender Sichtschutz benutzt werden oder eine glatte Wandfläche schmücken. In beiden Fällen kann es als Pflanzenstütze dienen. Zwischen Pfosten gespannte Drähte können als einfache Abtrennung oder als Kletterhilfe für Pflanzen Verwendung finden.

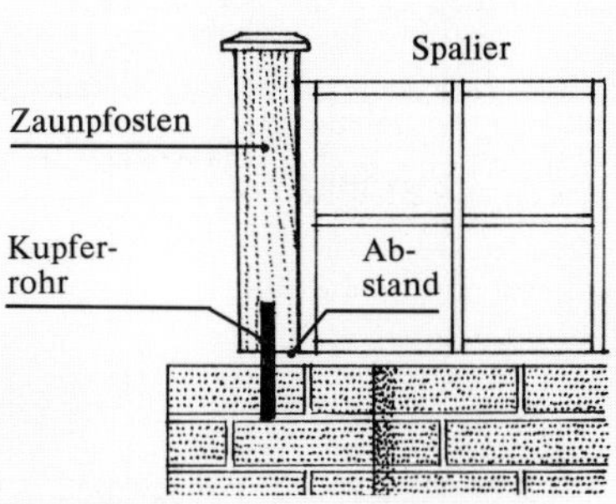

Spalierabschluß Das Spalier etwas vom Boden absetzen, damit es nicht morsch wird.

Eingehängtes Spalier Scharniere am unteren Ende des Spalierrahmens erleichtern das Aushängen und die Pflege.

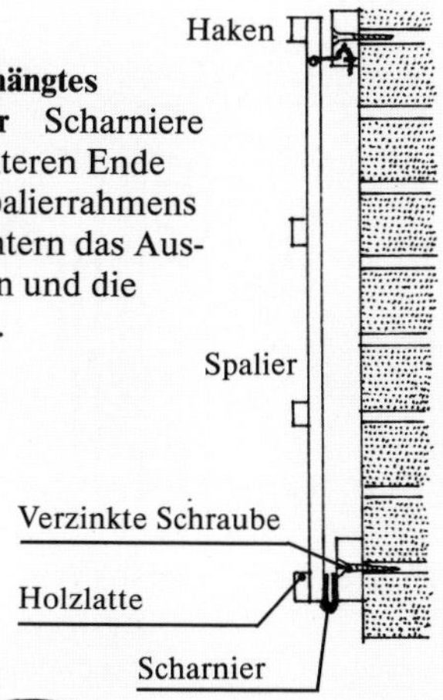

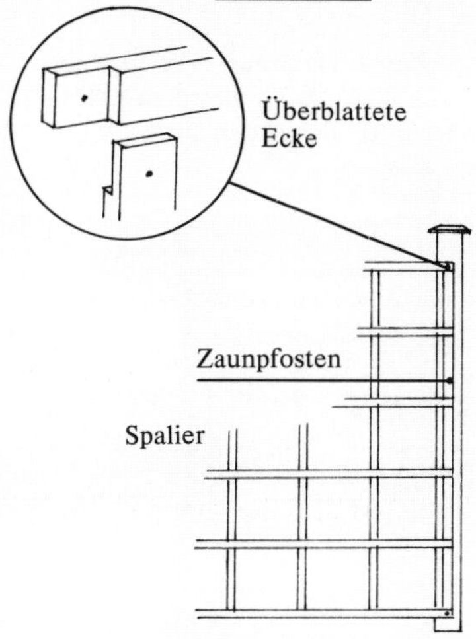

Sichtschutz aus Spalierwerk Nageln Sie das Spalier als Sichtschirm an den Zaunpfosten.

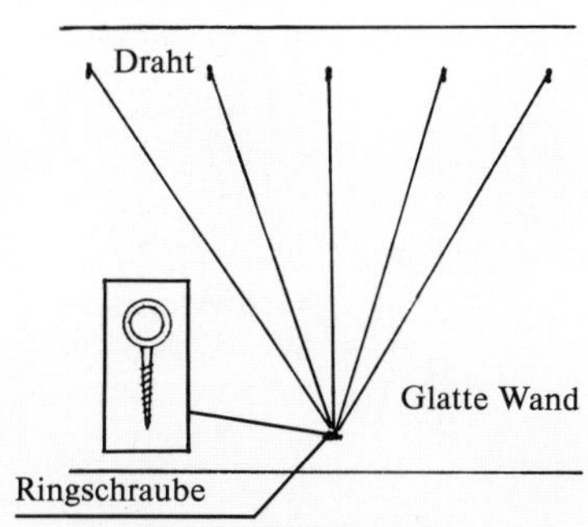

Drahtfächer als Pflanzenstütze Die Drähte werden mit verzinkten Ringschrauben befestigt.

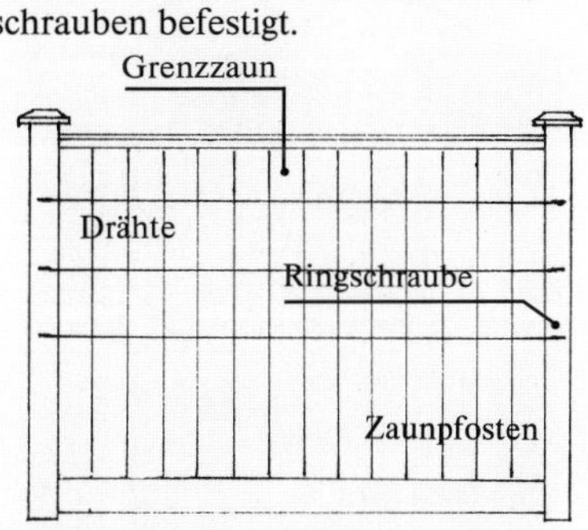

Pflanzenstütze aus gespannten Drähten Zwischen Zaunpfosten werden Drähte gespannt.

Befestigung der Zaunpfosten
Weil Holz verrottet, wenn es direkt mit dem Boden in Berührung steht, sollten hölzerne Zaunpfosten durch eine der drei unten dargestellten Methoden geschützt und gut im Untergrund verankert werden.

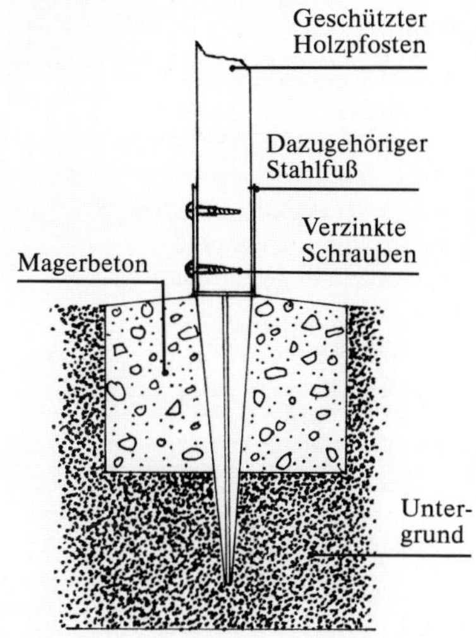

Metallspitze Der Holzpfosten ist mit einer Metallspitze versehen.

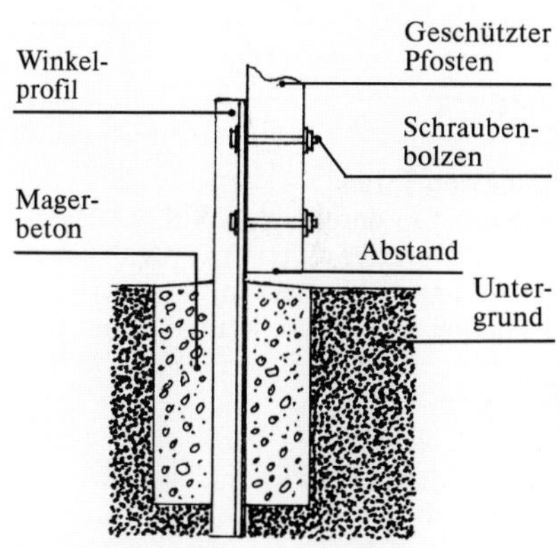

Fuß aus gebohrtem Winkelstahl Der Holzpfosten ist an einem entsprechend gebohrten Winkelprofil befestigt.

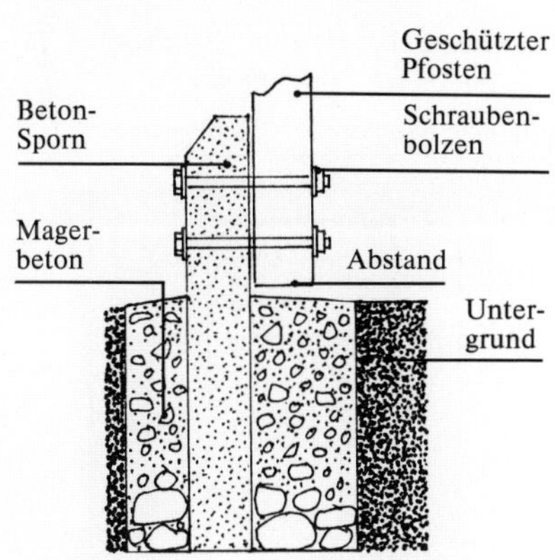

Betonsporn Der Holzpfosten ist an einem Sporn aus Beton befestigt.

Holzgetäfelte Zäune
Das dauerhafteste Material für Holzzäune ist Hartholz, gefolgt von abgelagertem und behandeltem Weichholz (unter Druck aufgebrachtes Holzschutzmittel, das durchgehend, auch im Inneren, imprägniert ist [Kesseldruckimprägnierung]).

Zaun aus wasserfestem Bootsbausperrholz (rechts)
Imprägniertes, wasserfest verleimtes Bootsbausperrholz kann in verschiedene Formen geschnitten und auf eine Sperrholztafel geleimt werden.

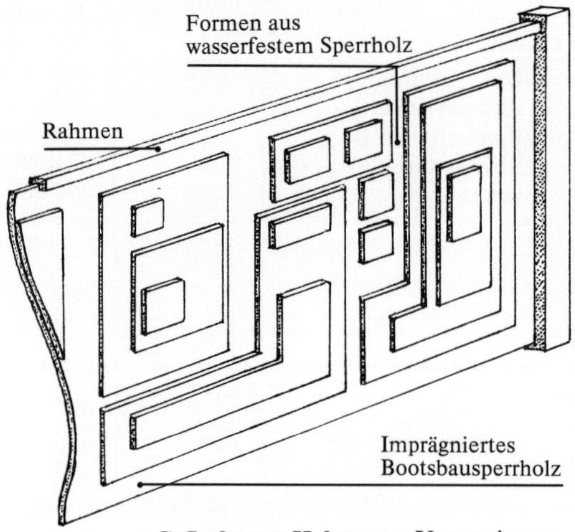

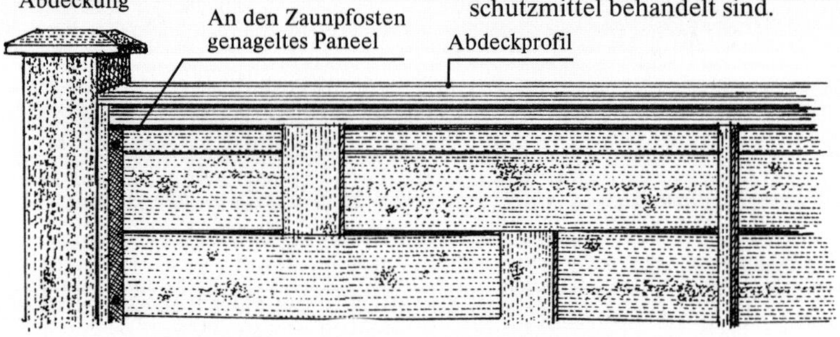

Geflochtener Holzzaun Vergewissern Sie sich, daß die Zaunteile mit Holzschutzmittel behandelt sind.

Geschlossene Zäune
Wie alle Holzzäune sollten sie regelmäßig mit Holzschutzmittel behandelt werden.

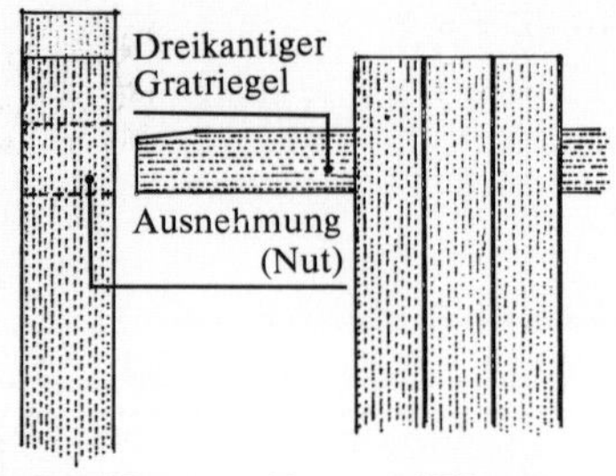

Geschlossener Zaun und Pfosten

Geschlossener Zaun und Erdboden
Ein auswechselbares Stoßbrett.

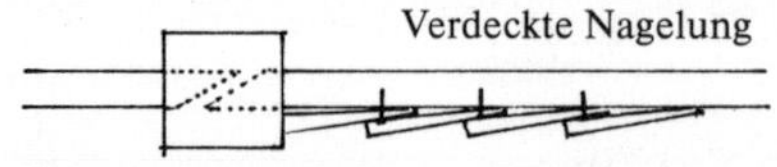

Überlappte Schalung als Zaun

TORE

Arten von Toren
Achten Sie darauf, daß Stil, Material und dekorative Elemente des Tores zur Umgebung passen, ebenso das Zubehör, wie Griff, Klinke oder Angeln. Alle diese Teile sollten das Gesamtbild des Tores ergänzen. Wenn Sie ein Tor konstruieren oder kaufen, vergessen Sie nicht, daß alle Tore seitlich eine feste Verankerung brauchen (Torpfosten), und (bei großen Toren) Schrägstreben, die verhindern, daß die Torfelder sich verziehen (senken) können.

Horizontalschnitt durch das Tor: senkrechte, mit Nut und Feder verbundene Bretterverkleidung

Herkömmliches Holztor Schrägstreben verstärken dieses große Tor.

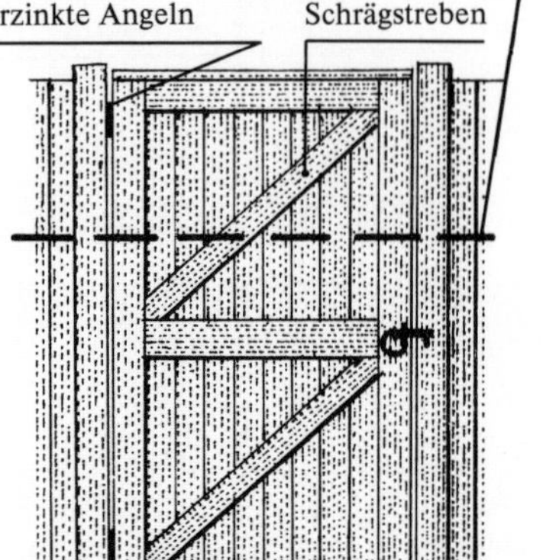

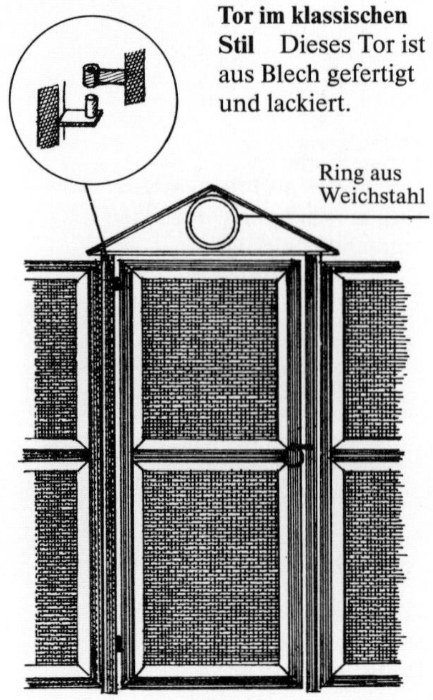

Tor im klassischen Stil Dieses Tor ist aus Blech gefertigt und lackiert.

BOGEN-KONSTRUKTIONEN

Das Wichtigste für einen wohlproportionierten Bogen ist das richtige Verhältnis zwischen vertikalen und horizontalen Elementen sowie die sorgfältige Ausführung der Details.

Architrav Diese Querbalken verbinden zwei lackierte Gerüstrohre.

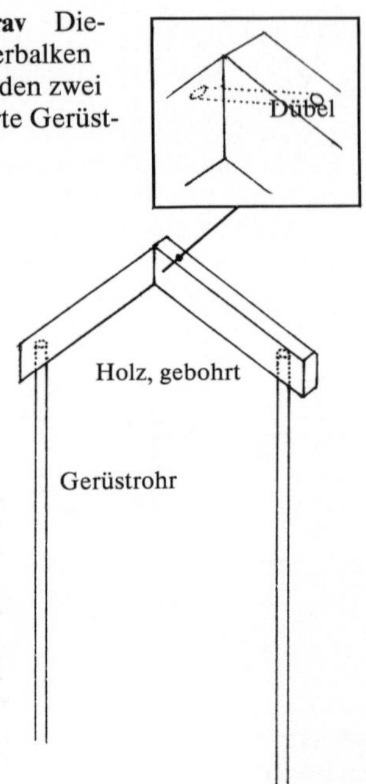

Bogen aus Kunststoffrohren Farbige Kunststoffrohre können zu einem Bogen verarbeitet werden.

Verankerung
Das Kunststoffrohr paßt auf ein in ein Betonfundament eingegossenes Kupferrohr.

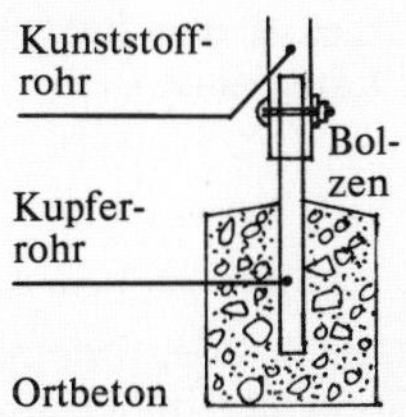

PERGOLEN

Was immer die Funktion Ihrer Pergola sein soll (s. Seite 108–111), richten Sie vor allem Ihre Aufmerksamkeit auf die Details (zum Beispiel die Verbindung der Stützen mit den Querbalken), weil sie den Gesamteindruck bestimmen. Die Art, wie die Querbalken einer freistehenden Pergola mit den Stützen verbunden werden, wird abhängen von der Art und den Abmessungen des verwendeten Materials, was wiederum bestimmt sein wird von dem Gesamteindruck, den Sie herstellen wollen.

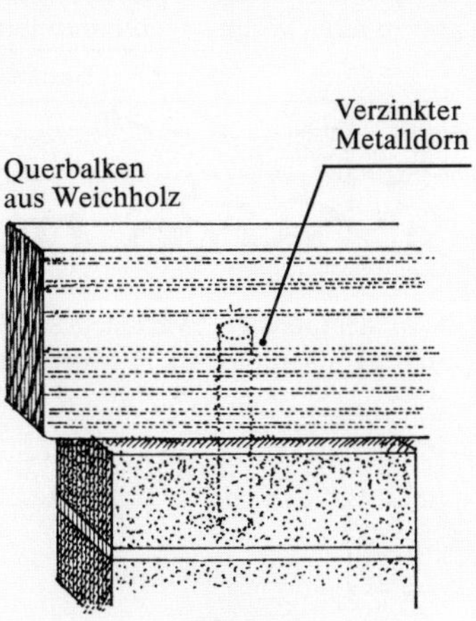

Holz-Beton-Verbindung Verwenden Sie einen verzinkten Metalldorn.

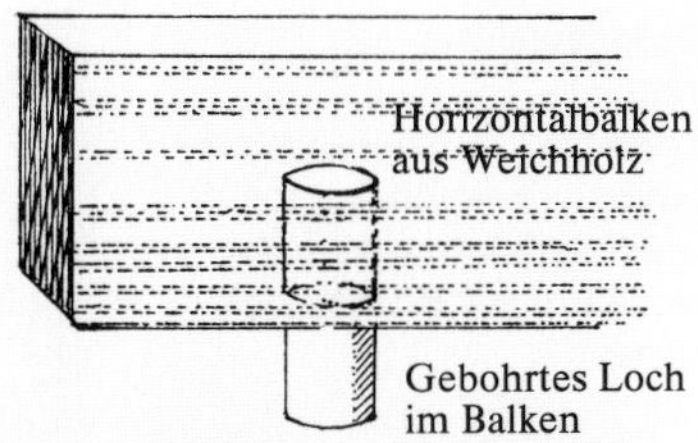

Verbindung von Metallstütze und hölzernem Querbalken Bohren Sie ein Loch von der Unterseite in den Querbalken.

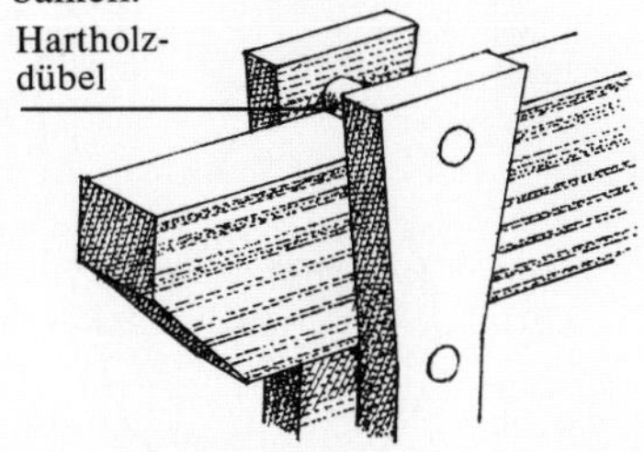

Auf eine Gabel gelagerter Querbalken Verwenden Sie Hartholzdübel.

Querbalkenverbindung zu einer Mauer
Querbalken können entweder auf zwei Mauern aufgelagert sein oder an einem Ende auf einer Mauer und am anderen auf einer freistehenden Stütze.

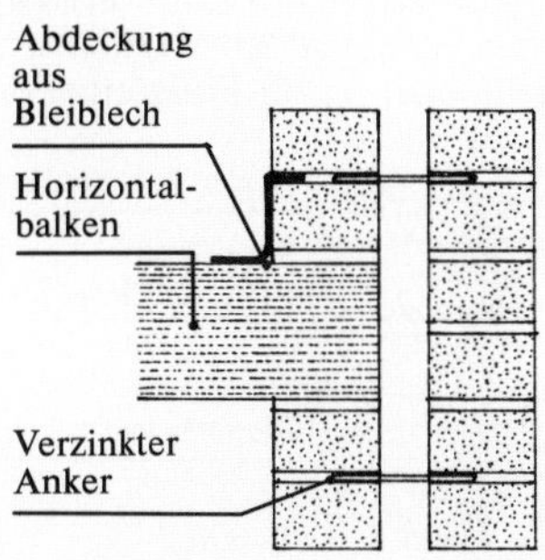

In eine Mauer eingelassener Holzbalken Der Balken kann in eine Mauerhöhlung geschoben werden

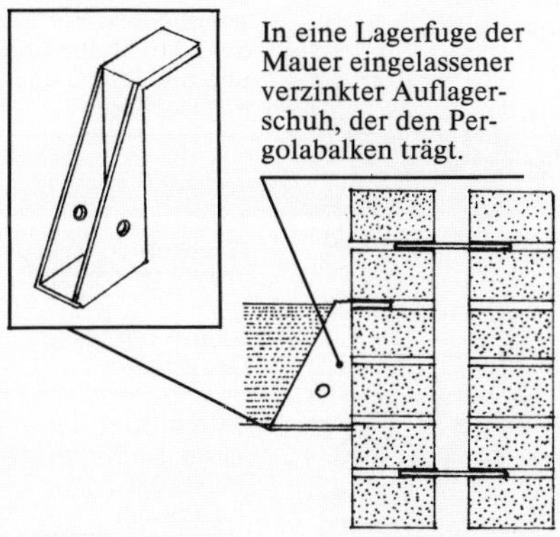

Holzbalken in einem Auflagerschuh Der Balken kann von einem Auflagerschuh getragen werden.

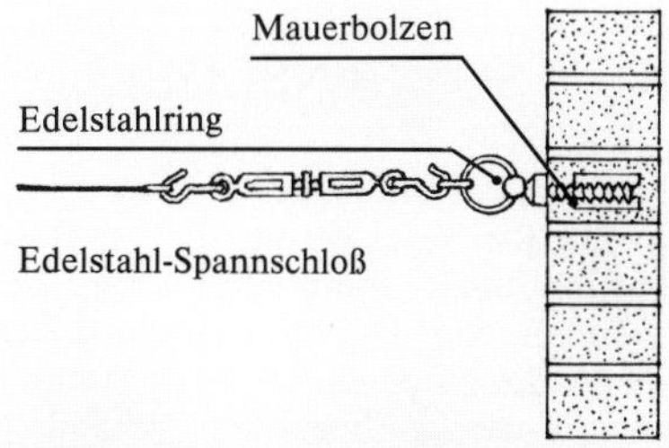

An einer Mauer gespannte Drähte Befestigen Sie das Spannschloß an einem eingedübelten Mauerbolzen.

Verbindung der Stütze zum Boden Holzstützen dürfen keinen direkten Kontakt zum Boden haben.

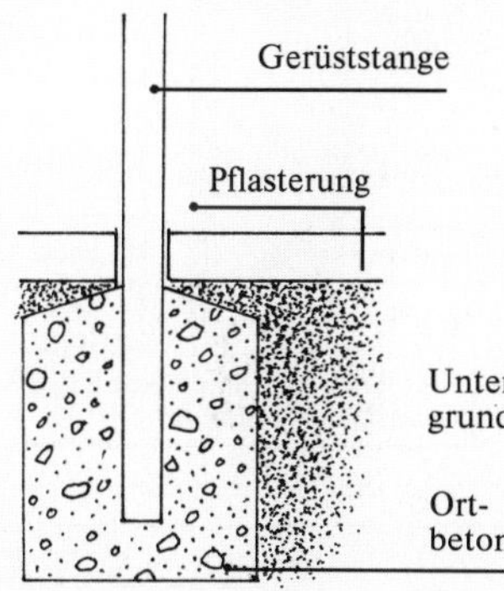

Verwendung von Beton Die Stütze ist im Beton verankert.

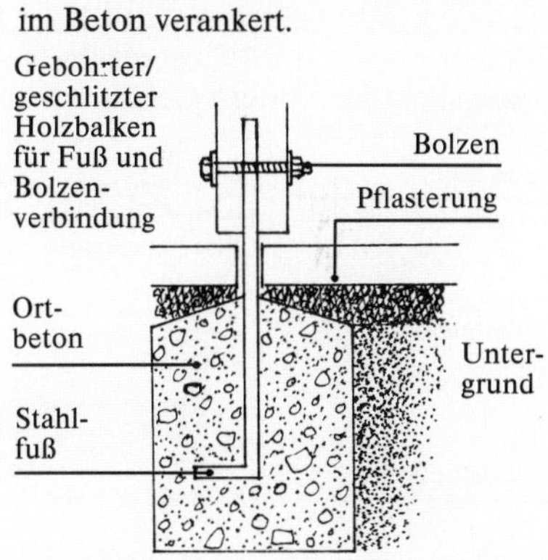

Verwendung eines Stahlfußes Die Stütze wird von einem gestrichenen Stahlfuß getragen.

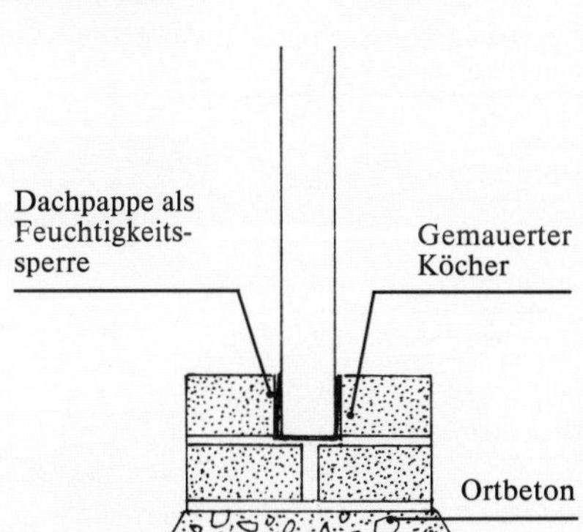

Mauerköcher Die Stütze steht in einem gemauerten Köcherfuß.

SONNENSEGEL

Auswahl des Materials
Wenn Ihr Segel beträchtlichen Beanspruchungen standhalten soll, verwenden Sie grobes Leinen (»Kanvas«), das an einem kräftigen Rahmen festgezurrt ist – Segeltuch ist ideal.

Freistehendes Segel (rechts) Ein einfaches freistehendes Sonnensegel kann aus Segeltuch gebaut werden, das an einem Rahmenwerk aus Rohren befestigt ist.

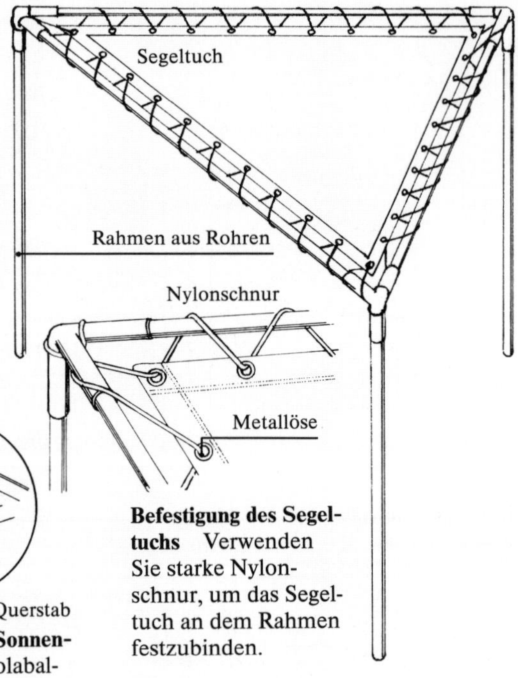

Befestigung des Segeltuchs Verwenden Sie starke Nylonschnur, um das Segeltuch an dem Rahmen festzubinden.

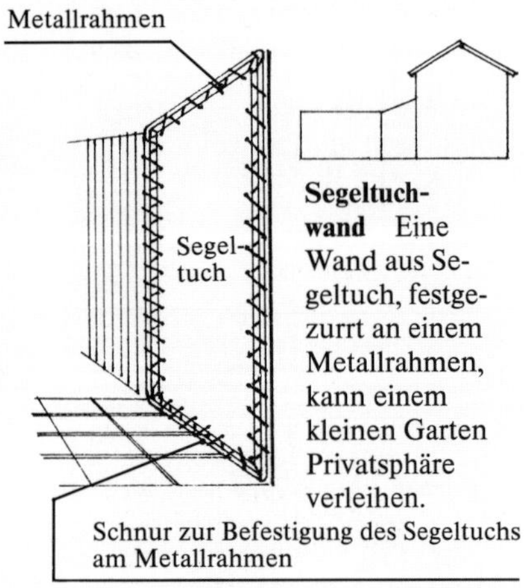

Segeltuchwand Eine Wand aus Segeltuch, festgezurrt an einem Metallrahmen, kann einem kleinen Garten Privatsphäre verleihen.

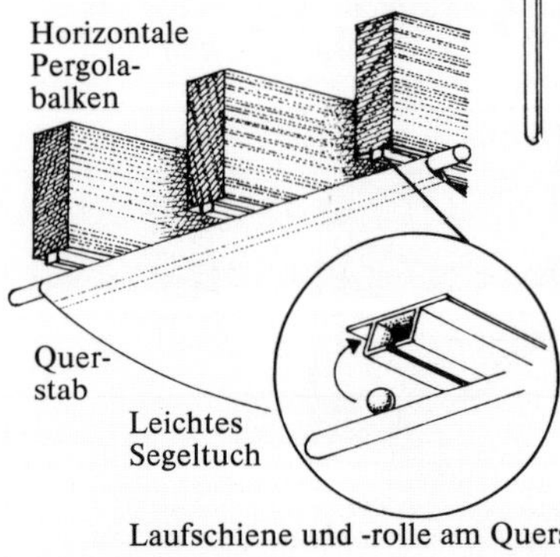

Verschiebbares, untergehängtes Sonnensegel Die Unterseite der Pergolabalken kann benutzt werden, um ein verschiebbares Sonnensegel zu befestigen.

PFLASTERFLÄCHEN

Besondere Überlegungen
Aus welchem Material, in welchem Stil und in welcher Größe Ihre geplante Pflasterfläche auch gebaut sein soll, sorgen Sie immer für ein Gefälle zu einer Pflanzfläche oder zu einem bekiesten Bereich, oder für eine kontrollierte Versickerung. Wo im Winter der Boden durchfriert, muß das Pflaster extra dicke Fundamente haben, um das »Aufsteigen« des Pflasters zu verhindern; oder aber ganz dünne, um dem Pflaster Flexibilität zu ermöglichen. Pflasterflächen werden unterschiedlich angelegt, je nachdem, ob sie für Fußgänger oder für Fahrzeuge gedacht sind.

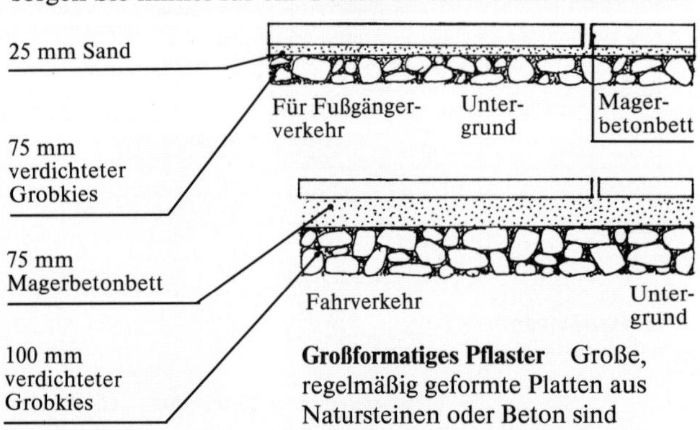

Großformatiges Pflaster Große, regelmäßig geformte Platten aus Natursteinen oder Beton sind schneller und einfacher zu verlegen als unregelmäßige Formate aus gebrauchtem Material.

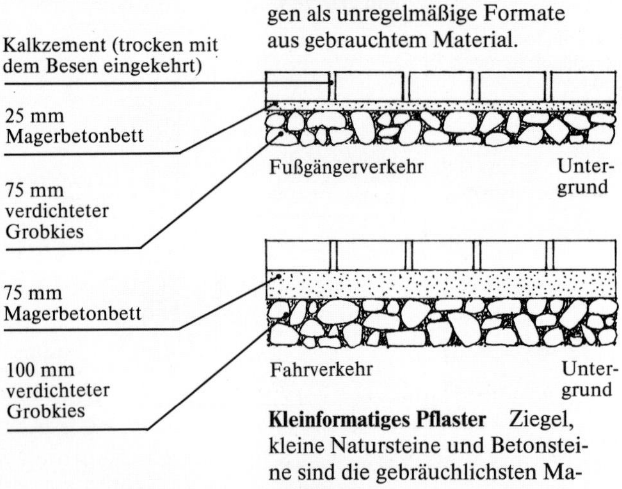

Kleinformatiges Pflaster Ziegel, kleine Natursteine und Betonsteine sind die gebräuchlichsten Materialien.

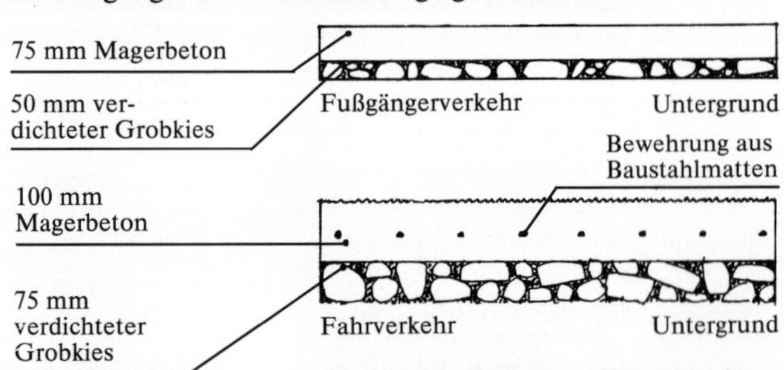

Pflaster aus Ortbeton Körnung der Oberfläche durch Bürsten und Abspritzen freilegen, solange der Beton nicht völlig abgebunden hat.

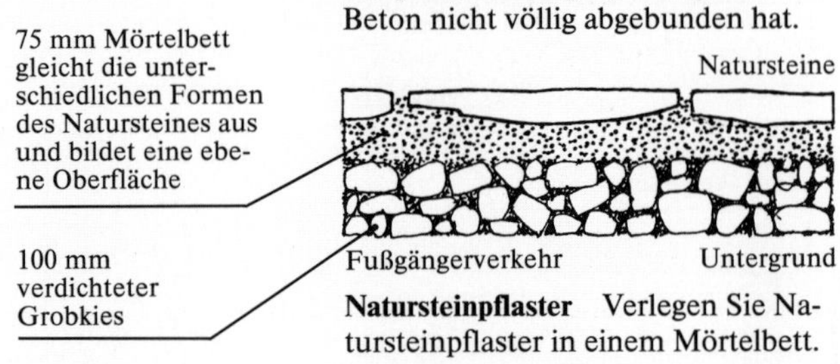

Natursteinpflaster Verlegen Sie Natursteinpflaster in einem Mörtelbett.

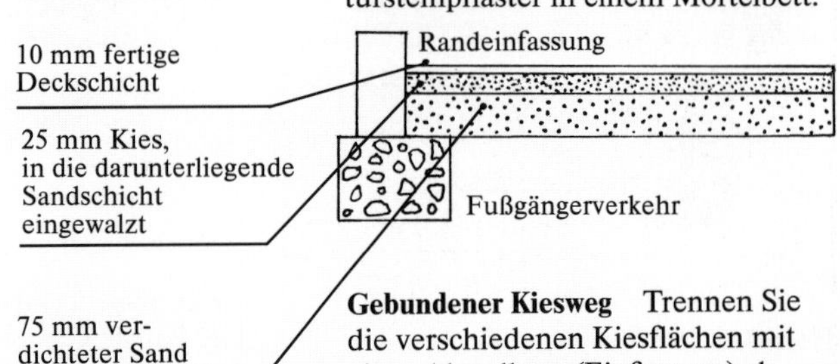

Gebundener Kiesweg Trennen Sie die verschiedenen Kiesflächen mit einer Abstellung (Einfassung) ab.

HOLZDECKS

Bau eines sicheren Decks
Lassen Sie sich wegen des Abstandes und der Dimensionierung der Lagerhölzer von einem Zimmermann beraten. Sorgen Sie dafür, daß das Balkenwerk, das das Deck trägt, stark genug ist und auf festem Betonfundament steht. Und sparen Sie nie beim Bau eines Decks!

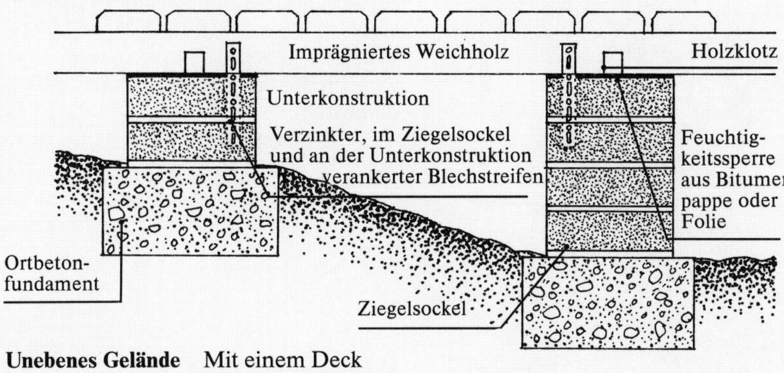

Unebenes Gelände Mit einem Deck kann unebenes Gelände in eine ebene Fläche verwandelt werden.

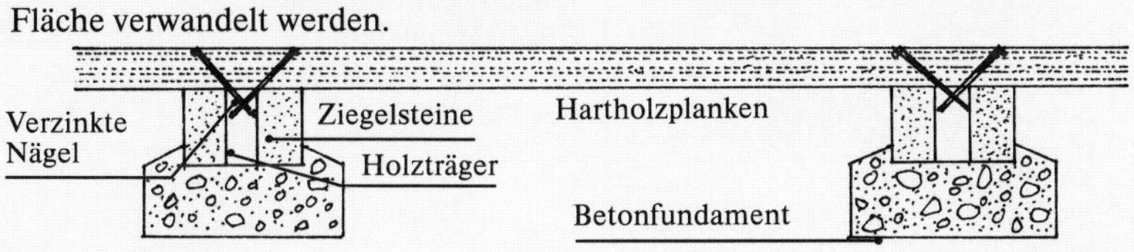

Ebenes Gelände Ein ebenes Holzdeck kann eine Alternative zu einer Pflasterung sein.

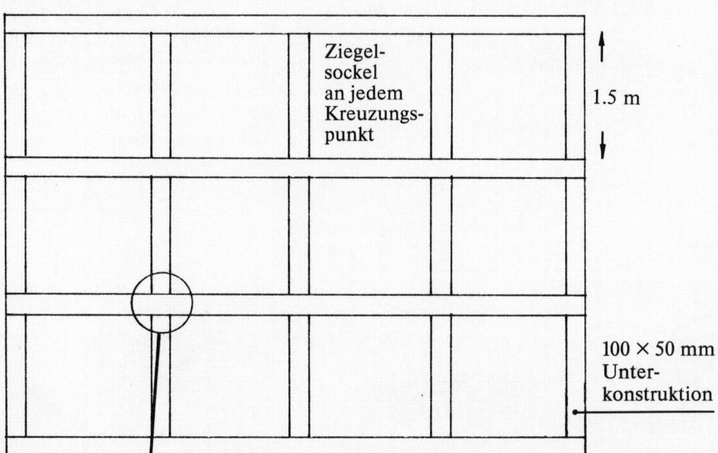

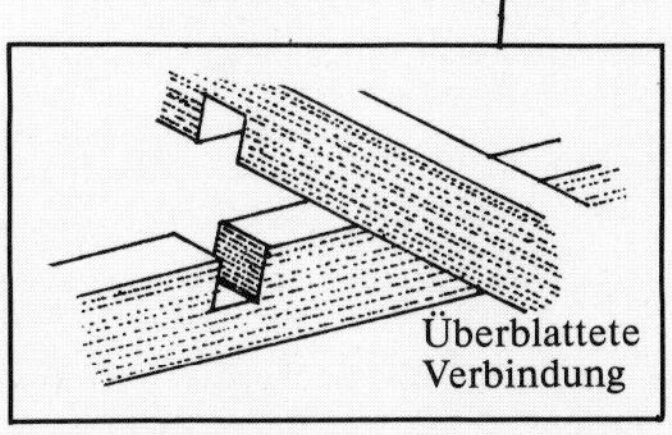

Balkenunterkonstruktion Die Unterkonstruktion, auf die die Decksplanken genagelt werden, kann aus Hartholz oder abgelagertem Weichholz hergestellt werden. Das Rahmenwerk sollte an jedem Kreuzungspunkt durch einen Pfeiler gestützt werden.

Anschlußpunkte des Decks
Eine Decksfläche kann an eine andere Decksfläche anschließen, an ein anderes Oberflächenmaterial oder an eine Tür. Sorgen Sie für eine Entwässerungsrinne unter den Anschlußpunkten.

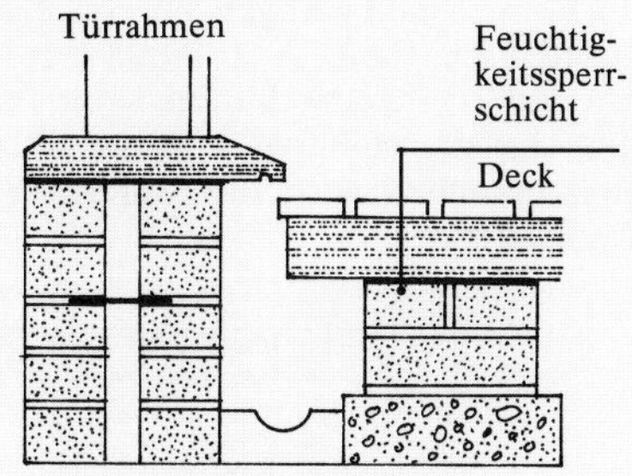

Anschluß zwischen Deck und Tür

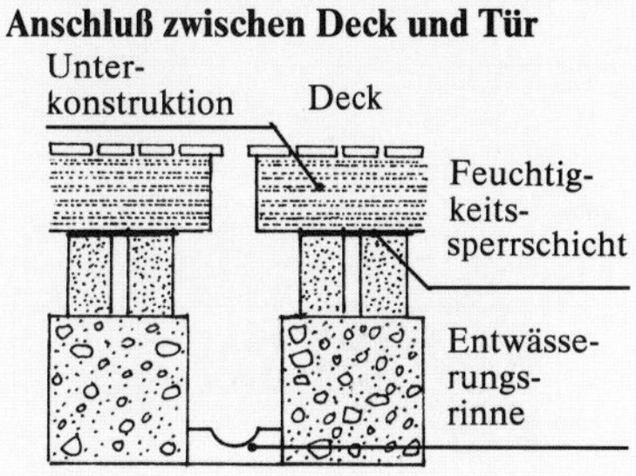

Anschluß zwischen Deck und Deck

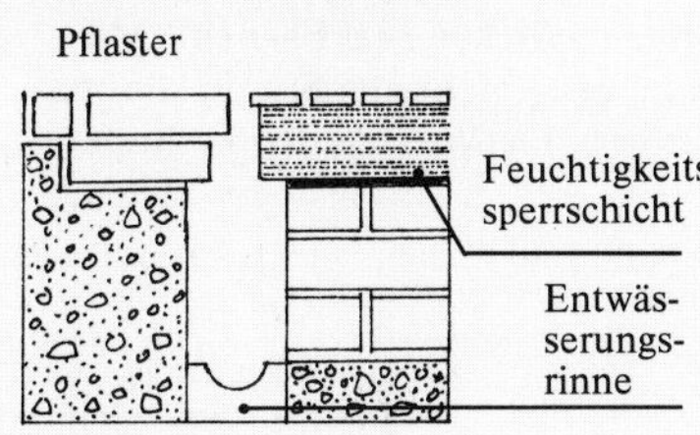

Übergang zwischen Holzdeck und Pflasterweg

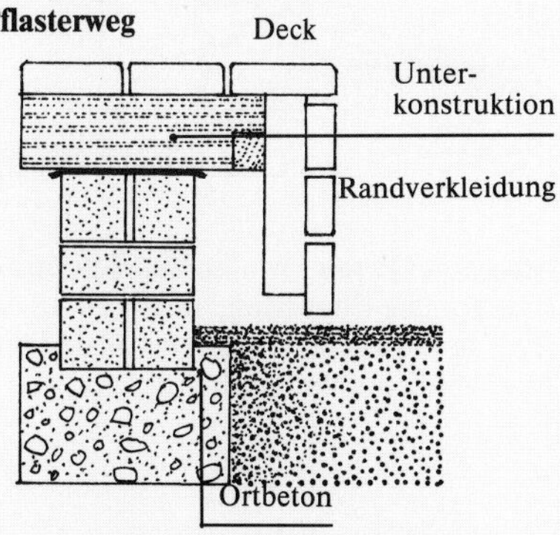

Randverkleidung Rand des Decks mit Holzbrettern verkleiden.

Muster der Beplankung
Die Decksplanken können diagonal oder parallel verlegt werden. Die Form der Unterkonstruktion, die im Muster der Nägel sichtbar wird, ergibt ein dekoratives Element. Versuchen Sie ein Muster auszuwählen, das zu den angrenzenden Häusern paßt.

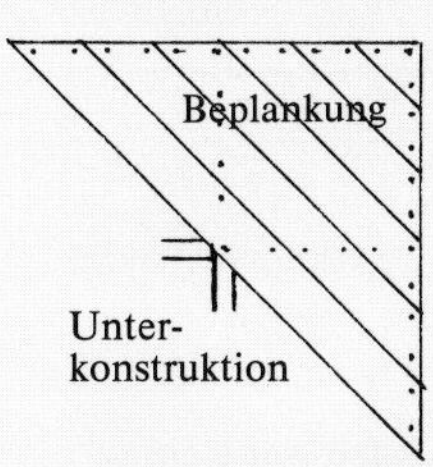

Diagonalmuster

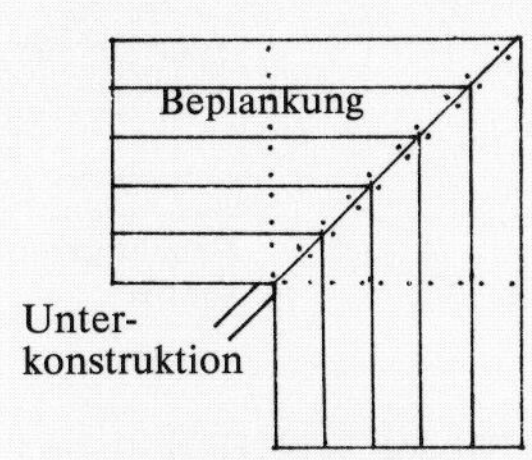

Auf Gehrung

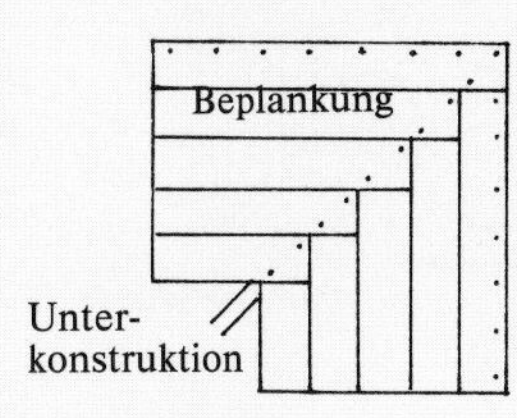

Rektangulär

STUFEN

Verschieden Arten von Stufen
Die Dimensionierung der Stufen hängt ab von der Höhe, die Sie überwinden müssen, und der Distanz, in der diese zu bewältigen ist. Treppen können von Punkt A zu Punkt B führen, oder einzelne Stufen sind Teil der Gartengestaltung. Wie das Pflaster, brauchen auch die Stufen eine Entwässerung.

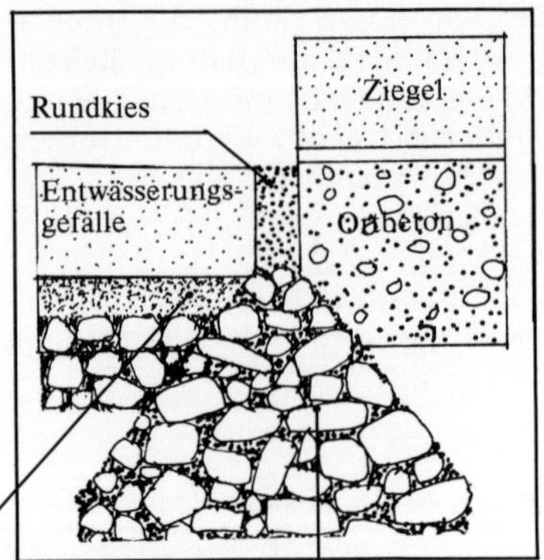

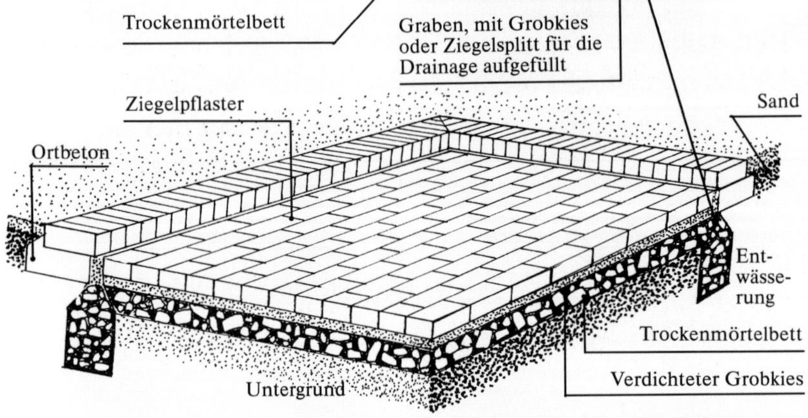

Stufen zwischen zwei Ebenen Mit einer oder mehreren Stufen können Sie verschiedene Ebenen in Ihrem Garten schaffen. Berücksichtigen Sie bei der Planung der Stufen eine Versickerungsmöglichkeit.

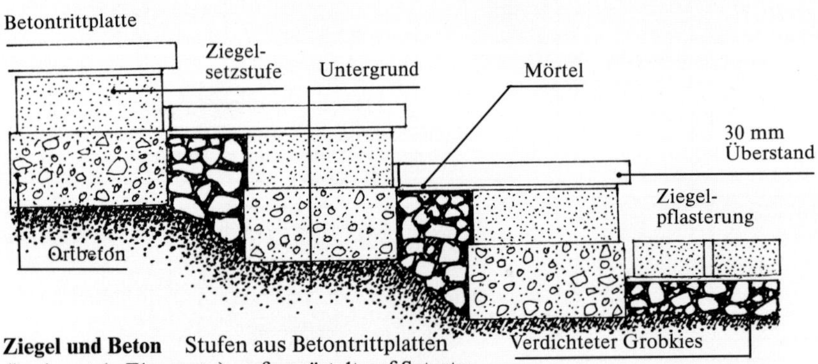

Ziegel und Beton Stufen aus Betontrittplatten (horizontale Elemente), aufgemörtelt auf Setzstufen aus Ziegelmauerwerk (vertikale Elemente) über verdichtetem Grobkies.

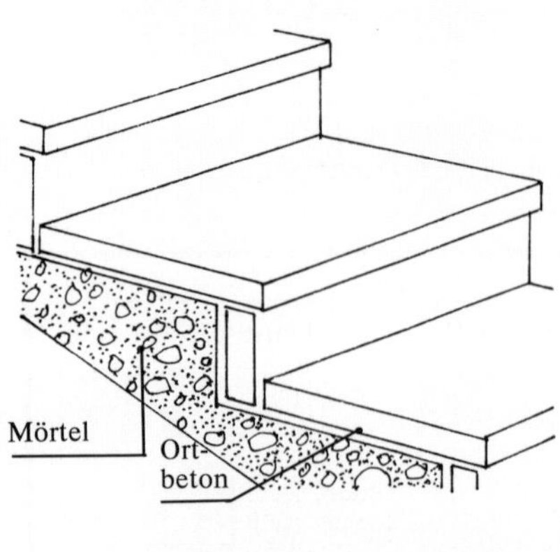

Treppe mit Betonstufen Diese Treppe besteht aus vorgefertigten Betontrittplatten und Betonsetzstufen.

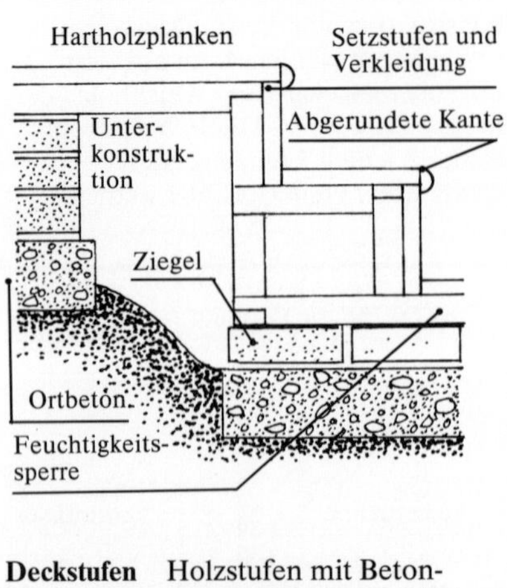

Deckstufen Holzstufen mit Betonfundamenten können zwei verschiedene Ebenen mit Decks verbinden.

Geländer
Geländer erhöhen die Sicherheit beim Begehen von Treppen, vor allem von steilen. Gleichzeitig bilden sie ein dekoratives Element in der Gestaltung des Gartens. Achten Sie darauf, daß Material und Form des Geländers zum Stil und Material der Treppen passen. Eine Auswahl von verschiedenen Geländern ist unten dargestellt.

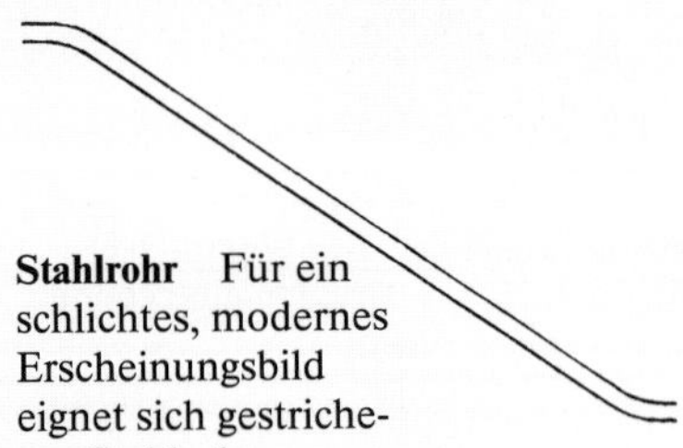

Stahlrohr Für ein schlichtes, modernes Erscheinungsbild eignet sich gestrichenes Stahlrohr.

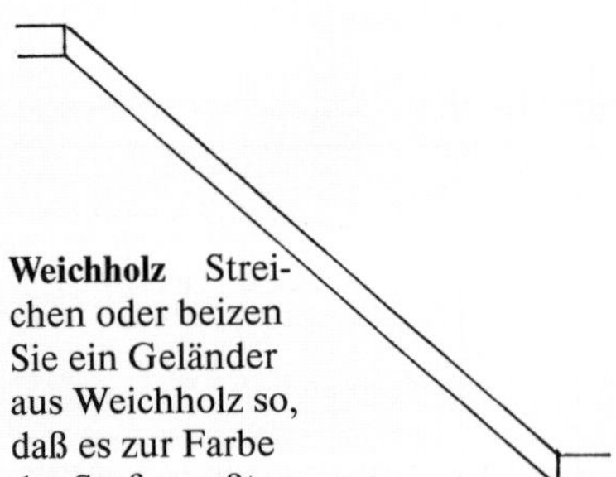

Weichholz Streichen oder beizen Sie ein Geländer aus Weichholz so, daß es zur Farbe der Stufen paßt.

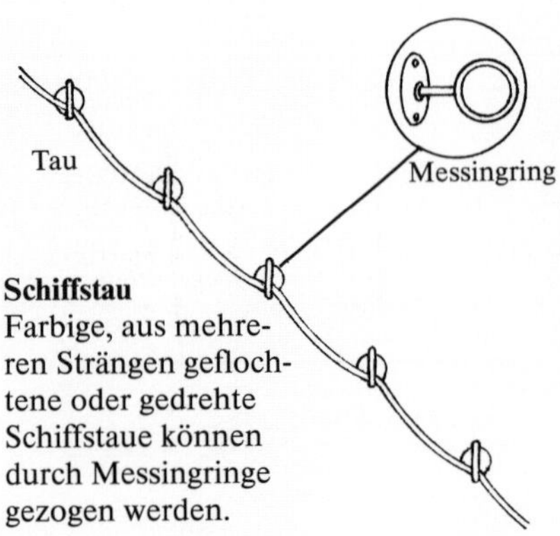

Schiffstau
Farbige, aus mehreren Strängen geflochtene oder gedrehte Schiffstaue können durch Messingringe gezogen werden.

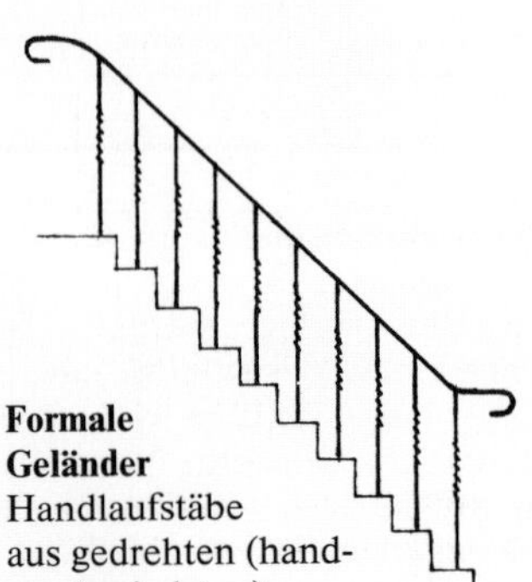

Formale Geländer
Handlaufstäbe aus gedrehten (handgeschmiedeten) Stahlstäben.

WASSER

Bau einer Wasseranlage
Kleine Wasserflächen sollten in klare Formen eingebunden sein. Der Effekt eines Naturteiches in einem kleinen städtischen Garten ist immer ein gekünstelter.
Sorgfalt bei der Planung und Ausführung einer Wasseranlage ist äußerst wichtig. Eine schlampige Ausführung ruiniert den Gesamteindruck, wie Sie ihn sich vorgestellt haben. Falls Sie eine elektrische Pumpe installieren oder einen Steg bauen wollen, holen Sie immer den Rat eine Fachmannes ein. Sind Sie dann im Besitz einer Wasseranlage, ist es vor allem wichtig, das Wasser sauber und klar zu halten.

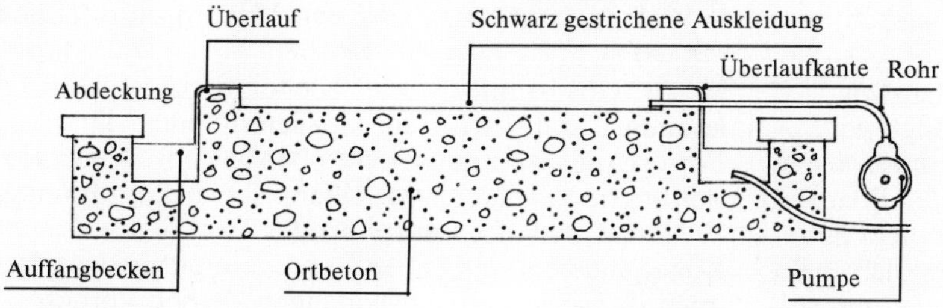

Sprudelbecken mit Überlauf Eine Pumpe (die unsichtbar plaziert wird) befördert das Wasser in ein Sprudelbecken, von wo aus es sanft in ein niedrigeres Auffangbecken rinnt. Ein Ableitrohr führt zurück zur Pumpe, so daß das Wasser wieder verwendet wird.

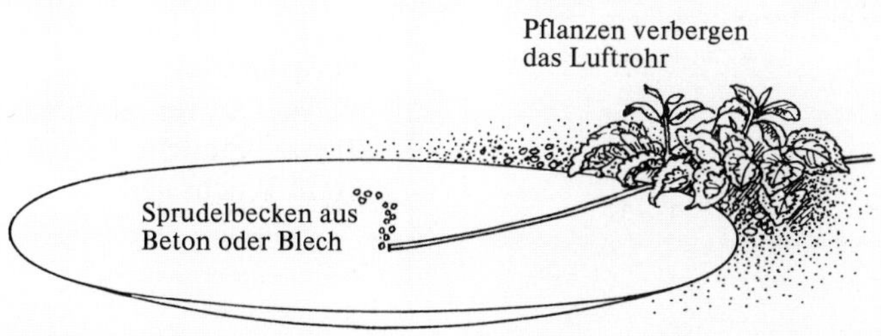

Sprudelteich in Tellerform Eine kleine Pumpe befördert durch ein Rohr Luft in die Mitte des Sprudelteiches und läßt dort Bläschen aufsteigen. Der wie ein Teller aus Blech oder Beton geformte und bis zum Rand gefüllte Teich ist leicht in die Erde eingelassen.

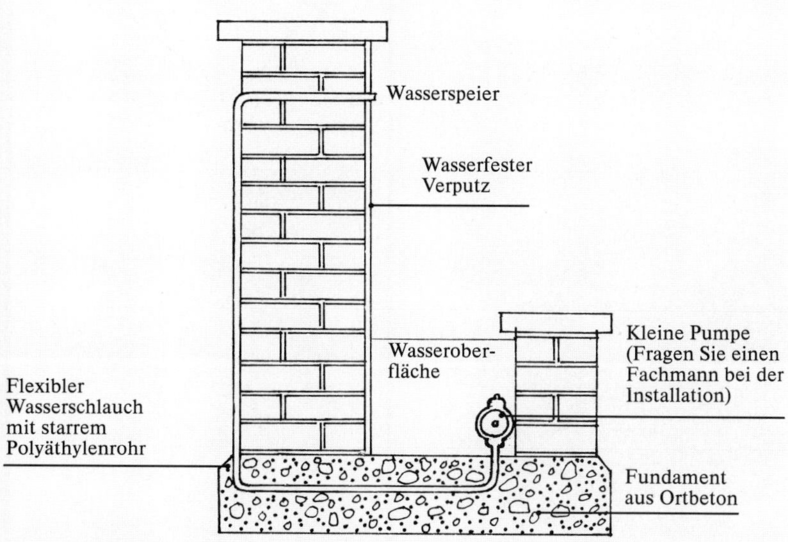

Becken mit Wasserspeier Eine kleine elektrische Pumpe im Becken drückt das Wasser durch ein Rohr und aus dem Wasserspeier. Das Wasser plätschert in das Auffangbecken und wird wieder verwendet. Betonabdeckungen schließen die Mauern des Wasserspeiers sauber ab.

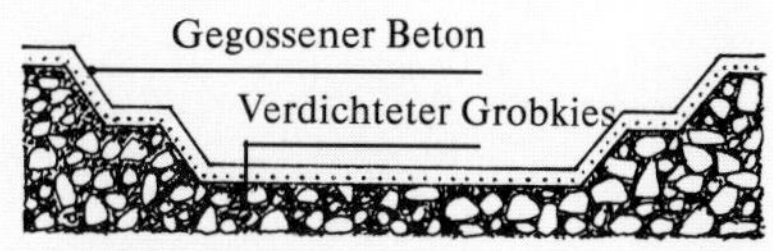

Einfaches Betonbecken
Beton ist wasserdicht und eignet sich gut, um einfache klare Wasserbecken zu bauen.

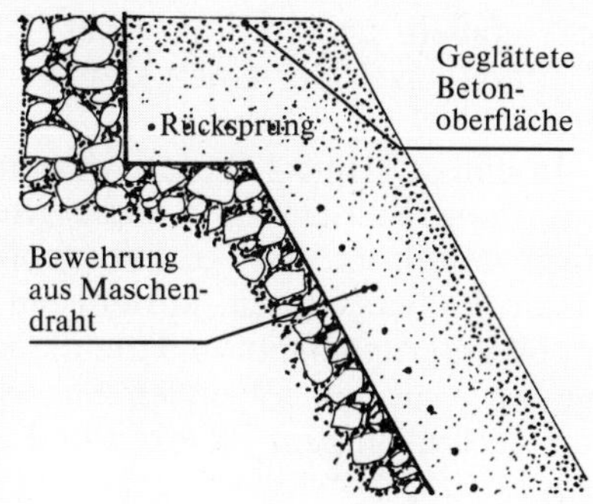

Herstellung einer sauberen Oberkante
Für die Randabdeckung eines Betonbeckens führen Sie den Beton zurück bis in den umgebenden Grobkies.

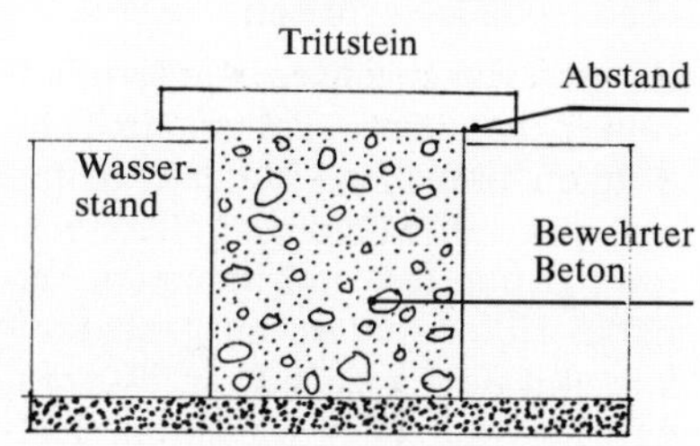

Trittsteine Trittsteine ermöglichen, einen kleinen Wassergarten zu überqueren und Wasserpflanzen zur Pflege zu erreichen.

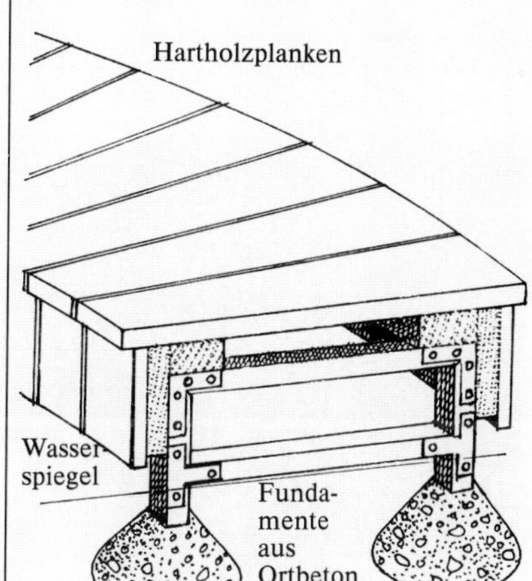

Steg Gerade oder gekrümmte Stege, auf einer Aluminium-Unterkonstruktion mit einem Betonfundament erbaut, sollten sich direkt oberhalb des Wasserspiegels befinden.

Pflanzanweisungen

Die richtigen Pflanztechniken und eine sorgfältige Pflanzenpflege sind die Voraussetzungen für gesundes, schönes Pflanzenwachstum, ohne das sich keine Gestaltungsidee verwirklichen läßt, ob es sich um eine Gruppe aus ungewöhnlichen Bambus- und Grasarten in Gefäßen, um eine an einer Tür emporrankende Kletterpflanze oder einen kleinen Wassergarten handelt.

In einem kleinen Garten, dessen Bepflanzung sich fast immer vollständig in Sichtweite befindet, wird es noch deutlicher, wie gut sie gepflegt wurde, als in einem großen Garten, in dem ein Teil der Pflanzen im Hintergrund bleibt und die meiste Zeit nicht zu sehen ist. Auf den folgenden Seiten finden sich nicht nur Techniken zum Pflanzen und zur Pflege und solche, die für den kleinen Garten unverzichtbar sind, wie etwa das Ziehen von Pflanzen in Gefäßen, sondern auch ausgefallenere Methoden, die sich besonders eignen, um Leben und Reiz in begrenzte Räume zu bringen, wie zum Beispiel das Erziehen an Spalieren und Kordons (siehe gegenüberliegende Seite).

Viele kleine Gärten sind von Mauern und Zäunen umgeben, die wertvolle Flächen bieten, auf denen kleine Obstbäume sowie Kletterpflanzen wachsen können, und zwar an Spalieren oder Drähten. Formschnitt ist eine weitere phantasieanregende Gestaltungsmöglichkeit, vor allem für kleine Räume. Vielleicht bedarf es nur ein oder zwei geschnittener Kübelpflanzen, um Leben in einen unattraktiven Bereich zu bringen, wie etwa in einen kleinen Vorhof.

KLETTERPFLANZEN

Kletterpflanzen stützen

Es gibt verschiedene Kletterpflanzentypen, die unterschiedliche Stützen brauchen. Manche halten sich mit Luftwurzeln an senkrechten Flächen fest und brauchen keinerlei Hilfe. Andere besitzen Ranken, mit denen sie sich an Stützen, wie Drähten oder Spalieren, festklammern. Und wieder andere, wie Kletterrosen und Sträucher, die senkrecht vor einer Wand wachsen, müssen an Stützen festgebunden werden.

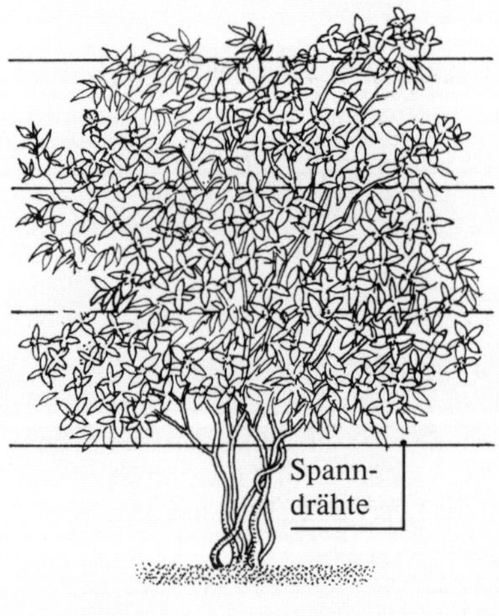

Eine Clematis, die sich um Drähte schlingt

Ein Geißblatt, das an einem Spalier emporklettert

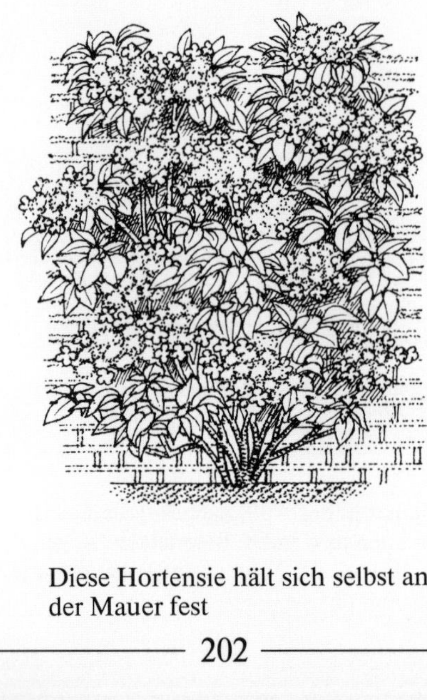

Diese Hortensie hält sich selbst an der Mauer fest

Wuchsformen

Welche Stütze eine Kletterpflanze braucht, hängt von ihrem Wuchs ab.

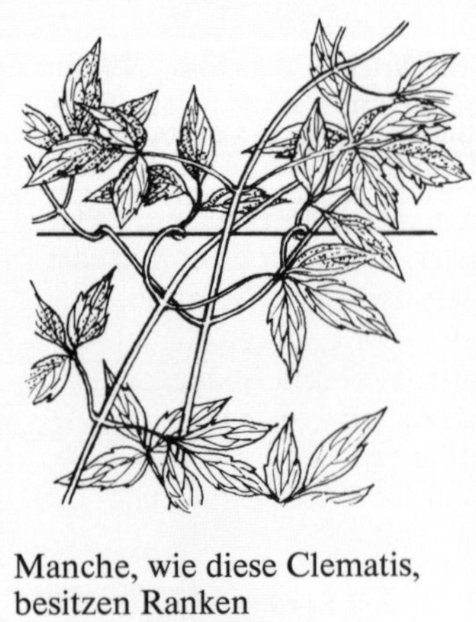

Manche, wie diese Clematis, besitzen Ranken

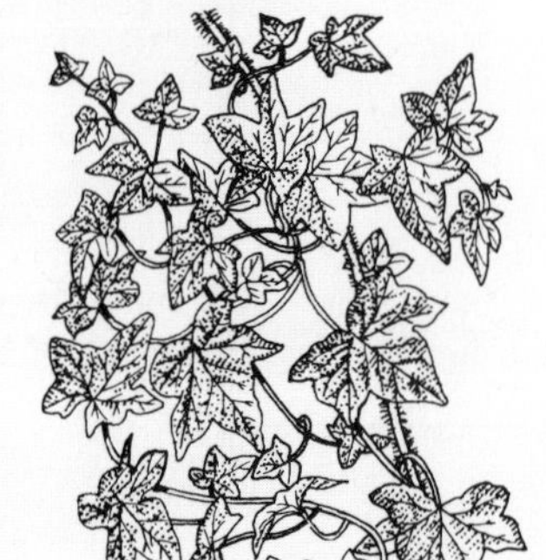

Andere, wie Efeu, haben Luftwurzeln

BÄUME ERZIEHEN

Spalier

Obstbäume haben normalerweise einen ausladenden Wuchs, können aber in kunstvollen Formen an Spalieren oder Kordons erzogen werden. Ein Spalierbaum hat einen senkrechten Mittelstamm mit rechtwinklig erzogenen Seitenästen. Die Form entsteht durch Schneiden und Festbinden an Stäben und Drähten.

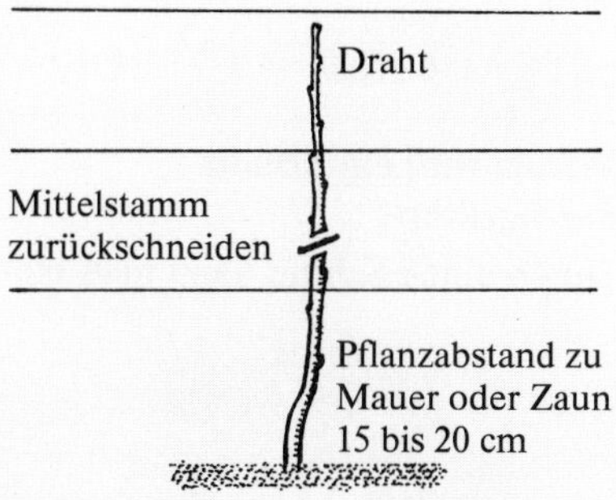

Spalier – erster Winter Auf die dritte gesunde Knospe zurückschneiden.

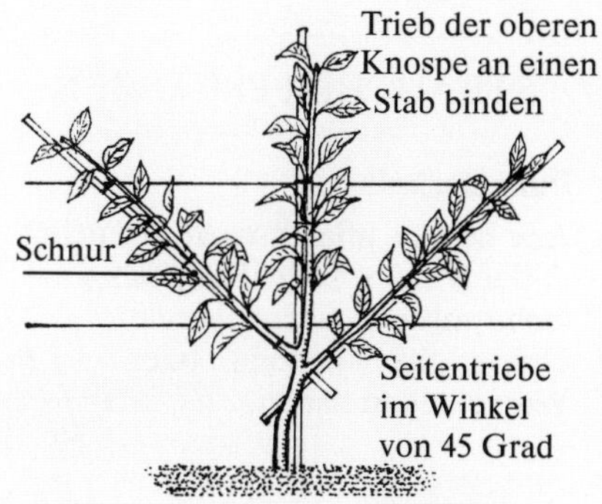

Spalier – erster Sommer Hauptstamm und Seitenäste an Stäben festbinden.

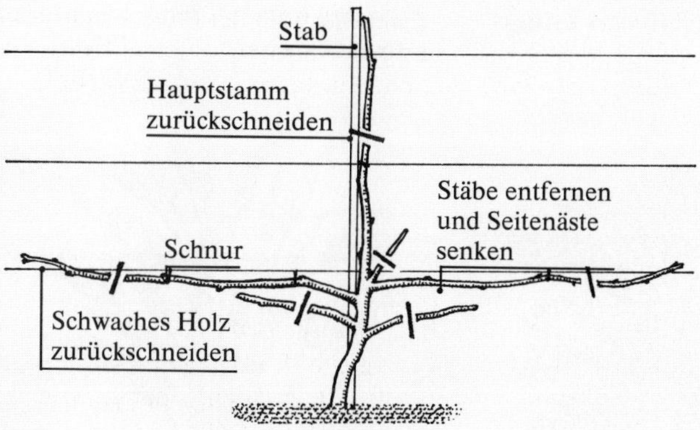

Spalier – zweiter Winter Stäbe entfernen und Seitenäste an den Draht binden. Hauptstamm und schwaches Holz zurückschneiden.

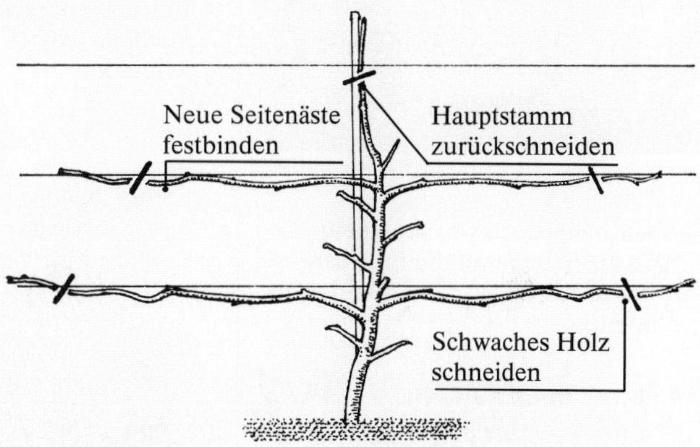

Spalier – dritter Winter Den gleichen Vorgang wie ein Jahr zuvor wiederholen; Hauptstamm weiterhin am Stab erziehen.

Kordons

Ein an einem Kordon wachsender Obstbaum hat einen im Winkel von 45 Grad erzogenen Stamm beziehungsweise zwei oder drei parallelwachsende Stämme, so daß er die Form einer Gabel bekommt. Kordon- und Spalierbäume eignen sich, um in einem kleinen, von Mauern oder Zäunen umgebenen Garten Obstbäume zu ziehen.

Kordon – erstes Jahr (rechts) Den Baum im Winter pflanzen. Den Haupttrieb im Winkel von 45 Grad an einen Stab binden. Wenn Seitentriebe vorhanden sind, diese auf 15 cm Länge und vier Knospen zurückschneiden. Danach den Baum jeden Sommer schneiden.

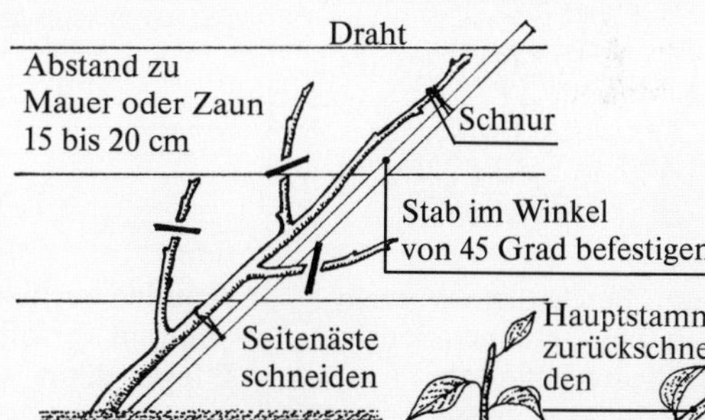

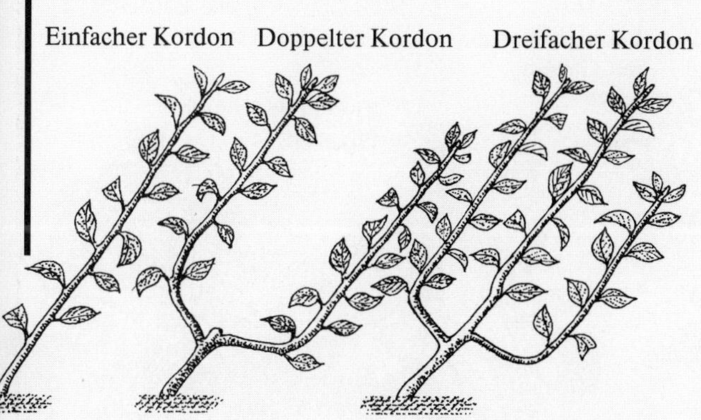

Kordonformen Für welche Form Sie sich auch entscheiden, die Früchte werden immer leicht erreichbar sein.

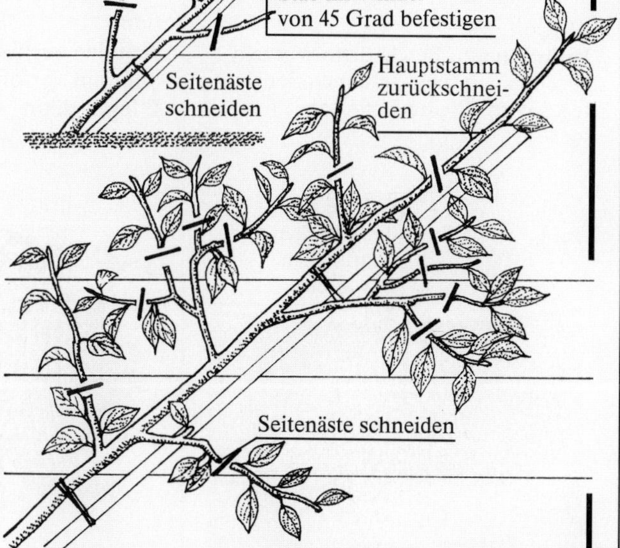

Kordon – Sommerschnitt Hauptstamm 2,5 cm zurückschneiden; Seitentriebe schneiden.

STRÄUCHER PFLANZEN

Pflanztechnik

Am besten pflanzt man Sträucher in der Ruheperiode. Das Pflanzloch muß eine ausreichende Größe für Wurzeln oder Wurzelballen haben.

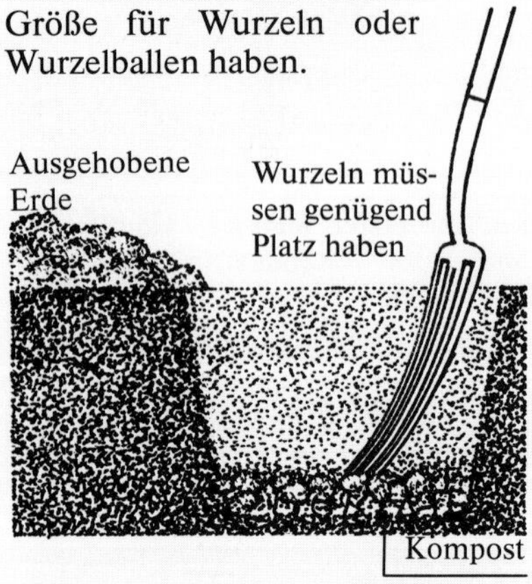

Graben Ein Loch von geeigneter Größe ausheben und die Erde sorgfältig wenden. Etwas Gartenkompost einarbeiten.

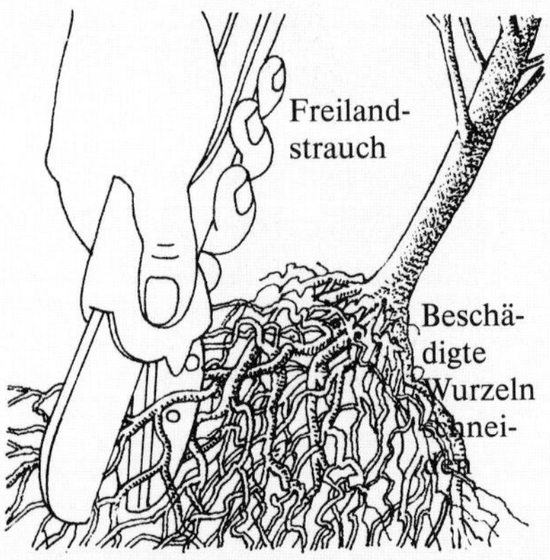

Vorbereitung Beschädigte Wurzeln abschneiden (bei Containerpflanzen feste Wurzelballen behutsam lockern).

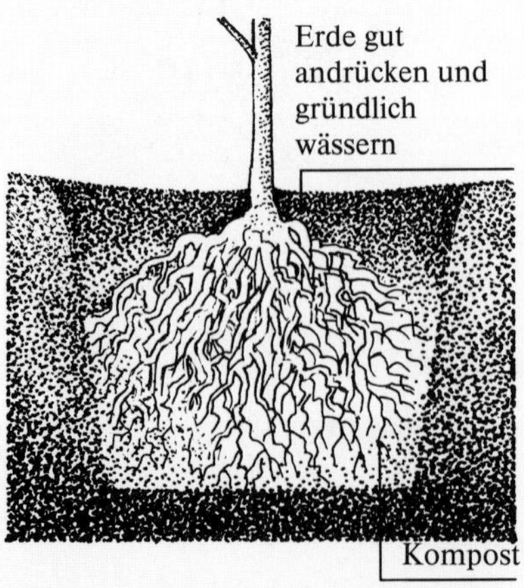

Pflanzen Wurzeln (außer bei Containerpflanzen) im Loch ausbreiten, Erde auffüllen und andrücken.

STRÄUCHER SCHNEIDEN

Warum wird ein Schnitt durchgeführt?

Durch einen Schnitt kann man Höhe und Form bestimmen, was besonders in kleinen Gärten wichtig ist. Er sorgt auch für besseres Wachstum und Blütenentwicklung. Sträucher nach der Blütezeit schneiden.

Form vor dem Schnitt

Weichholzstrauch Sträucher wie *Buddleja* jedes Frühjahr hart zurückschneiden

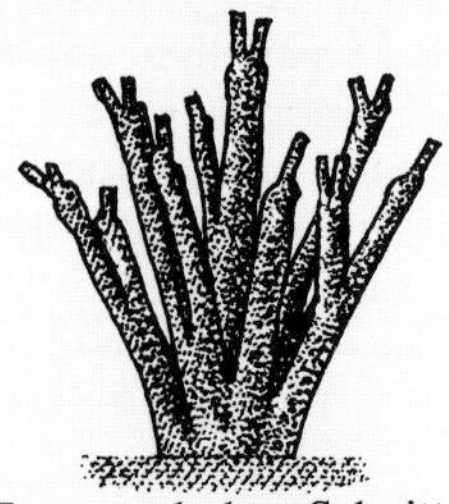

Form nach dem Schnitt

Hartholzstrauch Sträucher wie *Philadelphus* nach der Blütezeit zurückschneiden.

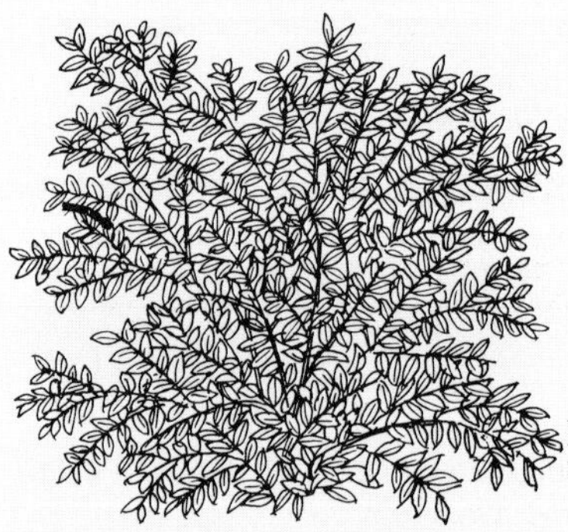

Form nach einer Wachstumsperiode

Weichholzstrauch Statt unkontrolliert zu wachsen, entwickelt der Strauch eine gefällige Form.

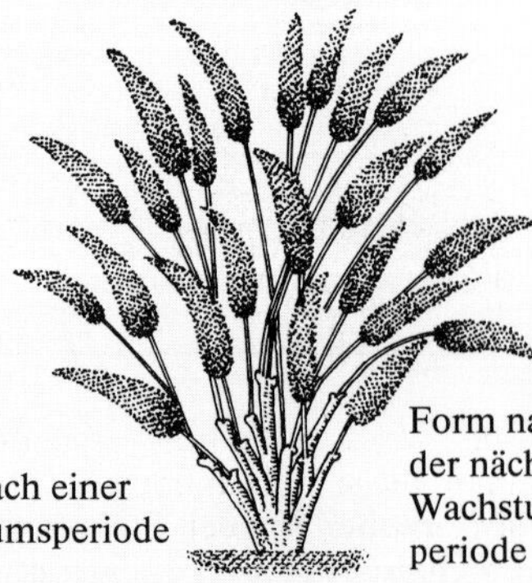

Form nach der nächsten Wachstumsperiode

Entwicklung neuer Triebe Statt unkontrolliert zu wachsen, erhält der Strauch eine runde Form.

STAUDEN

Stauden verjüngen

Stauden erfordern eine gewisse Pflege, denn wenn sie viele Jahre ungehindert wachsen, werden sie zu groß, sehen vernachlässigt aus und entwickeln weniger Blüten. Um Stauden zu verjüngen, teilt man sie nach der Blüte entweder mit einem Spaten (fleischige Wurzeln) oder mit zwei Gabeln (faserige Wurzeln, s. unten).

Teilen Wenn Pflanzen verjüngt werden müssen, nimmt man sie (im Herbst) aus der Erde und teilt sie. Dann hat man mehrere Exemplare, die neu gepflanzt werden können. Nach einigen Wachstumsperioden erneut teilen.

FORMSCHNITT

Das Schneiden von Pflanzen mit dichtem Wuchs

Immergrüne Heckenpflanzen, wie Buchsbaum *(Buxus sempervirens)* und Liguster *(Ligustrum ovalifolium)*, können kunstvoll geformt werden. Damit sie gepflegt und gesund aussehen, muß man sie in den ersten Jahren drei- bis viermal im Jahr schneiden, später reicht ein- bis zweimal jährlich aus. Man schneidet während der Wachstumsperiode und nur mit scharfen Werkzeugen. (Immergrüne Pflanzen für den Formschnitt s. Seite 216.)

Richtig Wählen Sie nur Formen, die sich nach oben verjüngen und etwa der natürlichen Wuchsform der Pflanze entsprechen.

Falsch Die breiteste Stelle darf nicht oben sein, weil sich sonst Schnee ansammelt und das Licht nicht bis zu den tieferliegenden Teilen vordringt.

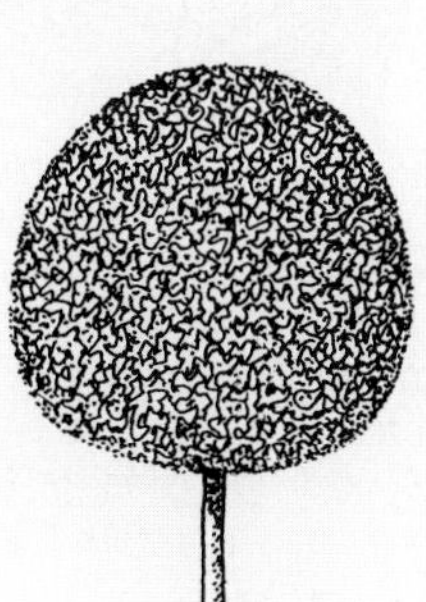

Kugel Diese traditionelle Form eignet sich gut für Kübelpflanzen und verfehlt nie ihre Wirkung. Triebe am Stamm zurückschneiden, damit er glatt bleibt.

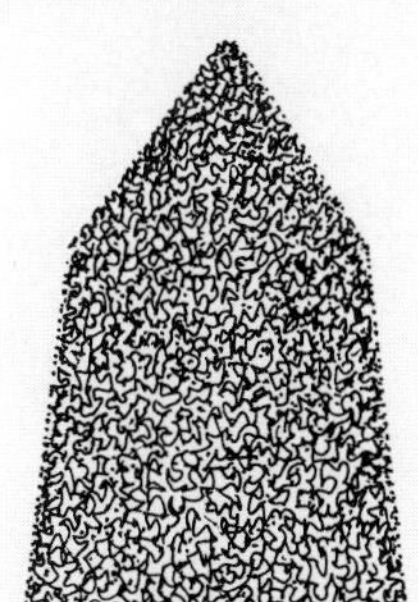

Spitzer Kegel Zum Schneiden der Schrägen, die exakt vom höchsten Punkt abfallen, eine Hilfsschnur benutzen, damit die Form symmetrisch wird.

Bogen Rundungen lassen sich leichter schneiden als gerade Formen. Rundgeschnittene Pflanzen bekommen ein Optimum an Licht und Feuchtigkeit.

Das Schneiden von Pflanzen mit lockerem Wuchs

Blühende Pflanzen, die von Natur aus eine lockere Form haben, wie Fuchsien und Pelargonien, können so geschnitten und gezogen werden, daß sie einen kahlen Stamm und eine buschige, runde Krone bekommen, also zu kleinen Bäumchen heranwachsen. Auf Seite 216 ist eine Liste der dafür geeigneten Pflanzen. Solche Bäumchen sehen in Kübeln besonders hübsch aus. Darüber hinaus kann man die zumeist frostempfindlichen Pflanzen im Winter bequem an einen geschützten Platz bringen. Im Sommer bereichern sie den Garten um ein reizvolles Element.

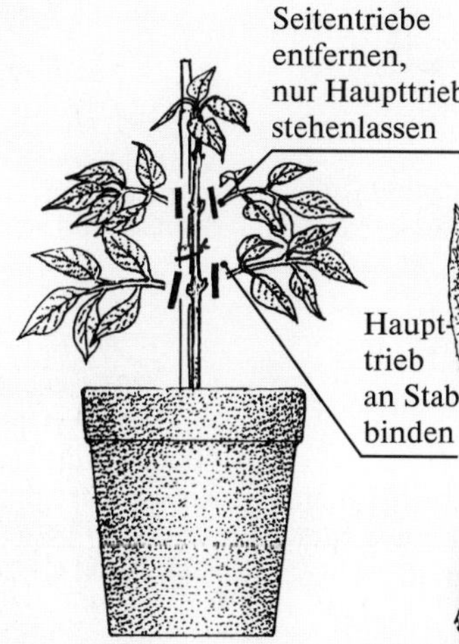

Untere Triebe schneiden Untere Triebe entfernen, so daß der Stamm glatt ist (er sollte mit einem Stab gestützt werden).

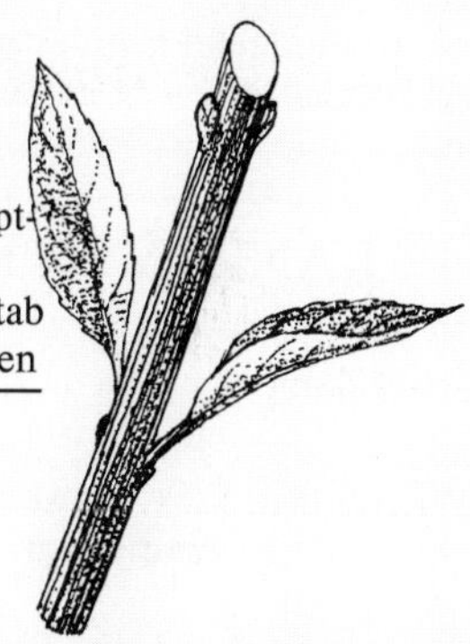

Obere Triebe schneiden Damit sich eine Krone entwickelt, höhere Seitentriebe zurückschneiden, und zwar direkt oberhalb einer gesunden Knospe.

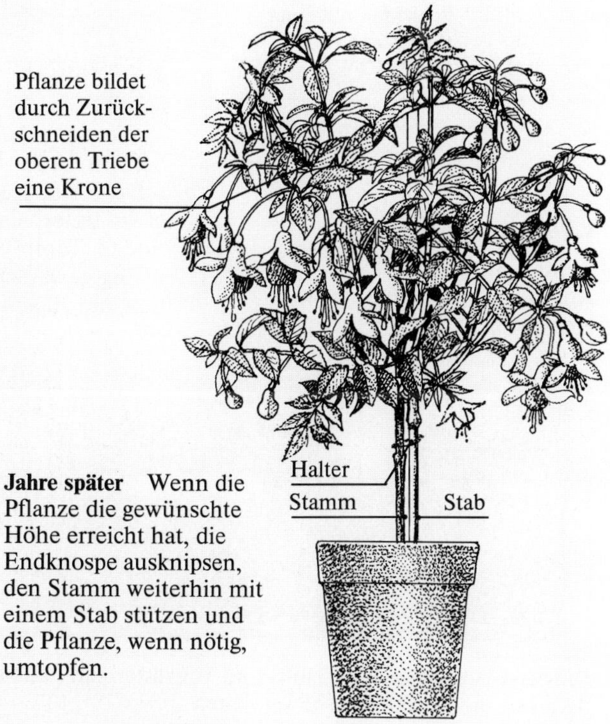

Jahre später Wenn die Pflanze die gewünschte Höhe erreicht hat, die Endknospe ausknipsen, den Stamm weiterhin mit einem Stab stützen und die Pflanze, wenn nötig, umtopfen.

Verwendung von Drahtformen

Heckenpflanzen mit dichtem Wuchs, wie wintergrüner Liguster *(Ligustrum ovalifolium)*, können in einer Form aus Drahtgeflecht erzogen und geschnitten werden.

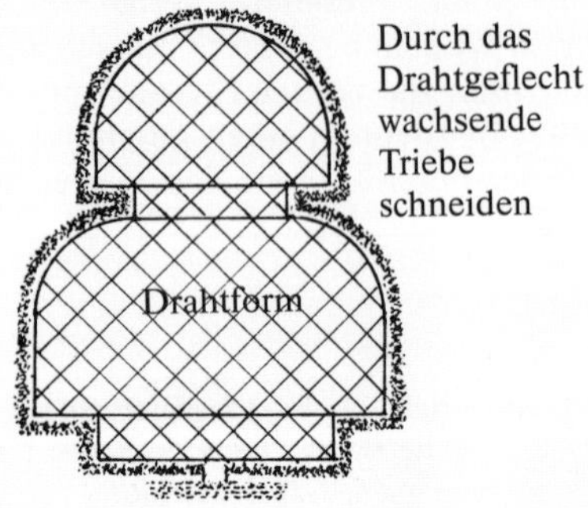

Eine Methode des Formschnitts für Heckenpflanzen

Kletterpflanzen wie Efeu *(Hedera)* und Kletterfeige *(Ficus Pumila* [weitere Pflanzen s. Seite 216]) können an und um Draht erzogen werden. Einfache Formen sehen am besten aus.

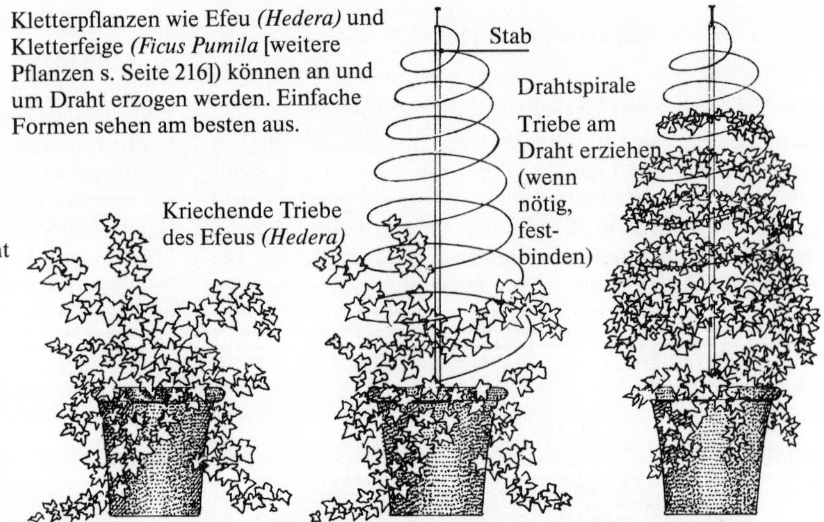

An Drahtformen wachsen Die Triebe sollten locker an den Draht gebunden werden. Pflanzen mit kriechendem Wuchs außen um den Draht legen und Pflanzen mit senkrechtem Wuchs in die Mitte bringen.

PFLANZEN IN KIES

Verwendung von Kies

Anstelle von Pflaster kann man verdichteten Kies verwenden, der sich zur Bepflanzung eignet.

Eine Pflanzstelle vorbereiten

Neben selbstaussamenden Pflanzen, die in Erdresten im Kies wachsen, kann man noch für ein größeres Gewächs ein Pflanzloch graben.

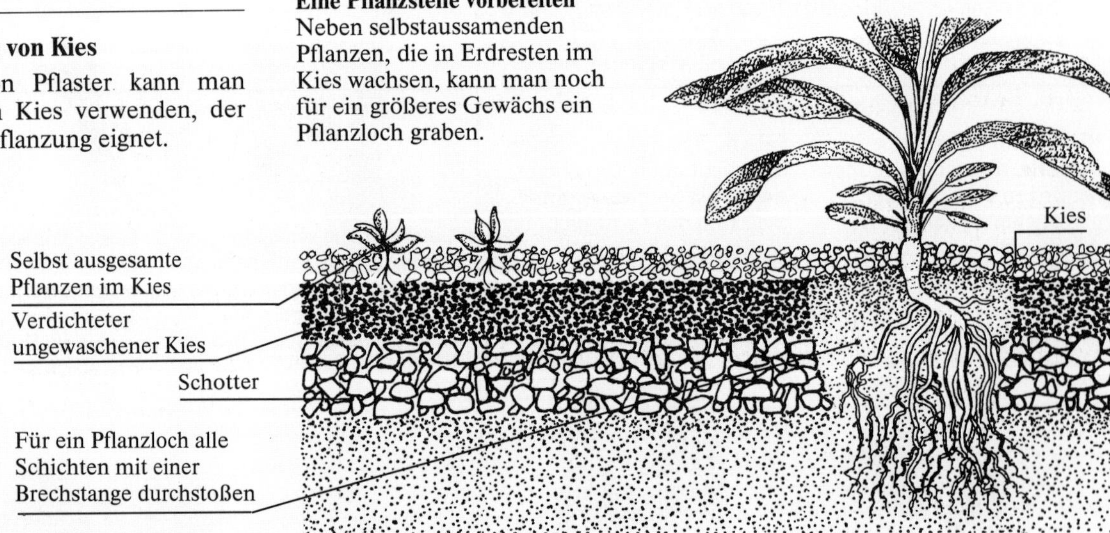

GEFÄSSE

Vorbereitung und Pflege

Achten Sie darauf, daß die Gefäße Abzugslöcher haben. Diese mit einer Schicht Scherben oder Kiesel abdecken. Darauf kommt eine Schicht Erde. Pflanzen so hineinsetzen, daß sich die Wurzelballen etwas unterhalb des Topfrandes befinden. Topfpflanzen müssen regelmäßig gewässert und gedüngt werden, um zu gedeihen.

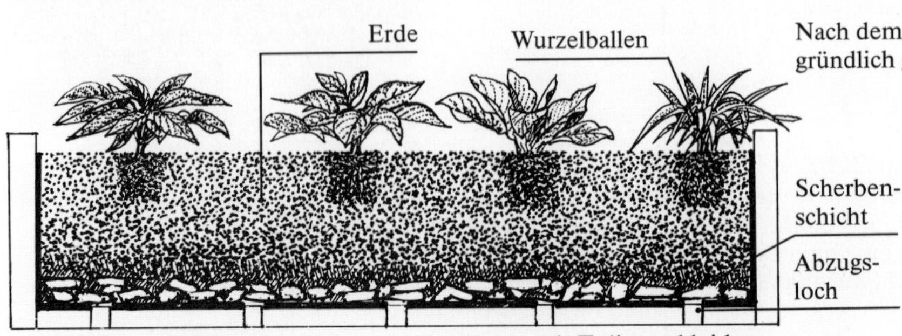

Fensterkästen bepflanzen Holz- und Tonkästen mit Folie auskleiden, damit sie die Feuchtigkeit besser halten.

Vergewissern Sie sich, daß der Topf groß genug für die Wurzeln ist.

Ampeln

Ampeln können mit (nicht artgeschütztem) Moos oder Fasertorf, oder einem porösen Kunststoff ausgekleidet werden. Nur Erde verwenden, die die Feuchtigkeit hält.

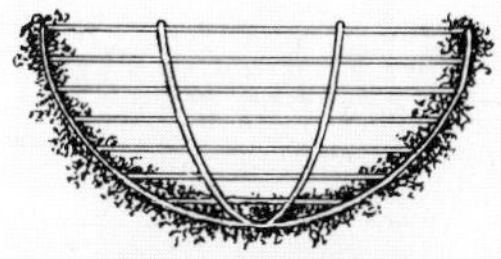

Moosauskleidung

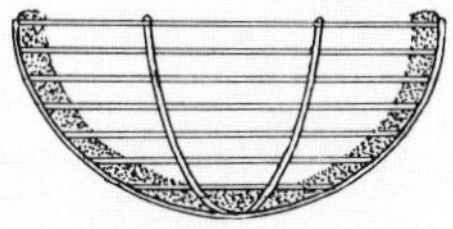

Kunststoffauskleidung

AUTOMATISCHE BEWÄSSERUNG

Vorteile

Topfpflanzen brauchen mehr Wasser als Freilandpflanzen. Wer viele Pflanzen besitzt, dem spart ein automatisches Bewässerungssystem viel Zeit, und während eines Urlaubs sichert es das Überleben der Pflanzen.

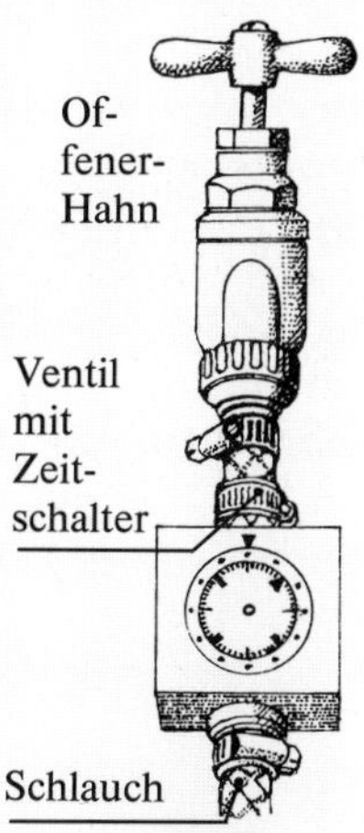

Das System (rechts und unten)
Automatische Bewässerungssysteme bestehen aus mit Zeitschaltern versehenen Ventilen, die die Wasserzufuhr aus einem offenen Hahn regulieren, und einem perforierten Schlauch, der über die Töpfe gelegt wird.

IN WASSER PFLANZEN

Pflanzmethoden

Statt den Boden eines Teiches mit Erde zu bedecken, kann man Wasserpflanzen auch in Gefäßen ziehen, was die Pflege der Pflanzen und das Säubern des Teiches erleichtert.

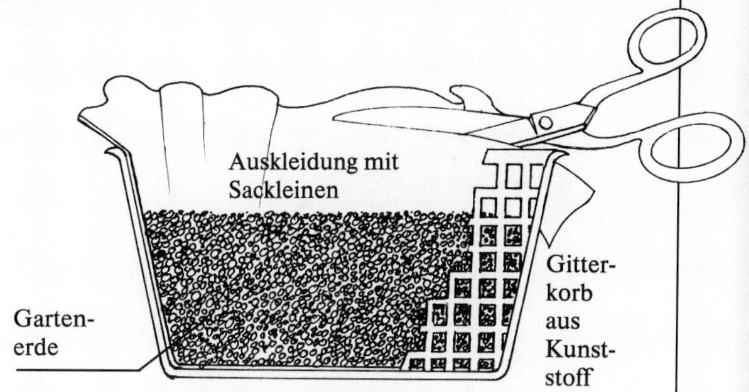

Vorbereitung Einen Korb auskleiden und mit Gartenerde füllen (Pflanzsubstrat fördert die Algenentwicklung).

Pflanzen Die Erde gut andrücken. Eine Schicht Kies oder Kiesel darauf verteilen, damit die Erde nicht weggewaschen wird, wenn der Korb ins Wasser kommt.

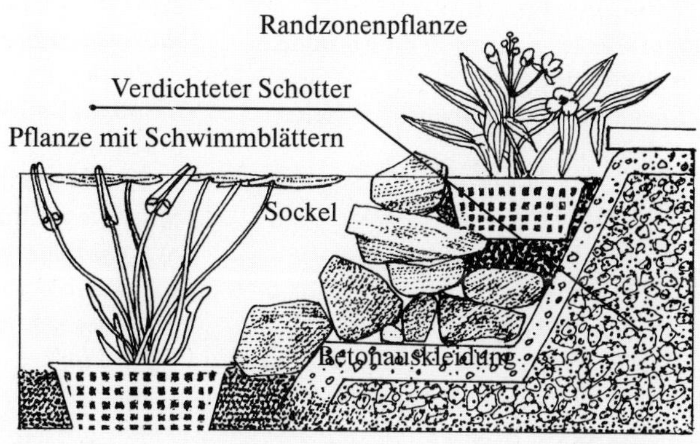

Aufstellen Randzonenpflanzen sollten erhöht aufgestellt werden, so daß sich nur ihre Wurzeln und ein Teil der Stengel im Wasser befinden. Schwimmpflanzen, wie Seerosen, sollten jung erhöht stehen und, entsprechend ihrer Entwicklung, nach und nach tiefer gesetzt werden.

Pflanzenführer für den kleinen Garten

Schattenpflanzen

Betula pendula

Feuchter Schatten

BÄUME

Acer griseum Zimtahorn
Acer japonicum Japanischer Ahorn
Acer palmatum Fächerahorn
Acer pseudoplatanus ›Brilliantissimum‹ Gelber Bergahorn
Alnus Erle
Betula pendula Sandbirke
Cornus nuttallii Nutalls Blütenhartriegel
Crataegus Weißdorn
Davidia involucrata Taubenbaum
Fraxinus Esche
Laburnum watereri Goldregen
Populus Papel
Prunus padus Traubenkirsche
Pterocarya Flügelnuß
Quercus (kleinere Formen) Eiche
Salix Weide
Stewartia malacodendron Scheinkamelie

STRÄUCHER UND STAUDEN

Alchemilla mollis Weicher Frauenmantel
Aruncus dioicus Waldgeißbart
Astilbe Prachtspiere
Aucuba japonica ›Picturata‹ Gefleckte Aukube
Aucuba japonica ›Salicifolia‹ Weidenblättrige Aukube
Aucuba japonica ›Variegata‹ Buntblättrige Aukube
Caltha palustris Sumpfdotterblume
Camellia Kamelie
Clerodendrum trichotomum Losbaum
Clethra alnifolia ›Paniculata‹ Rispiger Scheineller
Cornus Hartriegel
Darmera peltata Schildblatt
Elaeagnus commutata Silberölweide
Elaeagnus ebbingei Wintergrüne Ölweide
Elaeagnus umbellata Doldige Ölweide
Fatsia japonica Zimmeraralie
Filipendula ulmaria ›*Aurea*‹ Gelbes Mädesüß
Fothergilla monticola Bergfederbuschstrauch
Gaultheria procumbens Niederliegende Scheinbeere
Gunnera manicata Mammutblatt
Hamamelis Zaubernuß
Hedera colchica Kaukasusefeu
Hedera hibernica Irischer Efeu
Helleborus Nieswurz
Hosta Funkie
Hydrangea Hortensie
Ligularia przewalskii Kreuzkraut
Ligustrum Liguster
Liriope muscari Liriope
Lythrum Weiderich
Osmanthus decorus Duftblüte
Pachysandra terminalis Schattengrün
Pernettya Torfmyrte
Pieris Schattenglöckchen
Polygonum Knöterich
Rheum palmatum Chinesischer Rhabarber
Sambucus Holunder
Sarcococca humilis Niedrige Fleischbeere
Skimmia Skimmie
Stachyurus praecox Japanischer Perlschweif
Staphylea Pimpernuß
Symphoricarpos Schneebeere
Viburnum davidii Immergrüner Kissenschneeball
Viburnum opulus Gemeiner Schneeball
Viburnum rhytidophyllum Immergrüner Schneeball
Vinca majaor Großes Immergrün

Trockener Schatten

BÄUME

Acer palmatum Fächerahorn
Betula pendula Sandbirke
Caragana arborescens Gemeiner Erbsenstrauch
Carpinus betulus Hainbuche
Gleditsia triacanthos Lederhülsenbaum
Ilex Stechpalme
Quercus (kleinere Formen) Eiche
Robinia (außer R. ›Frisia‹) Robinie
Sorbus aria Mehlbeere
Sorbus vilmorinii Rosa Straucheberesche

STRÄUCHER UND STAUDEN

Ajuga Günsel
Amelanchier lamarckii Kupferfelsenbirne
Aucuba Aukube
Berberis Berberitze
Bergenia Bergenie
Brunnera macrophylla Kaukasusvergißmeinnicht
Buxus sempervirens Buchsbaum
Centranthus Spornblume
Contoneaster Zwergmispel
Cyclamen coum Alpenveilchen
Cyclamen hederifolium Alpenveilchen
Danae racemosa Alexandrinischer Lorbeer
Epimedium perralderianum Elfenblume
Euphorbia amygdaloides var. Mandelblättrige Wolfsmilch
Garrya elliptica
Geranium macrorrhizum Balkanstorchschnabel
Geranium nodosum Knotiger Storchschnabel
Geranium phaeum Schwarzbrauner Storchschnabel
Hedera helix ›Goldheart‹ Gelbbunter Efeu
Helleborus foetidus Stinkende Nieswurz
Ilex Stechpalme
Iris foetidissima Stinkende Schwertlilie
Lamium Taubnessel
Liriope muscari Liriope
Lonicera pileata Immergrüne Heckenkirsche
Lunaria Silberling
Mahonia aquifolium Mahonie

Osmanthus decorus Duftblüte
Pachysandra terminalis Schattengrün
Polygonatum Salomonssiegel
Prunus laurocerasus Lorbeerkirsche
Pulmonaria Lungenkraut
Rhus typhina Essigbaum
Ribes sanguineum Blutjohannisbeere
Ruscus aculeatus Mäusedorn
Sambucus racemosa Traubenholunder
Skimmia japonica Skimmie
Smyrnium Pferdeeppich
Symphoricarpos Schneebeere
Tellima Tellima
Tiarella cordifolia Schaumblüte
Tolmiea menziesii Henne mit Küken
Vinca major Großes Immergrün
Viola labradorica Labradorveilchen
Waldsteinia Golderdbeere

Pflanzen für trockene Standorte in voller Sonne

Abelia Abelie
Acanthus spinosus Stacheliger Akanthus
Achillea Garbe
Agapanthus Schmucklilie
Alstroemeria aurantiaca Inkalilie
Alyssum saxatile Felsensteinkraut
Anaphalis triplinervis Perlpfötchen
Artemisia arborescens Beifuß
Artemisia ludoviciana ›Silver Queen‹ Silberbeifuß
Berberis Berberitze
Bergenia cordifolia Herzblättrige Bergenie
Buddleia davidii Sommerflieder
Buddleia fallowiana Sommerflieder
Buxus sempervirens Buchsbaum
Catananche caerulea ›Major‹ Rasselblume
Ceanothus Säckelblume
Centaurea dealbata ›John Coutts‹ Flockenblume
Ceratostigma willmottianum Bleiwurz
Cistus Zistrose
Colutea arborescens Gewöhnlicher Blasenstrauch
Coronilla Valentina Kronwicke
Corokia cotoneaster Zickzackstrauch
Cortaderia Pampasgras
Cotoneaster horizontalis Fächermispel
Crambe cordifolia Riesenschleierkraut
Crocosmia masoniorum Montbretie
Cytisus Ginster
Dianthus Nelke
Echinops ritro Kugeldistel
Euonymus fortunei Kletterspindelstrauch
Genista Ginster
Geranium Storchschnabel
Gypsophila Schleierkraut
Hebe Strauchveronika
Helianthemum Sonnenröschen
Helichrysum lanatum Strohblume
Hibiscus syriacus Syrischer Eibisch
Hippophae rhamnoides Sanddorn
Holcus mollis ›Variegatus‹ Buntblättriges Honiggras
Hypericum Johanniskraut
Incarvillea delavayi Freilandgloxinie
Indigofera decora Himalaja-Indigostrauch
Iris foetidissima Stinkende Schwertlilie
Iris germanica Deutsche Schwertlilie
Iris pallida dalmatica ›Argenteovariegata‹ Weißbunte Schwertlilie
Kniphofia Fackellilie
Kolkowitzia amabilis ›Pink Cloud‹ Kolkwitzie
Lavandula Lavendel
Lespedeza thunbergii Großblumiger Buschklee
Libertia formosa Libertie

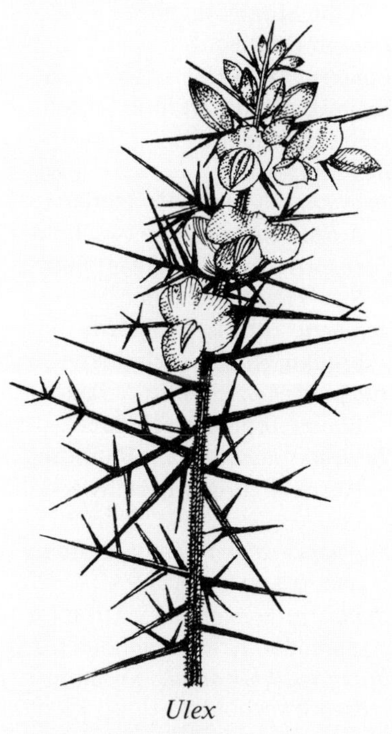

Ulex

Nandina domestica
Nepeta faassenii Katzenminze
Nerine bowdenii Guernseylilie
Oenothera Nachtkerze
Olearia Asternstrauch
Papaver orientale Türkischer Mohn
Penstemon barbatus Bartfaden
Perovskia atriplicifolia ›Blue Spire‹ Russischer Lavendel
Philadelphus Pfeifenstrauch
Phlomis fruticosa Brandkraut
Phlox subulata Moosphlox
Phormium tenax Neuseeländer Flachs
Phygelius capensis Kapfuchsie
Piptanthus laburnifolius Chinesischer Goldregen
Potentilla neumanniqua Frühlingsfingerkraut
Pulsatilla vulgaris Küchenschelle
Ribes Johannisbeere, Stachelbeere
Romneya Baummohn
Rosmarinus Rosmarin
Salvia Salbei
Sambucus Holunder
Santolina Heiligenkraut
Saponaria ocymoides Rotes Seifenkraut
Sedum Fetthenne
Senecio Kreuzkraut
Sisyrinchium striatum Binsenlilie
Sophora tetraptera Vierflügeliger Schnurbaum
Spartium junceum Binsenginster
Spiraea Spierstrauch
Stachys Ziest
Stipa Federgras
Tamarix Tamariske
Teucrium fruticans Gamander
Thymus Thymian
Ulex Stechginster
Verbascum Königskerze
Viola hederacea Australisches Stiefmütterchen
Yucca Palmlilie
Zauschneria californica Kolibritrompete

Pflanzen für exponierte Stellen

Heiße, trockene, windige Standorte

Berberis buxifolia ›Nana‹ Grüne Polsterberberitze
Berberis candidula ›Amstelveen‹ Immergrüne Kissenberberitze
Berberis ›Parkjuweel‹ Berberitze
Berberis stenophylla Schmalblättrige Berberitze

Berberis thunbergii ›Atropurpurea Nana‹ Kleine Blutberberitze
Berberis thunbergii ›Aurea‹ Gelbe Heckenberberitze
Chamaecyparis lawsoniana Lawsons Scheinzypresse
Chamaecyparis obtusa ›Tetragona Aurea‹ Gelbe Hinoki
Chamaecyparis pisifera ›Boulevard‹ Kleine Silberzypresse
Cistus Zistrose
Cytisus Ginster
Daphne Seidelbast
Erica Heide
Gaultheria procumbens Niederliegende Scheinbeere
Genista hispanica Spanischer Ginster
Genista lydia Steinginster
Genista pilosa Sandginster
Genista tinctoria Färberginster
Juniperus chinensis Chinawacholder
Juniperus communis ›Compressa‹ Heidewacholder
Juniperus communis ›Depressed Star‹ Heidewacholder
Juniperus communis ›Hornibrookii‹ Kriechwacholder
Juniperus horizontalis ›Glauca‹ Blauer Teppichwacholder
Juniperus horizontalis ›Turquoise Spreader‹ Kriechwacholder
Juniperus horizontalis ›Wiltonii‹ Kriechwacholder
Juniperus sabina ›Tamariscifolia‹ Tamariskenwacholder
Lavandula Lavendel
Philadelphus ›Manteau d'Hermine‹ Niedriger Pfeifenstrauch
Pinus mugo Latsche
Rhododendron Alpenrose
Rosmarinus Rosmarin
Santolina chamaecyparissus Heiligenkraut
Spartium junceum Binsenginster
Syringa patula Flieder
Taxus baccata ›Standishii‹ Gelbe Säuleneibe
Thuja occidentalis ›Rheingold‹ Gelber Abendländischer Lebensbaum
Thuja orientalis ›Aurea Nana‹ Morgenländischer Lebensbaum
Ulex europaeus Stechginster
Viburnum davidii Immergrüner Kissenschneeball

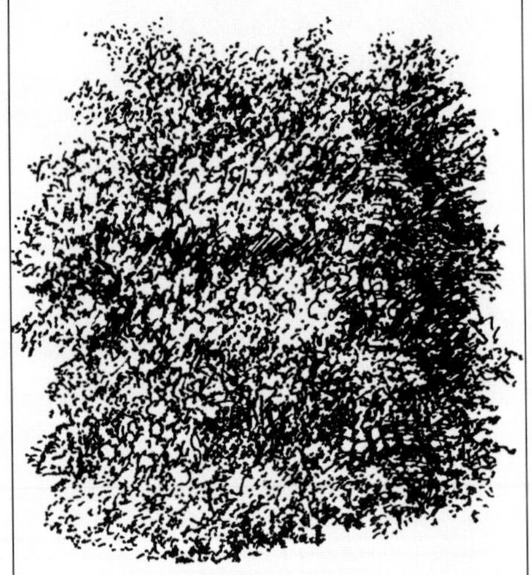

Berberis

Kalte, trockene, windige Standorte

Acer campestre Feldahorn
Acer negundo Eschenahorn
Berberis Berberitze
Betula Birke
Buddleja Sommerflieder
Chaenomeles Zierquitte
Cornus Hartriegel
Corylus Haselnuß
Cotoneaster Zwergmispel
Crataegus Weißdorn
Cupressus arizonica Arizonazypresse
Cupressus macrocarpa ›Goldcrest‹ Gelbe Monteryzypresse
Deutzia Deutzie
Elaeagnus Ölweide
Euonymus (immergrüne Sorten) Spindelstrauch
Ilex Stechpalme
Juniperus chinensis ›Pfitzeriana Aurea‹ Gelber Pfitzerwacholder
Juniperus communis ›Depressed Star‹ Heidewacholder
Juniperus communis ›Hornibrookii‹ Kriechwacholder
Juniperus horzizontalis › Glauca‹ Blauer Teppichwacholder
Juniperus horizontalis ›Plumosa Aurea‹ Fedriger Kriechwacholder
Juniperus sabina ›Tamariscifolia‹ Tamariskenwacholder
Juniperus horizontalis › Turqoise Spreader‹ Kriechwacholder
Juniperus horizontalis ›Wiltonii‹ Kriechwacholder
Juniperus squamata ›Blue Carpet‹ Kriechender Blauzederwacholder
Juniperus squamata ›Blue Star‹ Polster-Blauzederwacholder
Juniperus squamata ›Meyeri‹ Blauzederwacholder
Juniperus virginiana ›Grey Owl‹ Grauer Strauchwacholder
Kerria japonica Ranunkelstrauch
Laburnum Goldregen
Pachysandra terminalis Schattengrün
Pernettya Torfmyrte
Philadelphus Pfeifenstrauch
Pinus mugo Latsche
Potentilla Fingerkraut
Sorbus Eberesche
Spiraea Spierstrauch
Tamarix Tamariske
Ulex Stechginster
Viburnum lantana Wolliger Schneeball

Vertikalwachsende Pflanzen

Schnellwachsende Kletterpflanzen für Schutz

Actinidia chinensis Kiwi
Akebia quinata Fünfblättrige Akebie
Campsis grandiflora Chinesische Trompetenblume
Clematis montana Bergwaldrebe
Hedera colchica Kaukasusefeu
Hedera hibernica Irischer Efeu
Humulus lupulus ›Aureus‹ Gelber Hopfen
Jasminum officinale Echter Jasmin
Lonicera japonica ›Halliana‹ Japanisches Geißblatt
Lonicera periclymenum ›Belgica‹ Spätblühendes Waldgeißblatt
Lonicera periclymenum ›Serotina‹ Waldgeißblatt
Parthenocissus Jungfernrebe
Polygonum baldschuanicum Schlingknöterich
Vitis coignetiae Scharlachrebe
Wisteria sinensis Chinesische Glyzine

Immergrüne Kletterpflanzen mit ganzjähriger Wirkung

Berberidopsis corallina Korallenstrauch
Clianthus puniceus Ruhmesblume
Hedera Efeu
Lonicera japonica Japanisches Geißblatt

Sträucher, die am besten vor schützenden Mauern stehen

Abeliophyllum distichum Schneeforsythie
Abutilon megapotamicum Schönmalve
Abutilon vitifolium Weinblättrige Schönmalve
Acacia dealbata Akazie
Aloysia triphylla Zitronenstrauch
Azara microphylla
Buddleja colvillei Sommerflieder
Buddleja fallowiana Sommerflieder
Ceanothus Säckelblume
Chaenomeles speciosa horizontalis Kriechende Zierquitte
Chimonanthus Winterblüte
Cytisus battandieri Ginster
Escallonia Escallonie
Forsythia Forsythie
Fremontodendron californicum Gelbe Fremontie
Garrya elliptica
Hebe ›Gauntletti‹ Strauchveronika
Hebe ›Midsummer Beauty‹ Strauchveronika
Hebe ›La Seduisante‹ Strauchveronika
Hebe ›Veitchii‹ Strauchveronika
Itea ilicifolia
Leptospermum scoparium ›Nicholsii‹
Leptospermum scoparium ›Red Damask‹
Magnolia grandiflora ›Exmouth‹ Großblütrige Magnolie
Myrtus communis Brautmyrte
Phygelius capensis Kapfuchsie

Vitis coignetiae

Prunus triloba ›Multiplex‹ Mandelbäumchen
Rhaphiolepis
Robinia hispida Borstige Rubinie
Rosa (strauchige Sorten) Rose
Solanum crispum ›Glasnevin‹ Kletternder Nachtschatten
Solanum jasminoides Kletternder Nachtschatten
Viburnum burkwoodii ›Park Farm Hybrid‹ Schneeball

Bedingt stadtklimafeste Pflanzen

BÄUME

Acer negundo Eschenahorn
Ailanthus Götterbaum
Amelanchier lamarckii Kupferfelsenbirne
Aralia elata Japanischer Angelikabaum
Betula pendula Sandbirke
Carpinus Hainbuche
Cotoneaster frigidus Felsenmispel
Crataegus Weißdorn
Eucalyptus Eukalyptus
Fraxinus angustifolia oxycarpa Schmalblättrige Esche
Gleditsia Gleditschie
Laburnum Goldregen
Magnolia kobus Baummagnolie
Malus sylvestris Holzapfel
Prunus Pflaume, Kirsche, Mandel, Traubenkirsche, Lorbeerkirsche
Pyrus salicifolia ›Pendula‹ Hängende Silberbirne
Robinia Robinie
Salix Weide
Sorbus Eberesche

KONIFEREN

Ginkgo biloba Ginkgo
Juniperus chinensis ›Aurea‹ Gelber Chinawacholder
Juniperus chinensis ›Old Gold‹ Goldener Chinawacholder
Juniperus chinensis ›Pfitzeriana Glauca‹ Gelber Pfitzerwacholder
Juniperus squamata ›Blue Carpet‹ Kriechender Blauzederwacholder
Juniperus squamata ›Blue Star‹ Polster-Blauzederwacholder
Juniperus squamata ›Meyeri‹ Blauzederwacholder
Juniperus virginiana ›Grey Owl‹ Grauer Strauchwacholder
Taxus baccata ›Aurea‹ Gelbe Eiche
Taxus baccata ›Fastigiata‹ Säuleneibe
Taxus baccata ›Semperaurea‹ Goldene Straucheibe

STRÄUCHER

Aesculus parviflora ›Bottlebrush‹ Strauchroßkastanie
Arundianaria Rundhalm
Berberis Berberitze
Buddleja Sommerflieder
Buxus sempervirens Buchsbaum
Camellia Kamelie
Ceratostigma willmottianum Bleiwurz
Cistus Zistrose
Clethra alnifolia Scheineller
Colutea arborescens Blasenstrauch
Cornus Hartriegel
Corylus maxima Lambertsnuß
Cotinus Perückenstrauch
Cotoneaster Zwergmispel
Cytisus Ginster
Deutzia Deutzie
Elaeagnus Ölweide
Erica Heide
Escallonia Escallonie
Euonymus Spindelstrauch
Fatsia japonica Zimmeraralie
Forsythia Forsythie
Genista Ginster
Hedera colchica Kaukasusefeu
Hedera hibernica Irischer Efeu
Hibiscus syriacus Syrischer Eibisch

Hydrangea Hortensie
Hypericum Johanniskraut
Ilex Stechpalme
Kerria Ranunkelstrauch
Kolkwitzia amabilis ›Pink Cloud‹ Kolkwitzie
Leycesteria formosa Karamelbeere
Lonicera pileata Immergrüne Heckenkirsche
Magnolia Magnolie
Mahonia Mahonie
Olaria haastii Duftstrauch
Osmanthus Duftblüte
Pernettya Torfmyrte
Philadelphus Pfeifenstrauch
Physocarpus opulifolius Schneeballblättrige Blasenspiere
Potentilla Fingerkraut
Prunus laurocerasus Lorbeerkirsche
Pyracantha Feuerdorn
Rhododendron Alpenrose
Rhus Sumach
Ribes sanguineum Blutjohannisbeere
Rubus ›Benenden‹ Zierhimbeere
Salix Weide
Sambucus Hollunder
Sarcococca humilis Niedrige Fleischbeere
Senecio ›Sunshine‹ Kreuzkraut
Skimmia Skimmie
Spartium junceum Besenginster
Spiraea Spierstrauch
Staphylea Pimpernuß
Stephanandra incisa ›Crispa‹ Niedrige Kranzspiere
Stranvaesia Stranvaesie

Magnolia

Symphoricarpos Schneebeere
Syringa Flieder
Tamarix tetrandra Tamariske
Ulex Stechginster
Viburnum opulus Gemeiner Schneeball
Viburnum tinus Lorbeerschneeball
Vinca major Großes Immergrün
Weigela Weigelie

Pflanzen für Lärmschutz

Ailanthus altissima Götterbaum
Buxus sempervirens Buchsbaum
Carpinus betulus ›Fastigiata‹ Säulenhainbuche
Cupressocyparis leylandii Bastardzypresse
Fagus sylvatica Rotbuche
Ilex Stechpalme
Pinus Kiefer
Pterocarya fraxinifolia Flügelnuß
Rhododendron (winterharte Hybriden) Alpenrose
Taxus baccata Gemeine Eibe
Thuja occidentalis ›Rheingold‹ Gelber Abendländischer Lebensbaum
Viburnum rhytidophyllum Immergrüner Chinesischer Schneeball

Bodendeckende Pflanzen

Niedrige Bodendecker

Acaena Stachelnüßchen
Ajuga Günsel
Alchemilla Frauenmantel
Alyssum Steinkraut
Anthemis cupaniana Hundskamille
Armeria maritima Grasnelke
Astrantia Sterndolde
Aubrieta Blaukissen
Bergenia Bergenie
Caltha palustris Sumpfdotterblume
Campanula Glockenblume
Cotoneaster dammeri Kriechmispel
Cotoneaster horizontalis Fächermispel
Dianthus Nelke
Epimedium Elfenblume
Erica Heide
Euonymus fortunei Kletterspindelstrauch
Gaultheria Scheinbeere
Geranium Storchschnabel
Hebe Strauchveronika
Hedera Efeu
Helianthemum Sonnenröschen
Hemerocallis fulva Gelbrote Taglilie
Heuchera sanguinea Purpurglöckchen
Hosta Funkie
Hypericum calycinum Johanniskraut
Iberis Schleifenblume
Lamium maculatum Gefleckte Taubnessel
Liriope muscari Liriope
Nepeta Katzenminze
Polygonum Knöterich
Potentilla neumanniana Frühlingsfingerkraut
Primula Primel
Pulmonaria Lungenkraut
Ruta graveolens Weinraute
Salvia Salbei
Santolina Heiligenkraut
Saponaria ocymoides Rotes Seifenkraut
Saponaria olivana Seifenkraut
Saxifraga Steinbrech
Sedum Fetthenne
Stachys Ziest
Teucrium Gamander
Thymus Thymian
Tiarella cordifolia Schaumblüte
Vinca major Großes Immergrün
Viola Veilchen, Stiefmütterchen
Zauschneria Kolibritrompete

Höhere Pflanzen mit dichtem Wuchs

Acanthus Akanthus
Artemisia Beifuß
Aucuba japonica Aukube
Berberis Berberitze
Centaurea Flockenblume
Ceanothus Säckelblume
Choisya ternata Orangenblume
Corbus alba Weißer Hartriegel
Cotoneaster salicifolius Weidenblättrige Felsenmispel
Cytisus scoparius Besenginster
Dicentra formosa Herzblume
Elaeagnus (strauchige Arten) Ölweide
Escallonia Escallonie

Euphorbia Wolfsmilch
Fatshedera lizei Efeuaralie
Geranium Storchschnabel
Hydrangea Hortensie
Iris foetidissima Stinkende Schwertlilie
Lonicera pileata Immergrüne Heckenkirsche
Mahonia japonica Japanische Mahonie
Osmanthus Duftblüte
Phlomis fruticosa Brandkraut
Potentilla fruticosa Fingerstrauch
Prunus laurocerasus Lorbeerkirsche
Rosmarinus Rosmarin
Salix Weide
Senecio Kreuzkraut
Sambucus Holunder
Viburnum tinus Lorbeerschneeball

Pflanzen für ländliche Atmosphären

HOLZPFLANZEN

Buddleja davidii Sommerflieder
Buxus sempervirens Buchsbaum
Chaenomeles Zierquitte
Cistus Zistrose
Cornus alba Weißer Hartriegel
Crataegus monogyna Eingriffliger Weißdorn
Cytisus scoparius Besenginster
Daphne Seidelbast
Hedera Efeu
Hippophae rhamnoides Sanddorn
Jasminum Jasmin
Juniperus communis Wacholder
Lavandula Lavendel
Lonicera periclymenum Waldgeißblatt
Philadelphus Pfeifenstrauch
Rosa (strauchige Typen) Rose
Rosmarinus officinalis Rosmarin
Sambucus Holunder
Syringa Flieder
Viburnum Schneeball

STAUDEN

Achillea Garbe
Althaea Stockmalve
Alyssum Steinkraut
Aloysia triphylla Zitronenstrauch

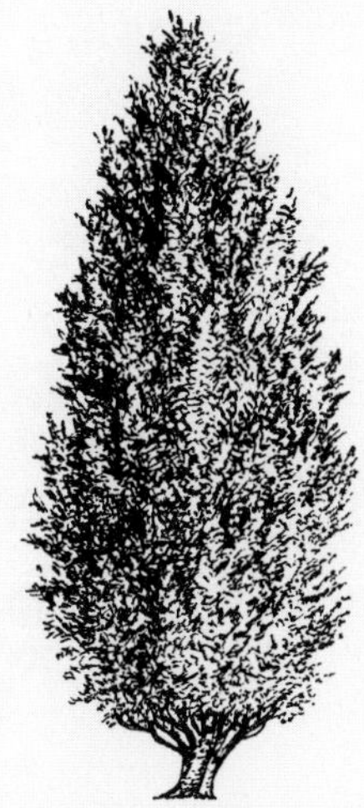

Juniperus communis

Amelanchier ovalis Gemeine Felsenbirne
Anchusa Ochsenzunge
Antirrhinum Löwenmaul
Aster Aster
Berberis Berberitze
Cardamine pratensis Wiesenschaumkraut
Centaurea cyanus Kornblume
Centaurea nigra Schwarze Flockenblume
Cheiranthus Goldlack
Cirsium vulgare Gewöhnliche Kratzdistel
Colchicum Herbstzeitlose
Colutea Blasenstrauch
Cosmos Kosmee
Delphinium Rittersporn
Dianthus Nelke
Digitalis purpurea Roter Fingerhut
Echinops Kugeldistel
Frageria vesca Walderdbeere
Godetia Atlasblume
Helianthemum nummularium Gemeines Sonnenröschen
Helianthus annuus Gewöhnliche Sonnenblume
Hyacinthoides non-scriptas Hasenglöckchen
Hyssopus officinalis Ysop
Iberis Schleifenblume
Lathyrus latifolius Staudenwicke
Lobelia Lobelie
Lunaria annua Silberling
Lupinus Lupine
Lychnis flos-cuculi Kuckuckslichtnelke
Lythrum salicaria Blutweiderich
Malva sylvestri Algiermalve
Matthiola longipetala Abendlevkoje
Medicago sativa Luzerne
Myosotis arvensis Ackervergißmeinnicht
Narcissus Narzisse
Nepeta cataria Gewöhnliche Katzenminze
Nicotiana Tabak
Oenothera biennis Gewöhnliche Nachtkerze
Petunia Petunie
Phlox Phlox
Plantago lanceolata Spitzwegerich
Primula veris Schlüsselblume
Pulmonaria officinalis Echtes Lungenkraut
Ranunculus ficaria Scharbockskraut
Reseda lutea Wilde Resede
Salvia Salbei
Saponaria officinalis Echtes Seifenkraut
Scabiosa Skabiose
Sedum spectabile Fetthenne
Solidago virgaurea Gemeine Goldrute
Thymus Thymian
Trifolium repens Weißklee
Tropaeolum Kapuzinerkresse
Valeriana Baldrian
Verbascum nigrum Schwarze Königskerze
Veronica Ehrenpreis
Viola odorata Duftveilchen

Pflanzen mit architektonischem Charakter

BÄUME

Acer japonicum Japanischer Ahorn
Ailanthus altissima Götterbaum
Catalpa bignonioides ›Aurea‹ Gelber Trompetenbaum
Eucalyptus gunnii Eukalyptus
Rhus typhina Essigbaum
Robinia pseudoacacia ›Frisia‹ Gelbe Scheinakazie

STRÄUCHER

Acer palmatum Fächerahorn
Aralia elata Japanischer Angelikabaum

Arundinaria palmata Rundhalm
Clerodendrum trichotomum Losbaum
Cordyline australis Keulenlilie
Decaisnea fargesii Blauschote
Fatshedera lizei Efeuaralie
Fatsia japonica Zimmeraralie
Magnolia grandiflora Großblütige Magnolie
Mahonia japonica Japanische Mahonie
Paeonia delavayi Strauchpfingstrose
Paeonia lutea ludlowii Gelbe Strauchpfingstrose
Phormium tenax Neuseeländer Flachs
Romneya coulteri Kalifornischer Baummohn
Rosmarinus officinalis ›Miss Jessup's Upright‹ Rosmarin
Viburnum davidii Immergrüner Kissenschneeball
Viburnum rhytidophyllum Immergrüner Chinesischer Schneeball
Yucca Palmlilie

STAUDEN

Acanthus mollis Weicher Akanthus
Acanthus spinosus Stacheliger Akanthus
Arum italicum ›Pictum‹ Aronstab
Bergenia Bergenie
Crambe Meerkohl
Darmera peltata Schildblatt
Eryngium Edeldistel
Euphorbia characias wulfenii Wolfsmilch
Gunnera Mammutblatt
Helleborus lividus corsicus Korsische Nieswurz
Hosta Funkie
Iris foetidissima Stinkende Schwertlilie
Iris pallida ›Aurea Variegata‹ Schwertlilie
Kniphofia Fackellilie
Libertia Libertie
Ligularia Kreuzkraut
Onopordum Eselsdistel
Rheum palmatum Chinesischer Rhabarber
Rodgersia Schaublatt
Salvia argentea Silberblattsalbei
Sedum Fetthenne
Silybum Mariendistel
Sisyrinchium striatum Binsenlilie
Stipa gigantea Riesenfedergras

KLETTERPFLANZEN

Hedera colchica Kaukasusefeu
Vitis coignetiae Scharlachrebe

Eryngium

Farbenprächtige Pflanzen

Bäume mit schöner Herbstfärbung

Acer Ahorn
Amelanchier lamarckii Kupferfelsenbirne
Cercidiphyllum japonicum Katsurabaum
Euonymus alata Korkspindelstrauch
Koelreuteria paniculata Blasenesche
Malus coronaria Kronenapfel
Malus tschonoskii Wollapfel
Prunus Pflaume, Kirsche, Mandel, Traubenkirsche, Lorbeerkirsche
Sorbus Eberesche

Interessante Pflanzen für den Winter

BÄUME UND STRÄUCHER

Acer palmatum ›Senkaki‹ Fächerahorn
Camellia sasanqua Kamelie
Chimonanthus praecox Winterblüte
Cornus Hartriegel
Corylus avellana Waldhasel
Erica herbacea Schneeheide
Erica darleyensis Schneeheide
Garrya elliptica
Hamamelis Zaubernuß
Lonicera purpusii Wintergrüne Heckenkirsche
Mahonia japonica Japanische Mahonie
Parrotia Eisenholzbaum
Prunus subhirtella ›Autumnalis‹ Zierkirsche
Sarcococca Fleischbeere
Sycopsis sinensis
Viburnum bodnantense Rosa Duftschneeball
Viburnum farreri Duftender Schneeball
Viburnum tinus Lorbeerschneeball

STAUDEN

Bergenia Bergenie
Crocus Krokus
Eranthis Winterling
Galanthus Schneeglöckchen
Helleborus Nieswurz
Iris histrioides Schwertlilie
Narcissus (frühe Sorten) Narzisse
Narcissus ›February Gold‹ Narzisse
Narcissus ›Forerunner‹ Narzisse
Pulmonaria rubra Rotes Lungenkraut

Ausgefallene Blütenfarben

GRÜNE BLÜTEN

Alchemilla mollis Weicher Frauenmantel
Euphorbia characias wulfenii Wolfsmilch
Euphorbia amygdaloides var. robbiae Mandelblättrige Wolfsmilch
Galtonia viridiflora Sommerhyazinthe
Helleborus foetidus Stinkende Nieswurz
Helleborus lividus corsicus Korsische Nieswurz
Iris foetidissima Stinkende Schwertlilie
Lilium ›Limelight‹ Lilie
Moluccella laevis Muschelblume
Nicotiana alata ›Lime Green‹ Geflügelter Tabak

BRAUNE BLÜTEN

Eremurus-Hybriden Steppenkerzen
Iris ›Solid Mahogany‹ Schwertlilie
Parrotia Eisenholzbaum
Sycopsis

VIOLETT-SCHWARZE BLÜTEN

Fritillaria persica Persische Fritillarie
Iris ›Black Swan‹ Schwertlilie
Tulipa ›Black Parrot‹ Papageitulpe

Duftpflanzen

Pflanzen mit duftenden Blüten

Buddleja alternifolia Schmalblättriger Sommerflieder
Buddleja fallowiana ›Lochinch‹ Sommerflieder
Cheiranthus Goldlack
Chimonanthus praecox Winterblüte
Convallaria majalis Maiglöckchen
Cytisus battandieri Ginster
Daphne Seidelbast
Dianthus barbatus Bartnelke
Dianthus chinensis Chinanelke
Dianthus Neue und alte Sorten und Arten
Erysimum allionii Schöterich
Genista aetnensis Ätnaginster
Heliotropium-Hybriden Heliotrop
Hyacinthus Hyazinthe
Iris Bartiris-Hybriden
Iris bucharica Schwertlilie
Iris pallida dalmatica Schwertlilie
Jasminum officinale Echter Jasmin
Lathyrus odoratus Wohlriechende Gartenwicke
Lavandula angustifolia Lavendel
Ligustrum ovalifolium Wintergrüner Liguster
Lilium-Aurelianense-Hybriden Lilie
Lilium candidum Madonnenlilie
Lilium regale Königslilie

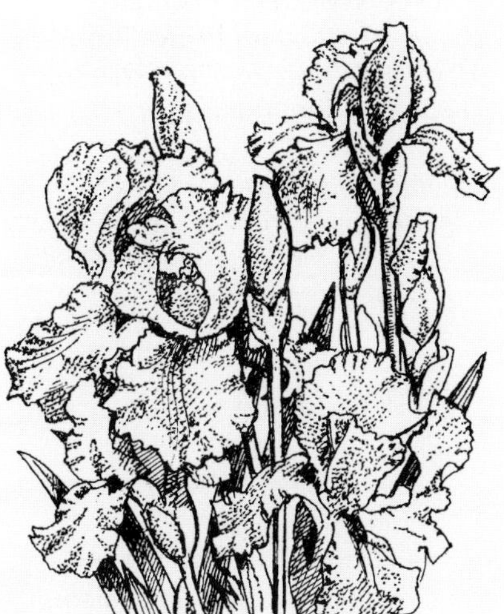

Iris

Lonicera japonica ›Halliana‹ Japanisches Geißblatt
Lonicera periclymenum Waldgeißblatt
Magnolia sinensis Magnolie
Magnolia-Soulangiana-Hybriden Tulpenmagnolien
Magnolia virginiana Sumpfmagnolie
Malus ›Profusion‹ Zierapfel
Matthiola incana Levkoje
Myrtus communis Brautmyrte
Narcissus poeticus Dichternarzisse
Nicotiana alata Geflügelter Tabak
Philadelphus ›Beauclerk‹ Pfeifenstrauch
Philadelphus coronarius ›Aureus‹ Gelber Pfeifenstrauch
Primula vulgaris Kissenprimel
Prunus yedoensis Japanische Maienkirsche
Reseda odorata Gartenresede
Robinia pseudoacacia ›Frisia‹ Gelbe Scheinakazie
Rosa (duftende Sorten) Rose
Syringa Flieder
Verbena-Hybriden Gartenverbenen
Viburnum bodnantense Rosa Duftschneeball
Viburnum burkwoodii Schneeball
Viburnum opulus Gemeiner Schneeball

Pflanzen mit duftendem Laub

Artemisia abrotanum Eberraute
Artemisia absinthium Wermut
Artemisia arborescens Beifuß
Caryopteris clandonensis Bartblume
Choisya ternata Orangenblume
Cistus Zistrose
Elsholtzia stauntonii Strauchminze
Eucalyptus gunnii Eukalyptus
Laurus nobilis Lorbeer
Lavandula Lavendel
Myrtus Myrte
Phlomis fruticosa Brandkraut
Rosa rubiginosa Weinrose
Rosa gallica Essigrose
Rosmarinus officinalis Rosmarin
Ruta graveolens ›Jackman's Blue‹ Blaue Weinraute
Salvia officinalis Gartensalbei
Santolina Heiligenkraut
Thymus citriodorus Zitronenthymian

Am Abend duftende Pflanzen

Heliotropium Heliotrop
Jasminium officinale Echter Jasmin
Lilium auratum Goldbandlilie
Lilium regale Königslilie
Matthiola longipetala Abendlevkoje
Nicotiana alata Geflügelter Tabak
Nicotiana sylvestris Bergtabak
Petunia-Hybriden Petunien
Rosa rubiginosa Weinrose
Reseda odorata Gartenresede

Ungewöhnliche Pflanzen für Gefäße

Bambus und Gräser

Agropyron Quecke
Arundinaria viridistriata Bambusgras
Carex morrowii Japansegge
Cortaderia selloana Pampasgras
Deschampsia cespitosa Rasenschmiele
Festuca cinerea Blauschwingel
Hakonechloa macra ›Aureola‹
Miscanthus sacchariflorus Silberfahnengras
Molinia caerulea ›Variegata‹ Buntblättriges Pfeifengras
Pennisetum alopecuroides Australisches Lampenputzergras
Spartina pectinata Seilgras
Stipa gigantea Riesenfedergras

Farne

Adiantum pedatum Pfauenradfarn
Adiantum venustum Frauenhaarfarn
Athyrium filix-femina Frauenfarn
Blechnum penna-marina Seefeder
Dryopteris Wurmfarn
Hypolepis millefolia Buchtenfarn
Matteuccia struthiopteris Straußfarn

Phyllitis scolopendrium

Osmunda regalis Königsfarn
Phyllitis scolopendrium Hirschzungenfarn
Polypodium vulgare Tüpfelfarn
Polystichum setiferum Weicher Schildfarn

Pflanzen zum Formieren

Immergrüne Pflanzen

Buxus sempervirens Buchsbaum
Carpinus betulus Hainbuche
Crataegus monogyna Eingriffliger Weißdorn
Ilex aquifolium Gemeine Stechpalme
Ligustrum ovalifolium Wintergrüner Liguster
Lonicera nitida Immergrüne Heckenkirsche
Pyracantha Feuerdorn
Rosmarinus officinalis Rosmarin
Santolina Heiligenkraut
Taxus baccata Gemeine Eibe

Pflanzen mit lockerer Wuchsform

Chrysanthemum Margerite
Fuchsia-Hybriden Fuchsien
Hibiscus Eibisch
Hydrangea paniculata Rispenhortensie
Lonicera Heckenkirsche

Pflanzen zum Erziehen in Drahtgerüsten

Chrysanthemum morifolium Strauchmargerite
Ficus pumila Kletterfeige
Hedera helix (kleinblättrige Formen) Gemeiner Efeu
Myrtus Myrte
Sempervivum Hauswurz
Thymus pseudolanuginosus Thymian

Wasserpflanzen

Schwimmpflanzen (Wassertiefe 40 cm)

Aponogeton distachyos Wasserähre
Azolla caroliniana Kleiner Algenfarn
Eichhornia crassipes Wasserhyazinthe
Hydrocharis morsus-ranae Froschbiß
Nymphoides peltata Heimische Seekanne
Nymphaea-Hybriden Seerosen
Nymphaea ›Candidissima‹ (weiß) Seerose
Nymphaea ›Ellisiana‹ (rot) Seerose
Nymphaea ›Froebelii‹ (weinrot und duftend) Seerose
Nymphaea ›Graziella‹ (gelb/kupfer) Seerose
Nymphaea odorata ›Rose Arey‹ (rosa und duftend) Seerose
Nymphaea ›William Falconer‹ (rubinrot) Seerose
Orontium aquaticum Goldkeule
Stratiotes aloides Wasseraloe
Trapa natans Wassernuß
Utricularia vulgaris Wasserschlauch

Sauerstofferzeugende Unterwasserpflanzen

Ceratophyllum demersum Rauhes Hornblatt
Elodea canadensis Wasserpest
Hottonia palustris Wasserfeder
Lagarosiphon
Myriophyllum Tausendblatt
Potamogeton crispus Krauses Laichkraut
Ranunculus aquatilis Wasserhahnenfuß

Pflanzen für flaches Wasser

Acorus calamus Kalmus
Butomus umbellatus Blumenbinse
Calla palustris Sumpfkalla
Caltha palustris Sumpfdotterblume
Eriophorum Wollgras
Glyceria Süßgras
Iris laevigata ›Alba‹ Weiße Sumpfschwertlilie
Iris laevigata ›Variegata‹ Buntlaubige Sumpfschwertlilie
Iris pseudacorus Gelbe Sumpfschwertlilie
Mimulus Gauklerblume
Myosotis palustris Sumpfvergißmeinnicht
Pontederia cordata Hechtkraut
Sagittaria Pfeilkraut
Scirpus Simse
Typha minima Zwergrohrkolben

Feuchtigkeitsliebende Pflanzen für Ufer

Astilbe-Arendsii-Hybriden
Darmera peltata Schildblatt
Hemerocallis Taglilie
Hosta Funkie
Iris kaempferi Japanische Sumpfiris
Iris sibirica Sibirische Wieseniris
Lysichiton americanus Gelbe Scheinkalla
Primula florindae Glockenprimel
Primula japonica Etagenprimel

Feuchtigkeitsliebende Farne

Blechnum spicant Rippenfarn
Dryopteris filix-mas Wurmfarn
Matteuccia struthiopteris Straußfarn
Onoclea sensibilis Perlfarn
Osmunda regalis Königsfarn
Phyllitis scolopendrium Hirschzungenfarn

REGISTER

Seitenzahlen in *kursiv* beziehen sich auf Abbildungen

R

S

T

U

V

W

Y

Z

Danksagungen

Danksagung des Autors

Mein unregelmäßiger Arbeits- und Zeitplan stellte die Redakteure bei Dorling Kindersley auf eine harte Probe. Aber mit unfehlbarer Sicherheit waren sie mit Rat und Tadel zur rechten Zeit zur Stelle, so daß mir die Arbeit in diesem Team während der Produktion dieses Buches viel Freude gemacht hat. In dem Zusammenhang möchte ich mich besonders bei David Lamb und Rosie Ford bedanken sowie bei Alex Arthur, dem Designer.

Danksagung des Verlags

Der Verlag dankt folgenden Personen für ihre wertvolle Mitarbeit an diesem Buch: Fiona Macmillan, Sean Moore, Fiona James, Josephine Buchanan, Richard Bird, Kate Grant und Arthur Brown.
Unser Dank gilt außerdem allen Personen und Institutionen, die uns erlaubt haben, ihre Gärten für dieses Buch zu fotografieren: Mr. und Mrs. M. Harty; Mr. und Mrs. R. Tomosci; Mrs. S. M. Evershed; Roger Bristow und Maggie Huscroft; Mr. und Mrs. P. Holland; Mrs. J. A. Holland; Mr. und Mrs. P. King; Mr. und Mrs. A. Hobart; Hounslow Garden Centre and Jewsons.

Spezialfotos: Geoff Dann

Illustrationen: Eric Thomas; Sandra Pond; Janos Marffy und Imperial Artist Limited

Bildquellenverzeichnis

Abkürzungen: o = oben; u = unten; l = links; r = rechts; M = Mitte

Michael Boys Syndication: 9 or, 12 ul, 13, 22 l, 25, 30 ul, 33, 69, 80 ul, 137 ol, 140 u, 143 o, 143 ul, 172 o, 187.
John Brookes: 42 u, 63 ur, 66 ul, 66 ur, 67 ur, 73 ur, 84 ur, 90 ur, 95 or, 95 ol, 95 M, 105 ur, 119 ol, 122 ul, 131 or, 133 ol, 133 or, 134 u, 135 ol, 146 u, 182 ur, 186 u.
Karl-Dietrich Bühler: 7, 21, 36 ur, 61, 70 ul, 89, 90 ul, 91, 98 ur, 114 u, 126 ul.
Linda Burgess: 24 ur, 68 ul, 68 or, 82 o, 101 o.
Karen Bussolini: 76 or.
Camera Press: 8/9 o, 10 ul, 23, 31 u, 32 u, 36 ul, 104 o, 110 or, 110 u, 118 ur, 129, 130 u (Foto: Kurt Hansson), 133 ul, 136/137 u, 142 or.
Eric Crichton Photos: 12 ur, 166 ul.
Geoff Dann: 2/3, 14 u, 15, 16 or, 17, 18/19, 20, 38 u, 39, 41 ur, 43, 46, 47, 50 u, 51, 53 ur, 54 u, 55, 57 ur, 58 o, 62 o, 64/65, 96, 102/103, 112/113, 116/117, 120/121, 121 ol, 147, 149, 150/151, 156 u, 162/163, 170/171, 188/189, 190 ur.
Everard Reed Gallery (Johannesburg): 135 or.
Neil Holmes Photography: 125 ur, 152 ur.
Timothy Hursley: 6 ul.
Jacqui Hurst: 27 o, 96 or, 134 or, 164 ul.
Keith Kirften: 131 u.
Ken Kirkwood: 107 o, 139 o, 139 ul.
David Lamb: 118 ol.
National Trust: 95 ur.
John Neubauer: 59, 60 u, 78 o, 100 o, 101 u, 105 ul, 126 ur, 127, 141.
Robert Perron: 80 or, 88 u.
Jessica Strang: 8 ul, 24 ul, 30 ur, 74 o, 132 ur, 133 oM.
Oehme Van Sweden & Associates: 124 ur.
Pamela Toler (Impact Photos): 9 ur, 84 ul, 94, 108 ul, 109, 115 ol, 125 o, 133 uM.
Volkman K. Wentzel: 115 ul.
Elisabeth Whiting Associates: 27 u, 73 o, 105 ol, 122 ur, 123 u, 128 or, 145, 160 ur.
Steve Woodes: 176 o.
Josephine Zeitlin: 72 ul, 95 ul, 108 ur (Gartendesign von Michael Bates), 111 o, 117 o, 138 o, 143 ur, 178 o.